"十三五"江苏省高等学校重点教材（编号：2019-2-265）

U0184938

STRUCTURAL MECHANICS

结构力学

杨海霞　蔡新　主编

高等教育出版社·北京

内容提要

本书是"十三五"江苏省高等学校重点教材。主要介绍杆件结构静力计算原理和方法,按照先静定结构力学模块后超静定结构力学模块的顺序编排内容,依次为绪论、平面体系的几何组成分析、静定结构内力计算、虚功原理和结构位移计算、影响线及其应用、力法、位移法、力矩分配法、矩阵位移法和超静定结构补充讨论。书中以二维码的形式添加了重难点讲解视频、平面刚架分析程序及使用说明、部分习题参考答案等配套数字资源。

本书可作为高等学校土木类、水利类和力学类等专业的结构力学课程教材,也可供工程技术人员参考。

图书在版编目（C I P）数据

结构力学 / 杨海霞，蔡新主编. -- 北京 ： 高等教育出版社，2022.6

ISBN 978-7-04-058357-1

Ⅰ. ①结… Ⅱ. ①杨… ②蔡… Ⅲ. ①结构力学-高等学校-教材 Ⅳ. ①O342

中国版本图书馆 CIP 数据核字（2022）第 038532 号

JIEGOU LIXUE

策划编辑　水　渊	责任编辑　水　渊	封面设计　王　琰	版式设计　杨　树
责任绘图　黄云燕	责任校对　高　歌	责任印制　韩　刚	

出版发行　高等教育出版社	网　　址	http://www.hep.edu.cn
社　　址　北京市西城区德外大街 4 号		http://www.hep.com.cn
邮政编码　100120	网上订购	http://www.hepmall.com.cn
印　　刷　辽宁虎驰科技传媒有限公司		http://www.hepmall.com
开　　本　787 mm×1092 mm　1/16		http://www.hepmall.cn
印　　张　21.75		
字　　数　440 千字	版　　次	2022 年 6 月第 1 版
购书热线　010-58581118	印　　次	2022 年 6 月第 1 次印刷
咨询电话　400-810-0598	定　　价	42.70 元

本书如有缺页、倒页、脱页等质量问题,请到所购图书销售部门联系调换

物 料 号　58357-00

结构力学

1 计算机访问 http://abook.hep.com.cn/1253931，或手机扫描二维码、下载并安装 Abook 应用。

2 注册并登录，进入"我的课程"。

3 输入封底数字课程账号（20位密码，刮开涂层可见），或通过 Abook 应用扫描封底数字课程账号二维码，完成课程绑定。

4 单击"进入课程"按钮，开始本数字课程的学习。

结构力学数字课程与纸质教材一体化设计，紧密配合。本数字课程内容包括重难点讲解视频、平面刚架分析程序及使用说明和部分习题参考答案等。充分运用多种形式媒体资源，极大丰富了知识的呈现形式，拓展了教材内容。

课程绑定后一年为数字课程使用有效期。受硬件限制，部分内容无法在手机端显示，请按提示通过计算机访问学习。

如有使用问题，请发邮件至 abook@hep.com.cn。

扫描二维码
下载 Abook 应用

前言

    结构力学是土木类、水利类、力学类等专业的重要专业基础课程,其理论性、方法性、逻辑性和工程实践性强。河海大学从建校初期就开设结构力学课程,至今已在水利类、土木类、力学类等十多个专业开设该课程。在教学研究和课程建设方面持续投入并积淀深厚的成果,教材和课程研究成果都曾获得国家级教学成果奖,获评国家精品课程、国家级线上一流课程等。

    本书面向国家和社会对专业人才需求的改变和"互联网+教育技术"对教学内容、教学模式、教学方法产生的重大改变,参考本校结构力学教学团队历年编写的教材,充分吸收同类经典教材的经验,融入编者近四十年从事结构力学教学、教改和相关科研经验编写而成。本书在内容及结构设计等方面有如下特点:

    1. 在突出结构力学的基本概念、基本原理和基本方法的基础上,更加注重学生计算能力、分析能力、解决工程问题能力和学习能力的培养。如在例题中增加计算结果的分析,培养计算能力的同时,强化分析能力和成果应用能力的培养,这是将编者多年的课堂教学实践经验首次引入教材。能量法、超静定结构方法的拓展与讨论,使学生从新问题、新角度去理解和思考结构力学解决问题的思路与方法,在思维和能力上打开新的维度。配合编者主编的辅助教材《结构力学学习指导:概念和能力训练》(高等教育出版社 2017 年出版),体现了河海大学结构力学教学团队力行的"强化概念,培养能力,理论和实践相结合"的教学理念。

    2. 教育部高等学校力学基础课程教学指导分委员会制定的"结构力学课程教学基本要求"(A 类)中,将"矩阵位移法"作为专题部分。但是很多专业由于受总学时的限制,只能将专题部分设成选修内容,这可能导致相当一部分学生不选修"矩阵位移法",这样的教学现状与工程设计中主要应用结构分析软件进行结构分析的现状相冲突。在河海大学结构力学的现行教学大纲和建成的国家精品在线开放课程中,都是将"矩阵位移法"作为结构力学课程的基本内容。与之对应,本书弱化近似计算方法,强化结构计算机分析基础"矩阵位移法",还增加了用能量法推导矩阵位移法公式的内容,为学生后期掌握大型通用有限元程序,打通矩阵位移法、杆件有限元、块体结构有限元分析方法和原理奠定基础。

    3. 在不增加纸质教材篇幅的前提下,本书采用新形态教材的形式编排,将本课程近年在国家精品课程和国家级线上一流课程建设中,研发的部分优质数字教学资源以二维码的形式添加到教材中,将平面刚架分析程序及使用说明等内容作为教材附录也以二维码的形式添加到教材中。配套的学习资源极大地丰富了教材内容,不仅帮助学生更好地理解结构力学基本原理和基本方法,也为年轻教师提供了优质参考资源。

本书由河海大学杨海霞组织编写并负责统稿。第 1、2、3、8、9、10 章(部分)和附录由杨海霞编写,第 4、5、6、7、10 章(部分)由蔡新编写。二维码数字资源中,第 1、2、3、7 和 8 章由杨海霞制作,第 4、5、6 和 9 章由张建飞制作。

国家"万人计划"教学名师、大连理工大学陈廷国教授审阅了本书,并提出了重要的指导意见。

限于编者水平,书中难免存在不当之处,恳请读者批评指正。

编者

2021 年 12 月

目录

第 1 章
绪论

1.1 结构力学的研究对象及任务

各类工程建筑物和工程设施,在施工(或制造)过程和使用过程中都要承受各种荷载,其中承受荷载、传递荷载起骨架作用的部分称为结构。如图 1-1 所示由屋架、梁、板、柱及基础等构成的房屋结构,图 1-2 所示由上部渡身、柱、拱、支墩(桥墩)等构成的渡槽结构。

视频 1-1
结构力学的
研究对象和
任务

图 1-1

图 1-2

工程结构按照其构件的几何特征可以分为三类:

(1)杆件结构。这类结构由杆件组成,杆件的长度远大于其横截面尺寸。如由梁、柱组成的框架结构和桁架结构。

(2)板壳结构。这类结构由板或壳组成,板或壳的厚度都远小于其余两个方向的尺寸,板是平面,壳是曲面。如板桩码头的面板、水工建筑物中的拱坝和升船机塔柱的薄壁结构。

(3)实体结构。这类结构由块体组成,块体三个方向的尺寸大小相近。如挡水堤、重力坝和土石坝。

这三类结构因各自使用功能、受力特点和造价等因素被不同的工程采用。如图 1-1 中梁式桁架通过杆件轴力将竖向荷载传递给柱,对中、大跨度厂房较合适;

壳体结构的拱坝以受压为主将水荷载传递到坝肩山体,要求坝肩山体稳定性好;重力坝挡水时依靠自重来维持稳定,因此体积大、用料多。

广义地说,这些结构都属于结构力学的研究范畴,但通常所谓的结构力学是指狭义的结构力学,它的研究对象是杆件结构或者简化而成的杆件结构。

教育部高等学校力学基础课程教学指导分委员会制定的"结构力学课程教学基本要求(A 类)"明确,本课程的任务是在学习理论力学和材料力学等课程的基础上,进一步掌握平面杆件结构分析计算的基本概念、基本原理和基本方法,了解各类结构的受力性能,为学习有关专业课程及进行结构设计和科学研究打好力学基础,培养结构分析与结构计算的能力。

结构设计中一般要对结构进行强度、刚度、稳定性验算,其荷载主要为静力荷载和动力荷载,因此结构力学要研究结构的强度、刚度、稳定性和动力反应等问题。"结构力学课程教学基本要求(A 类)"将结构力学课程的内容分成基本部分和专题部分。基本部分包括几何组成分析、静定结构受力分析、虚功原理和结构位移计算、影响线、力法、位移法、力矩分配法。专题部分包括结构矩阵分析、结构的动力计算、结构的极限荷载和结构的稳定计算。本书内容主要是基本部分,考虑到结构"电算"的广泛使用,还纳入了矩阵位移法的内容。

土木类、水利类等专业的学生一般要学四门主要的力学课程:理论力学、材料力学、结构力学和弹性力学,这些力学课程既有区别又有联系。理论力学研究质点、刚体体系的静力学、运动学和动力学的基本理论,材料力学研究单个杆件的强度、刚度和稳定性问题,弹性力学研究板、壳和实体结构的强度、刚度和稳定性问题。四门力学课程中,结构力学与工程问题的联系最为紧密。

结构的力学分析也简称为结构分析。结构分析和结构设计紧密联系,不可分割。目前的结构设计方法中较多使用重复设计法,该方法的设计程序是设计者按照既定任务,首先凭借同类型结构的经验和设计者的判断做出初步方案,然后对结构进行强度、刚度和稳定性的分析,再根据结构分析的结果对方案进行修改,如此交替进行,直到取得满意的结果为止。在这种设计程序中,结构分析基本起到一种校核安全性的作用。如果设计者经验丰富、结构力学概念清晰,则修改的过程会缩短,最后的设计方案会更合理。

"结构力学课程教学基本要求(A 类)"还明确了结构力学课程对学生能力培养的要求:

(1)分析能力:对常用的杆件结构具有选择计算简图的初步能力,并能根据具体问题选择恰当的计算方法。

(2)计算能力:具有对各种静定、超静定结构进行计算的能力,初步具有使用结构计算程序的能力。

(3)判断能力:具有对计算结果进行校核、对内力分布的合理性作出定性判断的能力。

(4)自学能力:具有自学和阅读结构力学教学参考书的能力。

因此,在本课程学习过程中要通过线下线上相结合的方式,完成学习、思考、讨论和作业等环节,有意识地提升上述四个主要能力。

1.2 结构的计算简图及其分类

1.2.1 结构的计算简图

在结构设计中,为了保证结构满足安全性要求,需要对结构进行力学计算。实际结构很复杂,直接拿来计算几乎是不可能的,也没有必要。因此需要根据结构的受力特点将其简化,并用相对简单的图形来表示。这个用于计算的图形就称为结构的计算简图,简化过程也称为力学建模。

视频 1-2
结构的计算
简图

力学建模的原则是既要尽可能地反映实际结构的力学特性,又要便于计算。常规结构在规范中对计算模型有明确规定,对特殊的、复杂的结构,需要利用丰富的工程知识和力学知识,根据设计阶段、计算手段等来确定计算模型。下面从影响力学性能(计算结果)的主要因素来讨论杆件结构的计算简图。

1. 杆件的简化

当构件的长度大于其横截面高度或宽度的五倍以上时,就将它简化成杆件,可以根据横截面的形状和尺寸计算其面积和惯性矩等参数,但是在计算简图中,一般用杆轴线来代替杆件,用各杆轴线所形成的几何轮廓来代替原结构。图 1-3a 为渡槽结构,其下部支架的计算简图如图 1-3b 所示。

2. 结点的简化

结构中,杆件与杆件之间的连接处称为结点。根据杆件连接处构造的不同一般分为刚结点、铰结点两种。

(1)刚结点。刚结点的特征是汇交于结点的各杆件的杆端互相固结在一起,它们之间既不能相对移动,也不能相对转动;不仅可以传递力(可以分解成轴力和剪力),还可以传递力矩(弯矩)。

这里所谓的"刚"并不是绝对的刚性,而是指结构在工作荷载下,通过构造设计,保证结点不出现不能忽略的相对移动和转动,并能传递力和力矩,比如图 1-3a 所示渡槽支架的中间梁和柱连接处,就是设计中用结构力学方法计算出此处三个杆端的轴力、剪力和弯矩后,再进行配筋设计(图 1-3c),以保证刚结点能在结构使用过程中不会破坏,图 1-3d 为其在计算简图中的表达方式。对于重要结构,为了保证结构的安全性,还会进行结构模型试验和结点模型试验。图 1-3e 为一个钢筋混凝土模型破坏试验图片。这里关于刚结点"刚"性连接的说明,适用于所有刚性连接,比如铰结点、固定支座、铰支座等。

(2)铰结点。铰结点的特征是汇交于结点的各杆件的杆端不能有任何方向的相对移动,但可以自由地围绕结点作相对转动;仅可以传递力,不能传递力矩。图

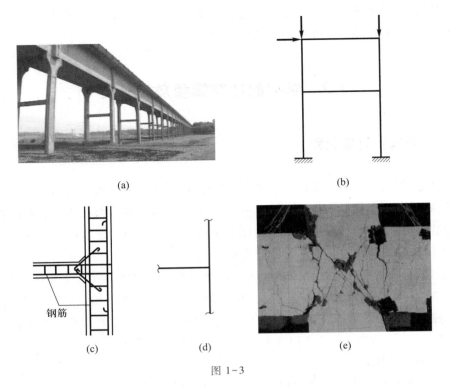

(a)

(b)

钢筋

(c)   (d)   (e)

图 1-3

1-4a 是一种合页连接的构造图,图 1-4c 为一种钢结构结点构造图,它们都简化成光滑的铰结点,计算简图分别如图 1-4b、d 所示。图 1-5 所示为一个钢结构桥梁,其中的结点全部简化成铰结点。需要说明的是,完全理想的铰结点,在实际结构中是不存在的,这种简化处理带有一定的近似性。但这样简化后的计算结果能反映主要的受力规律。

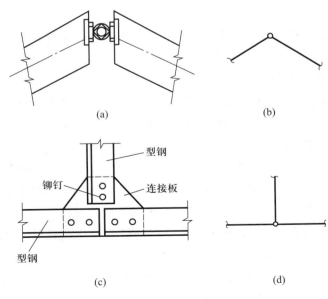

(a)   (b)

型钢

铆钉   连接板

型钢

(c)   (d)

图 1-4

图 1-5

有时在结构中会有组合结点,比如图 1-6a 所示吊车梁的中点 C 处就是组合结点。杆件 AC 和杆件 BC 在 C 处是刚性连接,可以传递力矩,而它们与杆件 CD 是铰结,不能将力矩传递给杆件 CD,C 结点的计算简图如图 1-6b 所示。

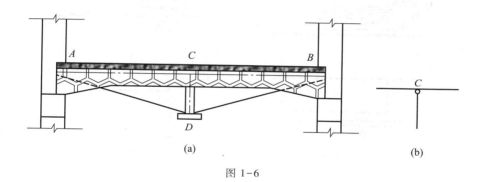

图 1-6

3. 支座的简化

基础对结构起着支撑和约束作用,计算简图中将其简化成支座。支座对连接杆端的约束力,称为支座反力。

根据结构与基础连接部位的构造和受力特性的不同,一般可简化为(固定)铰支座、滚轴支座、固定支座、滑移支座四种。

(1)(固定)铰支座。支座处的杆端相对于基础只可以转动,不能移动,图 1-7a 为一弧形闸门铰支座的示意图及其铰支座局部放大图。图 1-7b 为混凝土杯形基础示意图,杯口中填入沥青麻刀,柱端可以发生微小的转动,所以也可简化成铰支座。铰支座可以提供通过铰中心的任意方向反力,一般将其分解成两个垂直方向的反力,图 1-7c 为铰支座的计算简图及支座反力。

(2)滚轴支座。支座处的杆端相对于基础可以转动,沿基础面也可以移动,但不能在垂直于基础方向移动,其支座反力通过铰的中心并垂直于支承面。典型的滚轴支座是用几个滚轴承托一个铰装置,并用预埋件在四个角点与基础联系而成的。图 1-8a 表示大型钢桥梁上经常用到的一种滚轴支座。工程结构上有一些支

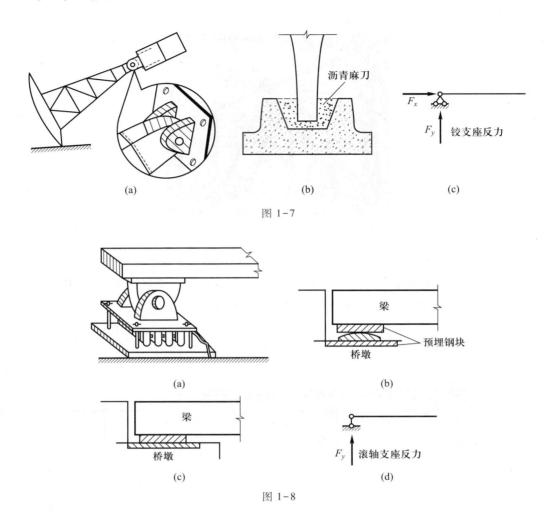

图 1-7

图 1-8

座并不像上述滚轴支座那样典型,如图 1-8b 所示,桥梁与桥墩是通过分别固定在
梁上和墩上的两块铁板相互接触的。虽然看起来和典型的滚轴支座不同,但从约
束所能阻止相对运动的作用来看,两者具有相同的性质。图 1-8c 的支座当可以略
去两铁板之间的摩阻力时,通常也视为滚轴支座。图 1-8d 为滚轴支座的计算简图
及支座反力。

（3）固定支座。支座处的杆端相对基础既不能转动,也不能移动。图 1-9a 为
钢筋混凝土柱与基础连接的构造图,图 1-9b 为钢管柱与基础连接的构造图,图 1-
9c 为大型结构的钢筋混凝土柱与基础连接的施工图,它们都可以简化成固定支
座,其约束反力可分解为水平分量、竖直分量和一个力矩,图 1-9d 为计算简图及支
座反力。

（4）滑移支座。支座处的杆端相对于基础不能转动,不能垂直基础面移动但
可沿基础面移动,图 1-10a 为这种支座的示意图。滑移支座的约束反力可分解为
一个垂直于移动面的竖向力和一个力偶矩。图 1-10b 为滑移支座的计算简图及支
座反力。

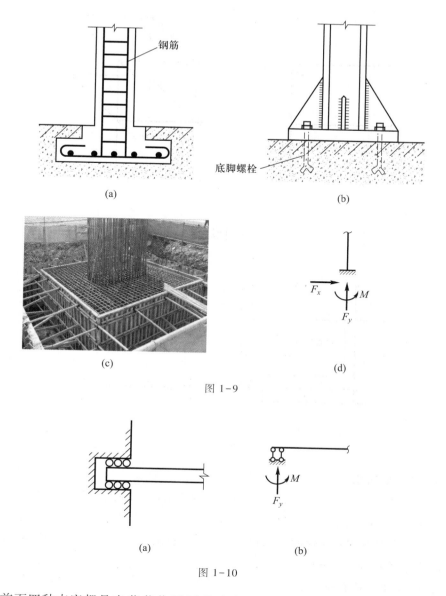

图 1-9

图 1-10

前面四种支座都是在荷载作用下基础变形忽略不计的支座,称为刚性支座。在荷载作用下,要考虑其弹性变形的支座则需简化成弹性支座。

4. 体系的简化

杆件结构中,所有杆件轴线都与荷载处于同一平面内,称为平面结构,否则称为空间结构,分别如图 1-11a 和 b 所示。实际结构大都是空间结构,但是其中部分空间结构可以简化成平面结构来计算。比如,图 1-3a 所示渡槽结构,其下部支架就可简化成图 1-3b 所示的平面结构计算,其上部渡槽,在水流方向的长度远大于横截面的高和宽,且截面尺寸和荷载在水流方向基本不变,所以可以在水流方向截取一个单位长度,简化成平面结构来计算,其示意图和计算简图如图 1-12 所示。

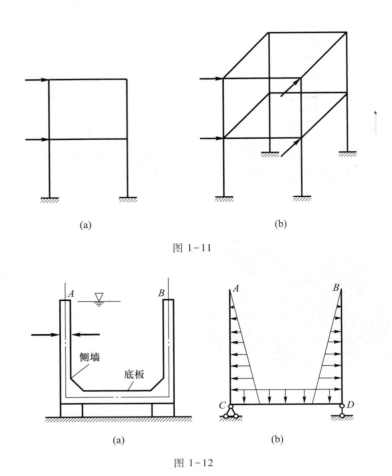

图 1-11

图 1-12

5. 材料的简化

工程结构中,常用的材料有钢、混凝土、钢筋混凝土、砖、石和木材等。在作结构分析时,为了简化计算,对于组成结构的材料一般都假设是连续的、均匀的、各向同性的、完全弹性或弹塑性的。该假设对于金属材料是符合实际情况的,对于混凝土、钢筋混凝土、砖、石等材料则带有一定的近似性。对于木材,应注意其顺纹与横纹方向的物理性质不同。

6. 荷载的简化

荷载可以按照不同性质来分类。如果荷载随时间改变,引起结构的惯性力不能忽略不计的称为动力荷载,否则称为静力荷载。结构在动力荷载作用下的分析属于结构动力计算,比如计算结构的地震响应,这部分内容在结构动力学专题介绍,不在本书的范围。按照荷载作用的久暂,可以将荷载分为恒荷载与活荷载。恒荷载是指大小、方向和作用位置都不变的荷载,也称永久荷载,比如自重。活荷载可分为两类:一类是位置可以移动的荷载,如吊车荷载;还有一类是时有时无的定位荷载,如码头上的货物。本书第 5 章研究活荷载作用下的结构计算问题,其他章节研究恒荷载作用下的结构计算问题。

荷载按照作用在结构的位置,可以分为体力和面力两类,如结构的自重或惯性力都是体力,土压力、水压力或车辆的轮压力均属于面力。因为杆件结构计算中,杆件是用其轴线来代表的,所以体力或面力都需要按照静力等效原则简化到杆轴线上。当荷载与杆件接触的范围远小于杆件的长度,就将其简化成集中荷载,比如轮胎的压力;否则就简化成分布荷载,比如自重和水压力。对于杆件结构,分布荷载就是线荷载,图 1-12b 就是将水荷载简化为分布荷载。

还要说明的是,除上述荷载外,温度改变、基础沉陷、材料收缩和构件长度制作不精确等也可能使结构产生变形和内力,因此一般将这些因素称为广义荷载。

为进一步理解前述计算简图选取要点,下面以图 1-13a 所示单层双跨钢筋混凝土厂房为例加以说明。横向两跨分别为主厂房和副厂房,纵向由若干榀排架组成,每一榀排架的屋架、柱等构件尺寸相同,荷载相似,屋架与柱子的连接方式都是预埋钢板焊接,所以可以取一榀排架作为平面结构进行计算。上部屋架根据其实际受力特性,将其简化成桁架结构,即每个结点近似简化成铰结点,将两榀排架之间的屋面自重等竖向荷载等效成集中荷载施加在各上弦结点上,柱子对屋架的支撑简化成一个固定铰支座和滚轴支座,如图 1-13b 所示。对于柱子,如果仅计算上部屋架传递的竖向荷载对柱子的影响,可以简化成单根柱独立计算;对于侧向风雪荷载等,则需要考虑一排柱(三根)的整体协调效应,将其简化成排架结构,此时的屋架由于在平面内的刚度很大,可以简化成一根刚性连杆,柱子的基脚深埋在基础中,简化成固定支座,计算简图如图 1-13c 所示。吊车梁计算简图如图 1-13d 所示。

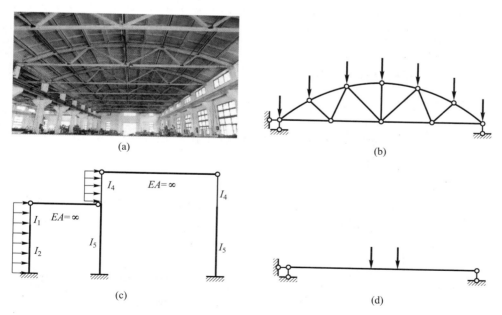

图 1-13

1.2.2 杆件结构的分类

为了便于对结构进行力学分析,根据其受力特性,一般将杆件结构分为以下几类。

1. 梁

梁通常由水平或者斜的受弯直杆组成,如图 1-13d 所示的简支梁。图 1-14a、b 分别为水电站的一段输水管示意图及其多跨连续梁计算简图。

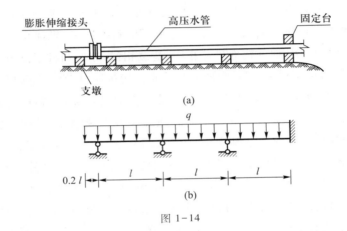

图 1-14

2. 刚架

刚架通常由受弯的梁、柱构件组成,结点主要是刚结点,也可以有部分铰结点和组合结点,如图 1-3b 所示的渡槽支架。

3. 桁架

桁架由拉压杆(桁杆)组成,所有结点都是铰结点,仅结点受荷载作用。如图 1-13b 所示的桁架。

4. 拱

拱是在竖向荷载作用下产生水平推力的曲杆结构,图 1-15 所示拱就是图 1-2 所示渡槽结构中拱的计算简图。

5. 组合结构

组合结构是既有受弯杆又有拉压杆的结构,如图 1-6a 所示的吊车梁,其计算简图就是组合结构,如图 1-16 所示。

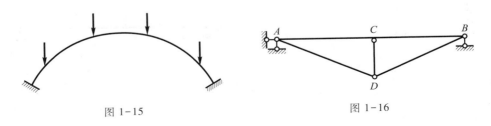

图 1-15   图 1-16

思　考　题

1-1　为什么图 1-13a 所示厂房,每一个屋架与柱子的连接方式都是一样的,但是简化的计算简图中(图 1-13b),两端的支座却分别为固定铰支座和滚轴支座? 类似的情形还有图 1-12b、图 1-13d 和图 1-16。

1-2　选取图 1-13b 作为屋架的计算简图,在哪些方面做了近似处理?

习　　题

1-1　请画出图示钢筋混凝土厂房的计算简图。

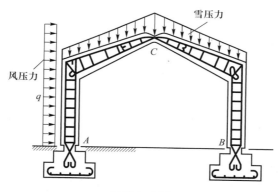

习题 1-1 图

1-2　图示现浇混凝土支撑模板的支架结构,支架杆件的交点用螺栓连接,支架架设在柱基础上,支架上放置 7 根纵向圆木用以支撑模底板。请画出支架及模底板的计算简图。

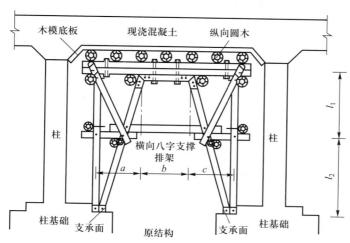

习题 1-2 图

1-3   请画出图示桥梁的计算简图,并基于材料力学知识分析多跨定静定梁,讨论为什么中间梁的分缝设置在 C、D 处而不在桥墩 A、B 处?

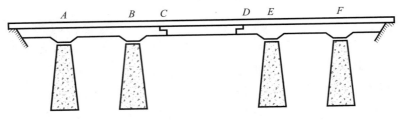

习题 1-3 图

第2章
平面体系的几何组成分析

2.1 概　　述

　　杆件结构是由若干杆件内部通过结点相互连接,外部通过支座与地基连接而成的体系。由于结构要发挥承受荷载、传递荷载的骨架作用,所以,它在受到外荷载作用时,略去因材料应变引起的变形,本身的宏观外形应是保持不变的。这种不变性也称为体系几何不变或几何稳定。体系根据其宏观外形的可变性可以分成三类:

　　(1) 几何可变体系。在外荷载作用下不能保持宏观外形的体系。由运动学知识,可以分析图 2-1a 所示体系,在外荷载作用下,体系的形状发生了明显的改变(如图中虚线所示)。这种体系也称为机构。

　　(2) 几何不变体系。在外荷载作用下能保持宏观外形的体系。在图 2-1a 中加上一个斜杆 BC,如图 2-1b 所示,则该体系在外荷载作用下,不计材料变形,体系的几何形状没有发生改变。

　　在图 2-1b 中再加上一个斜杆 AD,如图 2-1c 所示,显然它仍是一个几何不变体系。这两个体系的区别是,前者没有多余的约束杆件,称为几何不变无多余约束体系;而后者有多余的约束杆件,称为几何不变有多余约束体系。

　　(3) 几何瞬变体系。在外荷载作用的瞬间,不能保持宏观外形,但是其后又能保持其形状和位置的体系。由运动学知识,可以分析图 2-1d 所示体系,在外荷载作用下,体系的形状发生了明显的改变(如图中虚线所示),但是之后由于下部三杆的延长线不再交于一点,其外形就不再改变了。

　　工程结构必须是图 2-1b、c 所示的几何不变体系,而像图 2-1a 所示的几何可变体系和图 2-1d 所示的几何瞬变体系是不能作为结构的。

　　按照几何学或运动学的原理对体系是否可变进行分析称为体系的几何组成分析。杆件体系几何组成分析的主要目的是:检查给定体系是否几何不变或者按什么样的规律组成一个几何不变的体系。

　　从图 2-1 中给出的例子可知,体系几何组成特性与杆件的数目、联系杆件的约

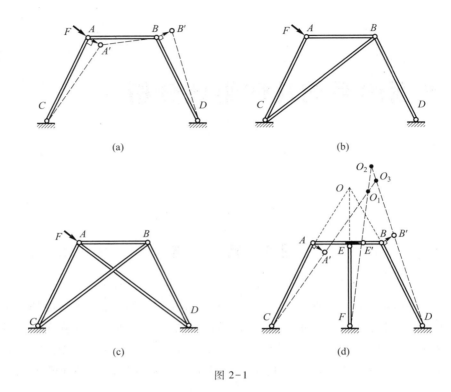

图 2-1

束数目及联系方式有关。下面我们先从运动学的角度来讨论体系几何不变须满足的条件,再来研究几种特殊的几何不变体系的组成规律——几何不变体系的构成法则。

2.2　平面杆件体系几何不变的必要条件

从运动学的角度看,体系是否几何可变取决于该体系是否存在刚体运动的自由度,体系几何不变的充要条件是体系的自由度等于零。因此本节重点讨论体系的自由度。

2.2.1　自由度与约束

体系的自由度指体系运动时,可以独立变化的几何参数数目或确定该体系位置所需要的独立坐标参数的数目。例如,一个质点在平面内可有两个自由度;图 2-2 所示一个几何形状不变的刚片在平面内需要 x、y 两个参数确定其上任一点 E 点的位置,再用参数 φ_1 确定其上任一条线 EA 的位置。这样用三个参数就可以确定该刚片的位置,即一个刚片在平面内自由度数为 3。

与自由度对立的概念是约束。约束指限制物体运动的装置或联系,在结构中常见的约束为结点和支座,下面我们讨论常见的链杆连接、铰连接和刚性连接对减少体系自由度所起的作用。

　　如图 2-3a 所示,一个刚片加上一个链杆约束后,只需要 φ_1、φ_2 两个参数确定其位置,自由度从 3 减少为 2,所以一个链杆约束可以减少一个自由度。

　　如图 2-3b 所示,两个刚片加上一个铰后,自由度从 6 减少为 4,所以一个铰支座或内部铰结点,可以减少两个自由度。

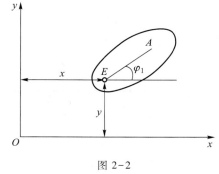

图 2-2

　　如图 2-3c 所示,一个刚片加上一个刚性支座后,自由度从 3 减少为 0,所以一个固定支座或内部刚结点,可以减少三个自由度。

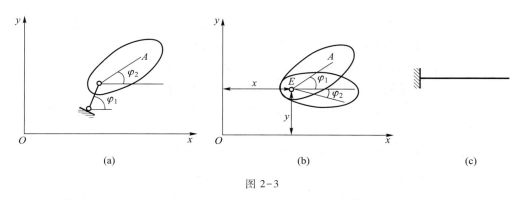

(a)　　　　　　　(b)　　　　　　　(c)

图 2-3

　　在杆件体系中,有时几个刚片用一个铰相连接,将这样的铰称为**复铰**,而将联系两个刚片的铰称为**单铰**。显然一个复铰减少体系自由度的作用视其联系的刚片数而定。如图 2-4 所示,三个刚片用一个复铰连接,该体系只需要 x、y、φ_1、φ_2、φ_3 共五个参数确定其位置,即该复铰减少了四个自由度,相当于两个单铰的作用。由此类推,连接 n 个刚片的复铰相当于 $n-1$ 个单铰,可以减少 $2(n-1)$ 个自由度。

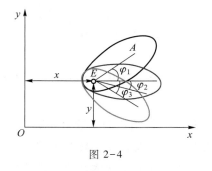

图 2-4

　　如果一个约束加在一个体系中,并没有减少体系的自由度,说明该约束没有发挥作用,则将此约束称为多余约束。相应地,将发挥了约束作用,起到了减少体系自由度作用的约束称为非多余约束。

　　例如,比较前面提到的图 2-1a、d,这两个体系的自由度都是 1。图 2-1a 中两个链杆 AC、BD 都是非多余约束,而图 2-1d 并没有因为增加一个链杆约束而减少自由度,所以三个杆中有一个杆是多余约束(可以把链杆 AC、EF 和 BD 中任意一个视为多余约束)。

比较图 2-1b 和 c,这两个体系的自由度都是零,图 2-1b 中的链杆都是非多余约束,而图 2-1c 有一个链杆是多余约束。

图 2-5a 中,水平链杆是非多余约束,三个竖向链杆中,有一个是多余约束。图 2-5b 中,中间那个铰明显是多余约束。

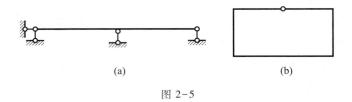

(a)   (b)

图 2-5

2.2.2　平面杆件体系的自由度计算公式

如果一个体系不考虑约束时所有刚片自由度总和为 N_1,非多余约束数为 R_1,则该体系的自由度 $N=N_1-R_1$。显然,$N=0$ 是体系几何不变的充要条件。

但是用该公式时,需要先确定哪些约束是非多余约束,哪些约束是多余约束,这常常是比较困难的。为此提出了"计算自由度"的概念。体系的计算自由度定义为各刚片的自由度总和减去约束总数,即将自由度公式中的非多余约束数换成约束总数。

所以上述体系,如果约束总数为 R_2,则计算自由度 $W=N_1-R_2$。

由此定义可以看出,计算自由度不需要判断约束有没有发挥减少体系自由度的作用,只是纯粹计算约束的个数对于限制该体系保持不动是够($W \leqslant 0$)还是不够($W>0$),或者正好($W=0$)。

结合 2.2.1 中的讨论,对于一个有 M 个刚片,R 个单铰,S 个支座链杆的平面体系,其计算自由度 W 为

$$W=3 \times M-(2 \times R+S) \tag{2-1}$$

对于平面铰结体系,还可以得到更简便的计算自由度公式:

$$W=2 \times J-(S_1+S) \tag{2-2}$$

式中:J 为铰结点的个数;S_1 为内部链杆数;S 为支座链杆数。需要说明的是,该公式因为不需要将复铰转换成单铰而简便,但是不能用于非铰结体系。

体系几何不变的必要条件是体系的计算自由度 $W \leqslant 0$。对于计算自由度 $W=0$ 的体系,如果判断出其几何不变,则称静定结构;对于计算自由度 $W<0$ 的体系,如果判断出其几何不变,则称超静定结构。

例 2-1　试求图 2-6 所示体系的计算自由度。

解:用式(2-1)计算时,$M=8$,$R=10$,$S=3$,所以

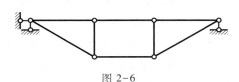

图 2-6

$$W = 3 \times 8 - (2 \times 10 + 3) = 1$$

因为这是个铰结体系,还可以用式(2-2)计算。

此时 $J = 6$, $S_1 = 8$, $S = 3$, 所以

$$W = 2 \times 6 - (8 + 3) = 1$$

与采用式(2-1)计算的结果相同。

$W = 1$ 说明该体系不满足几何不变的必要条件,是几何可变体系。

2.3　平面几何不变体系的组成法则

由于计算自由度 $W \le 0$ 只是几何体系不变的必要条件。所以,还需要研究几何不变体系的组成法则或规律。

视频 2-1
几何不变体系组成法则

法则Ⅰ:三角形法则

三个刚片用不在一直线上的三个单铰两两相连,则所得的体系是内部几何不变而无多余约束的体系。

图 2-7a 所示为由三个刚片Ⅰ、Ⅱ、Ⅲ用不在一直线上的三个单铰 A、B、C 连接而成的体系。假定刚片Ⅲ不动,只有铰 B 时,刚片Ⅰ能绕铰 B 转动;再加铰 C 时,刚片Ⅱ能绕铰 C 转动;但是再加铰 A 时,由于铰 A 不能同时沿两个不同方向 a 和 b 运动,所以该体系是几何不变的。另外,该体系的计算自由度为零,所以该体系是几何不变而无多余约束的体系。

图 2-7b 所示为由三个刚片Ⅰ、Ⅱ、Ⅲ用在一直线上的三个单铰 A、B、C 连接而成的体系。假定刚片Ⅲ不动,则铰 A 可沿圆弧 a 和 b 的公切线方向有微小的运动。但是铰 A 移动微小的距离 δ 后,铰 A、B、C 就不在一直线上,如图 2-7c 所示,则体系的几何形状将不再改变,所以三个单铰在一直线上的体系是瞬变体系。

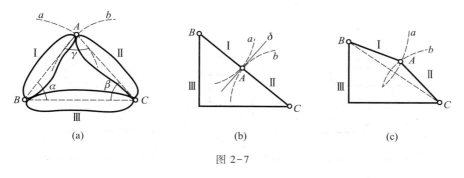

(a)　　　　　　　(b)　　　　　　　(c)

图 2-7

工程结构中,不能采用瞬变体系。比如,对于图 2-8 所示瞬变体系,读者可以自行证明,在 F 作用下,杆 AC 和 BC 的轴力 F_N 趋向无穷大,所以工程中不允许采用瞬变体系,而且应避免采用接近瞬变的结构体系。

如果将图 2-7a 中单铰 A 用两根链杆来代替,刚片Ⅲ换成一个链杆,则体系成为两个刚片连接的形式,如图 2-9a 所示。这种体系虽然和图 2-7a 中三刚片体系

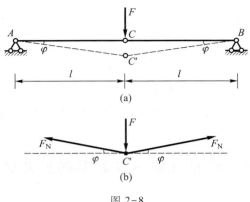

图 2-8

本质相同,但是其形式有很大差异,而且在工程中这样的两个刚片连接方式也比较常见,所以由此引出两刚片法则。

法则 II :两刚片法则

两个刚片用不完全相交于一点又不完全平行的三个链杆连接,所得到的体系是内部几何不变而无多余约束的体系。

对于图 2-9b、c 所示体系可以由两刚片法则判断出都是几何不变体系。

对于图 2-10 所示体系可以由两刚片法则判断出都不是几何不变体系。其中图 2-10a、b 所示是几何瞬变体系,图 2-10c 所示是几何可变体系。

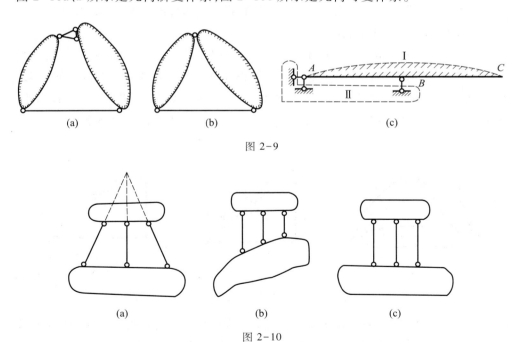

图 2-9

图 2-10

如果将图 2-7a 中三个单铰 A、B、C 分别用两根链杆来代替,就转变成为图 2-11a。该图中两个链杆的连接方式有三种,铰 A 的两根链杆直接相连,称为**实铰**。铰 B 是两根链杆的延长线相交,铰 C 的两根链杆交叉,这两种连接方式中的约束作用都相当于在链杆(或延长线)交点处的一个铰所起的约束作用,这个铰称为**虚铰**。

图 2-11a 中的体系虽然和图 2-7a 中的体系本质相同,但是其形式有时有很大差异,而且在工程中这样的三个刚片连接方式也比较常见,所以由此引出三刚片法则。

法则Ⅲ:三刚片法则

三刚片两两之间用两根链杆(或单铰)相连接,而六根链杆所组成的三个(虚)铰不在同一条直线上,所得的体系是几何不变而无多余约束的体系。

对于图 2-11b、c 所示体系可以由三刚片法则判断出都是几何不变体系。

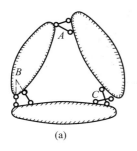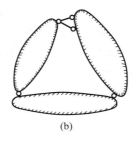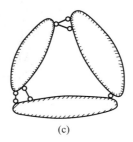

(a)　　　　　　　　　　(b)　　　　　　　　　　(c)

图 2-11

在虚铰中,有一种特殊情形,就是形成虚铰的两根链杆互相平行,如图 2-12 所示。这时两根链杆的约束作用就相当于无穷远处的一个铰所起的约束作用,即允许它们相互之间可以出现微小的垂直于链杆方向的平动。这种虚铰称为**无穷远处虚铰**。

下面分别讨论三刚片体系中有不同个数无穷远处虚铰的情形。

(a) **一个虚铰在无穷远处**

如图 2-12a、b 所示,当无穷远方向与其他两个铰的连线方向不平行时,体系为几何不变体系,否则为瞬变体系。

(b) **两个虚铰在无穷远处**

如图 2-12c、d 所示,当两个无穷远方向不平行时,体系为几何不变体系,否则为几何可变或瞬变体系。

(c) **三个虚铰在无穷远处**

如图 2-12e 所示,当三个虚铰都在无穷远处时,体系为几何瞬变体系。这里可以采用射影几何学中关于∞线的定义来判断三个无穷远处的虚铰在一条直线上。

下面再引入一个可以简化几何组成分析过程的概念:二元体。从任意基础上的两个铰结点 A、B 分别引出两个杆件,这两个杆件用一个铰 C 相连,如果铰结点 A、B、C 不在一条直线上,则称这两个杆件为**二元体**,如图 2-13 所示。

增减二元体不改变体系的几何组成性质。比如,基础是几何不变的,则加上二元体后仍是几何不变的,如图 2-13a 所示;基础是几何可变的,则加上二元体后仍是几何可变的,如图 2-13b 所示。

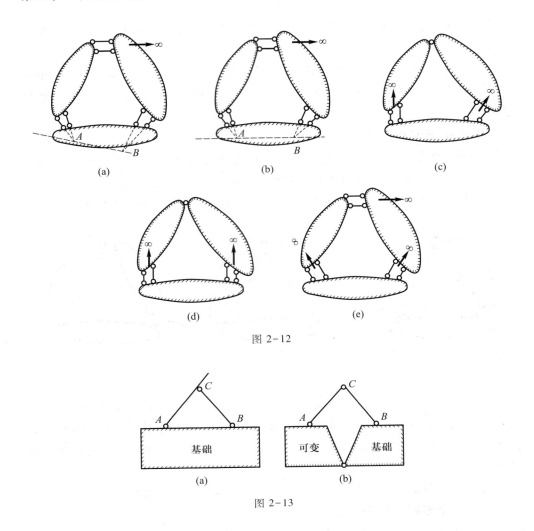

图 2-12

图 2-13

2.4　平面杆件体系几何组成分析举例

利用平面杆件体系几何不变的必要条件、平面几何不变体系的组成法则及二元体的概念可以解决大多数常见的平面杆件体系几何组成分析问题。具体的分析步骤、思路及规律通过下面的例题讨论来理解和归纳。

例 2-2　试分析图 2-14a 所示体系是否为几何不变体系。

解：（1）计算自由度

用式（2-2）计算，此时 $J=8$，$S_1=13$，$S=3$，所以

$$W=2\times8-(13+3)=0$$

满足几何不变的必要条件。

（2）几何组成分析

上部是在一个铰结三角形 ABC 基础上，连续增加二元体组成的几何不变体

系,视作刚片Ⅰ,基础视作刚片Ⅱ,则Ⅰ、Ⅱ符合两刚片法则,如图 2-14b 所示。

（3）结论:给定体系为几何不变无多余约束体系。

（4）讨论:

1）这样几何不变的铰结体系,就是绪论中介绍的桁架结构,具体说是静定桁架结构。

2）上部也可以看成是在铰结三角形 ABC 基础上,连续运用三角形法则构造而成的体系;并且对于铰结体系,常常将这样明显几何不变的部分直接当作刚片,而不用赘述其分析过程。

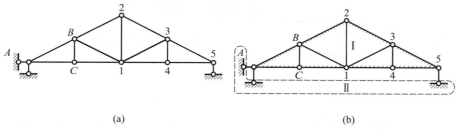

(a)　　　　　　　　(b)

图 2-14

例 2-3 试分析图 2-15a 所示体系是否为几何不变体系。

解:（1）计算自由度

用式（2-1）计算,$M=3$,$R=2$,$S=5$,所以

$$W = 3\times3 - (2\times2+5) = 0$$

满足几何不变的必要条件。

视频 2-2
例 2-3

（2）几何组成分析

如图 2-15b 所示,刚片Ⅰ、Ⅱ之间符合两刚片法则,看作刚片Ⅲ;如图 2-15c 所示,刚片Ⅲ、Ⅳ之间符合两刚片法则,看作刚片Ⅴ;如图 2-15d 所示,刚片Ⅴ、Ⅵ之间符合两刚片法则。

（3）结论:给定体系为几何不变无多余约束体系。

（4）讨论:

1）这样几何不变无多余约束的体系,称为多跨静定梁。

2）对于类似的体系,上述分析思路具有一般性,即上部杆件要与地基一起来分析,可以先找出和地基构成几何不变的部分,再不断地扩大与地基一起构成的刚片。

3）这里是用从基础上"搭建"杆件的方式来分析的,也可以通过在原体系上去除二元体,即用"拆"的方式来分析。读者可以自行分析。

4）通过组成分析,可以知道该梁的构造方式,如图 2-15e 所示。先从地基出发,构造简支外伸梁 AC,这部分称为基本部分;再在这个基本部分上加附属梁 CE,梁 EF 又附属在 CE 之上,所以 CE 和 EF 都是附属部分。在求解这类多跨静定梁的反力和约束力时,应沿着与构造相反的顺序来进行,即先分析附属部分 2,再分

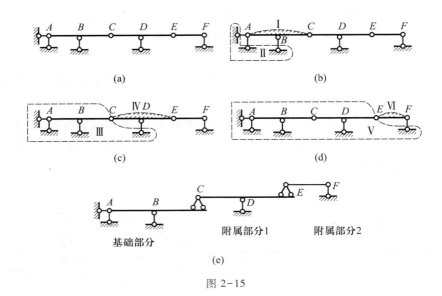

(a)　　　　　　　　　　　(b)

(c)　　　　　　　　　　　(d)

(e)

图 2-15

析附属部分 1,最后分析基础部分。这样,不需要联立方程组,就可依次求出所有的反力和约束力。

例 2-4　试分析图 2-16a 所示体系是否为几何不变体系。

解:(1)计算自由度

由于结点 B、D 不是全铰结点,而是半铰结点或组合结点,所以该体系不是铰结体系,不能用式(2-2)计算。

用式(2-1)计算,$M=7$,$R=9$,$S=3$,所以

$$W = 3×7-(2×9+3) = 0$$

满足几何不变的必要条件。

(2)几何组成分析

将 $ABCF$ 看作刚片Ⅰ,$CDEG$ 看作刚片Ⅱ,刚片Ⅰ与Ⅱ的连接符合两刚片法则,上部整体可作刚片Ⅲ。刚片Ⅲ与基础之间符合两刚片法则。

(3)结论:给定体系为几何不变无多余约束体系。

(4)讨论:

1)这样几何不变的体系,称为组合静定结构。其中,杆 ABC 和 CDE,因为有中间结点 B 和 D,所以这两杆不是链杆,其他杆都是链杆。因为不是铰结体系,所以不能用式(2-2)。

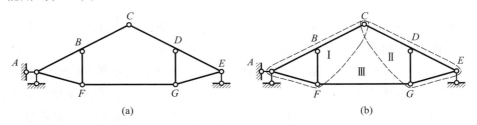

(a)　　　　　　　　　　　(b)

图 2-16

2）图 2-14 和本例体系，上部与基础的连接方式都是一个铰支座与一个链杆支座，符合两刚片法则，这样的连接方式也称为简支式，其反力的求解和材料力学中简支梁完全一样。本例中，上部刚片 Ⅰ 与 Ⅱ 的连接也是按照两刚片法则构造的，请读者思考如何求解它们的联系力。

例 2-5 试分析图 2-17a 所示体系是否为几何不变体系。

解：（1）计算自由度

用公式（2-2）计算，此时 $J=7$，$S_1=11$，$S=3$，所以

$$W=2\times7-(11+3)=0$$

满足几何不变的必要条件。

视频 2-3
例 2-5

（2）几何组成分析

刚片 Ⅰ、Ⅱ、Ⅲ 如图 2-17b 所示，两个虚铰位置在无穷远处，但它们的方向不平行，所以符合三刚片法则。

（3）结论：给定体系为几何不变无多余约束体系。

（4）讨论：

图 2-14、图 2-16 所示体系和本例体系都有共同点：$W=0$ 和 $S=3$，所以这类体系可以上部先单独进行组成分析。如果上部几何可变，则整个体系几何可变，如果上部几何不变，则再看三个支座链杆的位置。而图 2-15 所示体系中，$W=0$ 和 $S>3$，则上部需要与地基一起来分析。

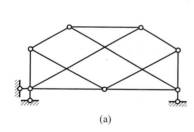

| (a) | (b) |

图 2-17

例 2-6 试分析图 2-18a 所示体系是否为几何不变体系。

解：（1）计算自由度

用公式（2-2）计算，此时 $J=6$，$S_1=8$，$S=4$，所以

$$W=2\times6-(8+4)=0$$

满足几何不变的必要条件。

视频 2-4
例 2-6

（2）几何组成分析

按照常用的方法，将 ABD、BCE 看作两个刚片，这样是否可行？答案是行不通。因为找不到与它们一起符合三刚片法则的第三个刚片。

由于本例中，$W=0$ 和 $S>3$，所以杆件需要与地基一起来分析，即地基需要被看作一个刚片，这样 ABD、BCE 中只有一个可被看作刚片，然后再找第三个刚片。

经过分析将 BCE 看作刚片 Ⅰ，将地基看作刚片 Ⅱ，将杆 DF 看作刚片 Ⅲ，联系

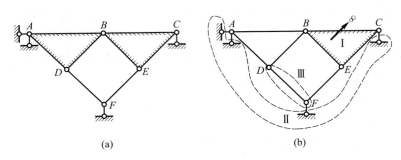

图 2-18

它们的三个铰分别在无穷远处、F 点和 C 点。如图所示,它们在一条直线上,不符合三刚片法则的条件。

(3) 结论:给定体系为几何瞬变体系

(4) 讨论:

1) 为什么将 BCE 看作刚片,而将 ABD 看作三个杆? 这是由 A 和 C 处的支座连接方式决定的。

2) 图 2-19 所示体系该如何分析,请读者可以利用本题的结论来思考。

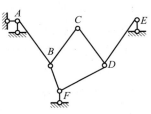

图 2-19

思　考　题

2-1　用式(2-1)计算图 2-17a 所示体系时,如取 $M=3$, $R=3$, $S=3$,得 $W=3\times3-(2\times3+3)=0$,对吗? 为什么? 可以参考图 2-17b 思考。

2-2　图中哪些杆 AB 可以看成链杆?

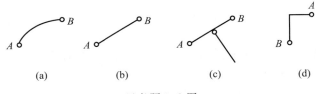

(a)　　　　　(b)　　　　　(c)　　　　　(d)

思考题 2-2 图

2-3　什么是自由度? 什么是计算自由度?

2-4　如果一个体系计算自由度为-1,则有一个多余约束。对吗?

2-5　什么是单铰、复铰、实铰和虚铰?

2-6　三个几何组成法则实质相同吗? 为什么?

2-7　所有的平面体系都可以用几何组成法则分析其是否几何不变吗?

2-8　体系中某一几何不变部分,只要不改变它与其余部分的联系,可以替换为另一个几何不变部分,而不改变体系的几何组成特性。对吗?

习　题

2-1　计算下列图示体系的计算自由度，并分析几何组成。

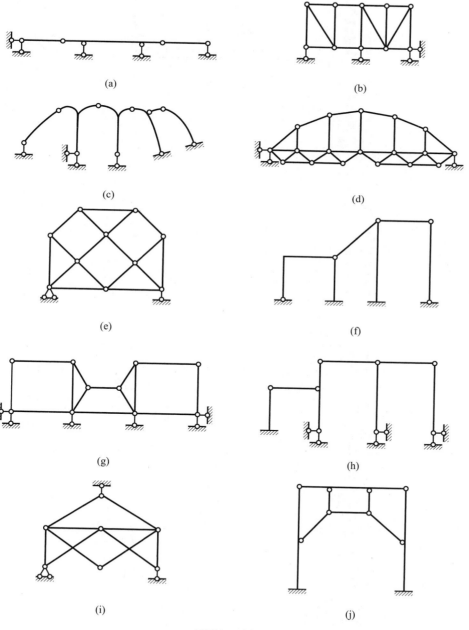

(a)

(b)

(c)

(d)

(e)

(f)

(g)

(h)

(i)

(j)

习题 2-1 图

2-2   图示体系,设变动等长杆 *AB* 和 *AC* 的长度,使铰 *A* 在竖直线上移动,而其余结点位置不变。若要此体系保持几何不变,则 h 不能等于哪些数值?

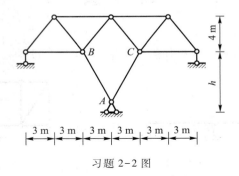

习题 2-2 图

第 3 章
静定结构内力计算

本章的学习是在理论力学和材料力学基础上进行的,所以一方面要复习和回顾相关的概念和方法,另一方面不要因此而轻视本章的学习。静定结构不仅在实际工程中得到应用,而且静定结构的计算是超静定结构计算的基础,因此掌握本章的内容对于后面各章的学习是十分重要的。在学习时,不仅要掌握不同类型静定结构的分析方法,还要注意它们作为"结构"所具有的受力特性。

3.1 静定结构的一般概念

3.1.1 静定结构的定义及基本特征

按照计算特性,结构可以分为静定结构和超静定结构。

静定结构是指在荷载等因素作用下,全部的支座反力和内力均可由静力平衡条件唯一确定的结构。

超静定结构是指在荷载等因素作用下,全部的支座反力和内力不能单独由静力平衡条件全部确定的结构。

静定结构的几何特征就是几何不变且无多余约束,超静定结构的几何特征就是几何不变且有多余约束。

图 3-1 所示分别为几何可变体系、几何瞬变体系、几何不变且无多余约束体系和几何不变且有多余约束体系。

对于图 3-1a 所示几何可变体系,直观地看,水平方向的平衡条件没法满足。一般地,既然体系可变,就有运动自由度,所以在有运动自由度的方向不可能满足静力平衡条件,即不存在满足静力平衡条件的解答。

对于图 3-1b 所示几何瞬变体系,直观地看,整个隔离体对 A 点的力矩为零的平衡条件没法满足。在发生一个微小的转动后,虽然可以满足对 A 点的力矩为零的平衡条件,但是此时水平链杆的反力趋向 ∞,所以也没有唯一确定解。显然这个结论也具有一般性。

对于图 3-1c 所示几何不变且无多余约束体系,由理论力学可知,一个平面一般平衡力系可以建立三个独立的平衡方程。从这三个独立的平衡方程可以求得三个未知反力。一般地,这类结构的未知约束力的个数正好等于独立的平衡方程数,所以仅由平衡条件可以得到唯一的确定解。

对于图 3-1d 所示几何不变且有多余约束体系,四个未知反力满足三个独立的平衡方程,所以解有无穷多组。一般地,这类结构的未知约束力的个数多于独立的平衡方程数,所以仅满足静力平衡条件的解有无穷多组。这时,还需要补充变形协调条件来求解,所以这类结构称为静不定结构或超静定结构。

这样,静定结构的反力和内力全部都是通过静力平衡条件来求得的,即静定结构的求解条件是静力平衡条件。

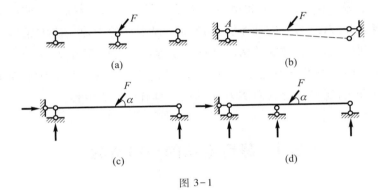

(a)

(b)

(c)

(d)

图 3-1

静定结构按照受力特性分类,可以分为静定梁、静定刚架、静定拱、静定桁架和静定组合结构,后面的计算就是按照这个分类进行的。

静定结构按照构造方式分类,可以分为悬臂式、简支式、三铰式和组合式,如图 3-2 所示。了解这样的分类方式,对于求解反力和约束力有帮助。

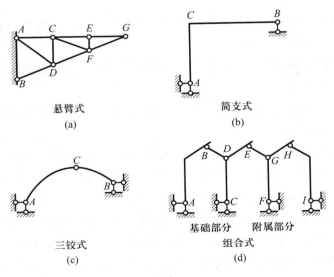

悬臂式

(a)

简支式

(b)

三铰式

(c)

组合式

(d)

图 3-2

3.1.2 静定结构的一般分析方法

静定结构计算的理论基础就是静力平衡。任意力系平衡的必要与充分条件是力系的主矢和对任意一点的主矩均为零。对于在 xy 平面内的一般力系,常用式(3-1)所示的三个平衡方程来求解。

$$\sum F_x = 0, \quad \sum F_y = 0, \quad \sum M = 0 \tag{3-1}$$

静定结构内力计算的关键在于首先求出支座反力和结构各杆件之间的约束力,然后再分别求每根杆的内力。后者在材料力学中已基本解决,前者则需要根据具体的结构构造方式(复杂时,需作几何组成分析),再反复应用式(3-1)建立平衡方程来求解,力争做到不联立方程组或少联立方程组求解。

视频 3-1
反力和约束
力的计算举
例

例如,对于图 3-2b 所示简支刚架,假设水平方向为 x,竖向为 y,依次用式(3-1)中的 $\sum F_x = 0$, $\sum M_A = 0$, $\sum F_y = 0$ 条件就可以不联立方程组求出三个支座反力。

对于第 2 章提到的多跨静定梁,如图 3-3 所示。只需要先分析附属部分 2,再分析附属部分 1,最后分析基础部分,就可以不联立方程组,依次求出所有的反力和约束力。

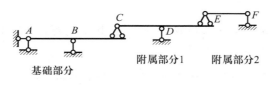

图 3-3

对于图 3-2d 所示组合刚架,只需要先分析附属部分,再分析基础部分,也可以不联立方程组,依次求出所有的反力和约束力。

在材料力学中,弯曲问题的研究主要是结合梁来展开的,对刚架的讨论比较少。但是刚架的问题更具一般性,同时刚架也是结构力学主要的研究对象。所以,为了方便后续结构力学的学习,以平面刚架为例,对材料力学的相关知识作一个回顾。

1. 受弯杆件截面的内力、符号规定及内力图绘制规定

一般地说,平面刚架中的杆件为平面受弯杆件,其截面上一般有三个内力分量:轴力 F_N、剪力 F_Q 和弯矩 M。

截面上轴向分布应力的合力称为轴力,轴力以拉为正,反之为负,如图 3-4a 所示。

截面上切向分布应力的合力称为剪力,剪力以绕杆件的另一端作顺时针转动为正,反之为负,如图 3-4b 所示。

截面上轴向分布应力对截面形心的力矩,称为弯矩。**对梁或拱,习惯上假定下**

侧受拉为正,反之为负,如图 3-4c 所示。对于刚架中的截面弯矩,由于可能出现任意角度的杆件,所以不方便规定其正负号,习惯上都是将弯矩图画在受拉的一侧。而对于有符号规定的轴力和剪力,就没有必要规定画在哪侧了。

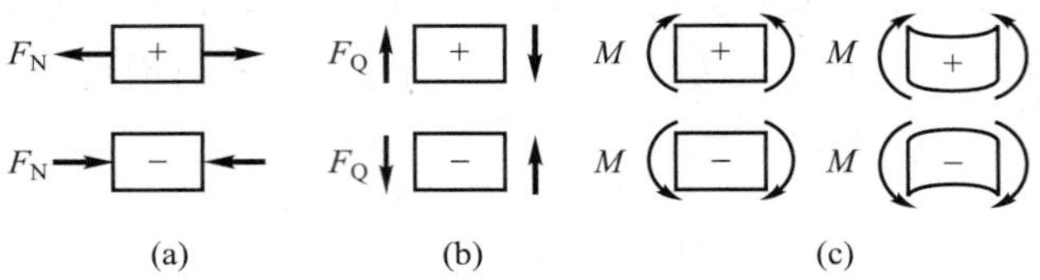

(a)　　　　　　　(b)　　　　　　　(c)

图 3-4

下面以图 3-5a 所示刚架为例作具体分析。

计算截面内力的一般方法是**截面法**,即将杆件在需要求内力的截面处,假想地将截面切开,将结构分为两部分。然后视方便,取出其中的一部分为隔离体,将弃去部分对留下部分的作用以相应的内力代替。最后,利用隔离体的平衡条件,求得截面的所有内力。

例如,如需求图 3-5a 中 D 截面的内力,就取图 3-5b 所示的 DA 段为隔离体,BD 部分对 DA 段的作用为 F_{NDA}、F_{QDA} 和 M_{DA}。最后,利用隔离体 DA 的平衡条件,确定出三个内力:

$$F_{NDA} = 0, \quad F_{QDA} = 10 \text{ kN}, \quad M_{DA} = 5 \text{ kN} \cdot \text{m}$$

2. 内力方程

截面上的内力是随截面的位置而变化的,其变化规律可以用函数来描述。这样的函数习惯上称为内力方程。

一般来讲这样的函数是分段函数,需要一段一段地求得。分段原则是在结点或荷载变化前后分段。

例如,对于图 3-5a 所示结构,需将其分成 AB、BE、EC 三段,再在每一段选一个坐标原点,用 x 表示该段内任意截面 K 的位置,由于最右端为悬臂部分,所以切取截面 K 右边部分为隔离体,三个隔离体分别如图 3-5c、d 和 e 所示。

由图 3-5c 所示隔离体 AB 段($0 \leqslant x_1 \leqslant 2$ m):

$$\sum M_K = 0, \quad M_K = 5x_1^2$$

$$\sum F_y = 0, \quad F_{QK} = 10x_1$$

$$\sum F_x = 0, \quad F_{NK} = 0$$

由图 3-5d 所示隔离体 BE 段($0 \leqslant x_2 \leqslant 1$ m):

$$\sum M_K = 0, \quad M_K = 20 \text{ kN} \cdot \text{m}$$

$$\sum F_y = 0, \quad F_{QK} = 0$$

$$\sum F_x = 0, \quad F_{NK} = -20 \text{ kN}$$

由图 3-5e 所示隔离体 EC 段(1 m $\leqslant x_2 \leqslant 2$ m):

$$\sum M_K = 0, \quad M_K = 20 + 20(x_2 - 1)$$
$$\sum F_y = 0, \quad F_{QK} = 20 \text{ kN}$$
$$\sum F_x = 0, \quad F_{NK} = -20 \text{ kN}$$

3. 内力图的绘制

列出内力方程后,就可根据它们来绘制出内力图。弯矩图绘制在受拉纤维一侧,无须注明符号;剪力图、轴力图可以绘制在杆件的任意一侧,但是必须注明正负号。

该例的内力图如图 3-5f、g 和 h 所示。

一般情况下,对于直杆结构,可以不用先列出内力方程再绘制内力图,而可以用控制截面法绘制内力图。**控制截面法**就是在结构中,根据需要选若干个控制截面,用截面法求出控制截面的内力,然后根据内力图的变化规律作出各杆段的内力图。

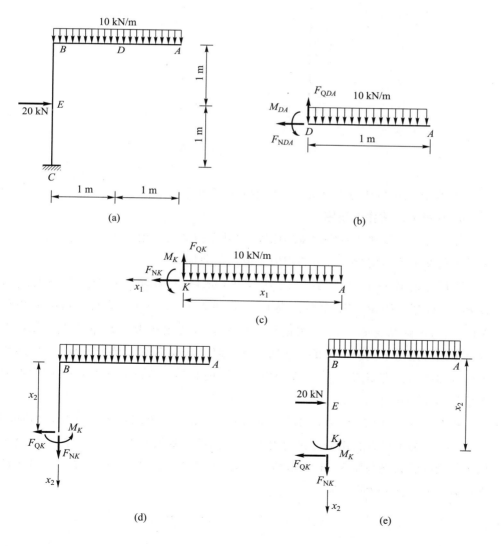

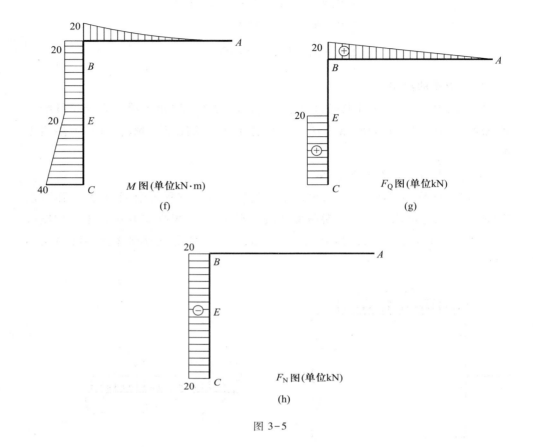

图 3-5

特别的是,可以用分段叠加法来绘制各段弯矩。

4. 分段叠加法作弯矩图

先复习一下线弹性结构的**叠加原理**:由几个荷载所产生的内力、应力或位移等于每个荷载单独作用时所产生的相应量值线性叠加。

下面讨论图 3-6a 所示简支梁。将荷载分成两组:杆端力偶 M_A、M_B 和杆上荷载 F。在杆端力偶 M_A、M_B 单独作用下,弯矩图如 3-6b 所示。在杆上荷载 F 单独作用下,弯矩图如 3-6c 所示。根据叠加原理,该简支梁在 M_A、M_B 和 F 共同作用下的弯矩图可以由上面两个弯矩图叠加得到,如图 3-6d 所示。特别说明,这里的弯矩图叠加指的是弯矩值的叠加,即图中纵坐标的叠加。所以图 3-6d 中,梁中点的弯矩值为 $M_0 - M'$。

现在,再讨论图 3-5a 中的杆 BC,由前面求出的内力图可画出其隔离体如图 3-7a 所示,为了可以利用前面讨论的简支梁用叠加原理作弯矩图的方法,将这个隔离体的受力状态与图 3-7b 所示的简支梁 BC 作比较。从图 3-7b 中可以求出简支梁 BC 的三个支座反力为

$$F_{xC} = 20 \text{ kN}, \quad F_{yC} = 20 \text{ kN}, \quad F_{yB} = 0$$

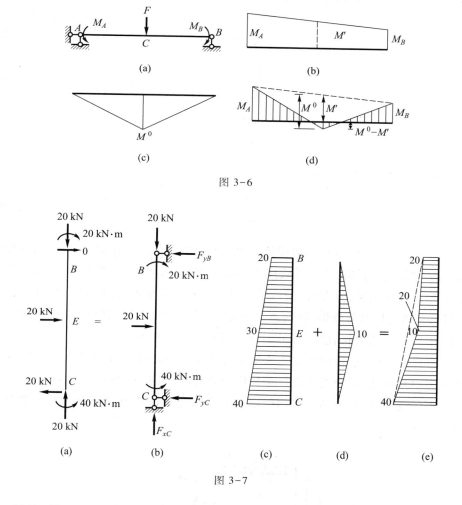

图 3-6

图 3-7

显然,图 3-7a、b 的受力状态完全相同,即图 3-7a 所示杆 BC 的弯矩图等于图 3-7b 所示简支梁 BC 的弯矩图,而简支梁 BC 的弯矩图可以用前面的叠加原理得到,过程如图 3-7c～e 所示。显然,图 3-7e 所示的弯矩图与图 3-5f 中杆 BC 的弯矩图完全一致。

这样的讨论具有一般性。归纳起来,分段叠加法作弯矩图的方法为:先用控制截面法求出某一杆段两端的弯矩值,然后在两端弯矩纵线连线的基础上叠加以同跨度、同荷载简支梁的弯矩图。

分段叠加法作弯矩图适用于任意一段直杆,适用于静定结构,也适用于超静定结构。是刚架结构作弯矩图时最重要、最常用的方法。

5. 荷载与内力间的微分关系

最后,再回顾一下荷载与内力间的微分关系。

从荷载连续分布的直杆段内,取一个微段 dx 为隔离体,如图 3-8 所示。其中 q_x 和 q_y 分别为沿 x(轴向)和 y 方向(切向)的荷载集度。应用静力平衡条件,并略

去高阶微量,可导出以下的微分关系:

$$\frac{\mathrm{d}F_\mathrm{N}}{\mathrm{d}x} = -q_x \qquad (3-2)$$

$$\frac{\mathrm{d}F_\mathrm{Q}}{\mathrm{d}x} = -q_y \qquad (3-3)$$

$$\frac{\mathrm{d}M}{\mathrm{d}x} = F_\mathrm{Q} \qquad (3-4)$$

由式(3-3)和(3-4)可得

$$\frac{\mathrm{d}^2 M}{\mathrm{d}x^2} = -q_y \qquad (3-5)$$

式(3-2)至(3-5)对绘制和校核内力图有很大的帮助。比如,结构中轴向荷载较少出现,所以轴力图常常是零线或矩形图,即轴力为常数,如图 3-5h 所示。当有切向均布荷载作用时,剪力图为斜直线,弯矩图为二次抛物线,如图 3-5g、f 中的杆 AB;当没有切向均布荷载作用时,剪力为常数,剪力图为零线或矩形图,弯矩图为与杆轴线平行的直线或斜直线,如图 3-5g、f 中的杆 BE 和 EC。

当杆件上有轴向、切向集中力或集中力偶作用时,在荷载作用点处,轴力、剪力或弯矩会出现突变,其突变值就等于相应的荷载值,如图 3-5g 中的 E 点。

掌握了这些规律,再结合控制截面法和分段叠加法就可以方便和快捷地作结构的内力图。

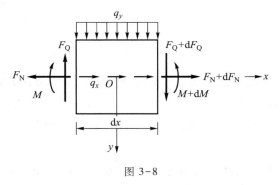

图 3-8

3.1.3　零载法分析体系的几何组成

对于计算自由度为零的体系,当用几何不变体系组成法则难以分析时,可以用零载法来分析其几何组成。

根据静定结构的解答唯一性定理,对于计算自由度为零的体系,受荷载作用时,如果满足平衡条件的所有反力和内力有唯一确定解,则体系是几何不变且无多余约束的,即静定结构;如果反力和内力不是唯一的,则体系是几何瞬变(或常变)的。

零载法就是利用上述特性,不给体系承受荷载(称为零载),此时,如果体系的反力和内力只有零解,说明体系是几何不变且无多余约束的静定结构;如果有满足平衡条件的非零反力和内力存在,说明体系是几何瞬变(或常变)的。

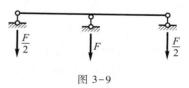

图 3-9

例如,对于图 3-9 所示体系,计算自由度为零,图示一组解为满足平衡条件的非零解,所以,该体系是几何可变的。当然,也可以直观地判断出这个体系是几何可变体系。

例 3-1 图 3-10a 所示是计算自由度为零的体系,试用零载法分析其几何组成。

解:该体系很难用几何不变体系组成法则来分析,所以用零载法分析。

(1)首先假设结点 F 处的支座反力为 F_R;

(2)由整体平衡条件可以求出 A、E 处的支座反力,如图 3-10b 所示;

(3)由结点 F 的平衡条件,得 $F_{NFB} = F_{NFD} = -\dfrac{F_R}{2\sin\alpha}$,

(4)取杆 ABC 为隔离体,如图 3-10c 所示,由 $\sum F_x = 0$,$\sum F_y = 0$,得

$$F_{xC} = \frac{F_R}{2}\cot\alpha, \quad F_{yC} = 0$$

而

$$\sum M_C = \frac{F_R}{2}\times 2l - \frac{F_R}{2\sin\alpha}\times\sin\alpha\times l = \frac{F_R l}{2} \quad (\text{设力矩逆时针为正})$$

要使 $\sum M_C = 0$,必须 $F_R = 0$,即,该问题只有零解,所以体系是几何不变无多余约束的静定结构。

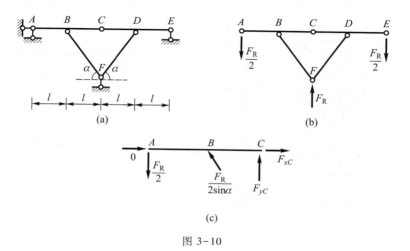

图 3-10

又如图 3-11 所示体系,其计算自由度为零,在没有荷载作用时,由 E、G 结点的平衡条件开始分析,可以证明,所有杆的轴力和支座反力只有一组唯一的零解存在,因此所给体系是几何不变无且多余约束的静定结构。

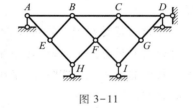

图 3-11

需要强调的是,对于计算自由度小于零的体系,零载法不适用。为什么?请读者自行分析。

3.2 静定平面刚架

刚架是由若干直杆组成、全部或部分结点为刚结点的结构,各杆轴线和外力作用线在同一平面内的刚架称为平面刚架;不在同一平面内的刚架,称为空间刚架。

与桁架相比,由于刚架中弯矩是主要内力,所以一般地说,刚架中杆件的截面要比桁架中杆件的截面大得多。刚架结构具有整体性好、杆件数较少、内部空间较大、施工比较方便的特点,因此,在工程中有着广泛的应用。工程中,一般将刚架结构称为框架结构。

实际工程中的刚架多是超静定的,但是计算时,常常以静定刚架的分析作为基础,而且还可以通过静定刚架的分析,了解刚架结构的受力特性。因此静定刚架的分析十分重要。

静定刚架结构通常分为悬臂刚架、简支刚架、三铰式刚架和组合刚架。

悬臂式刚架如图 3-12 所示,简支刚架如图 3-13 所示,三铰式刚架如图 3-14 所示。组合刚架一般是悬臂刚架、简支刚架和三铰刚架的组合,如图 3-15 所示。

刚架结构可以看成折弯了的梁,它的杆件都是受弯杆件。图 3-16 所示结构为受同样荷载作用的刚架和梁的弯矩图,由于杆 AB 和 CD 的位置发生改变,它们的受力状态有了明显的改变。但是内力的计算、内力图的绘制方法和过程相似。

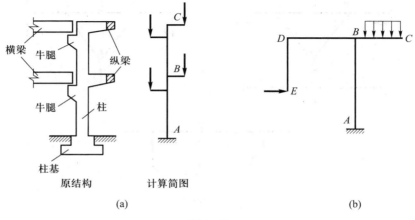

图 3-12

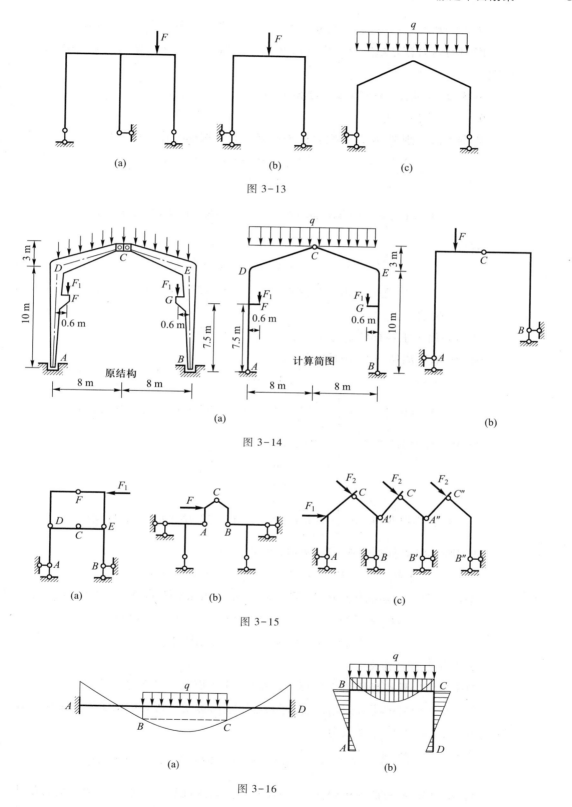

图 3-13

图 3-14

图 3-15

图 3-16

梁中的轴力常常为零,但是刚架中除了弯矩和剪力外,一般还有轴力。

刚架的内力符号规定及分析方法在上节已做介绍,下面通过具体的例题加以说明。

例 3-2　绘制图 3-17a 所示刚架的内力图。

解:(1) 支座反力

此例为简支刚架,所以一般要先求支座反力。按照整体平衡条件:

$$\sum F_x = 0, \quad F_{xA} = 3 \text{ kN/m} \times 6 \text{ m} - 4 \text{ kN} = 14 \text{ kN}(\leftarrow)$$

$$\sum M_B = 0,$$

$$F_{yA} \times 6 \text{ m} + \frac{1}{2} \times 3 \text{ kN/m} \times (6 \text{ m})^2 - 40 \text{ kN} \times 3 \text{ m} - 4 \text{ kN} \times 3 \text{ m} = 0$$

所以

$$F_{yA} = 13 \text{ kN}(\uparrow)$$

$$\sum F_y = 0, \quad F_{yB} = 40 \text{ kN} - 13 \text{ kN} = 27 \text{ kN}(\uparrow)$$

(2) 弯矩图

先用截面法求各杆杆端弯矩值。

杆 HC 取隔离体如图 3-17b 所示,得

$$M_{HC} = 0$$

$$\sum M_C = 0, \quad M_{CH} = \frac{1}{2} \times 3 \text{ kN/m} \times (2 \text{ m})^2 = 6 \text{ kN} \cdot \text{m} \quad （左侧受拉）$$

杆 AC 取隔离体如图 3-17c 所示,得

$$M_{AC} = 0$$

$$\sum M_C = 0,$$

$$M_{CA} = 14 \text{ kN} \times 4 \text{ m} - \frac{1}{2} \times 3 \text{ kN/m} \times (4 \text{ m})^2 = 32 \text{ kN} \cdot \text{m} \quad （右侧受拉）$$

杆 EB 取隔离体如图 3-17d 所示,得 $M_{BF} = 0$

$$\sum M_E = 0, \quad M_{EB} = 4 \text{ kN} \times 1 \text{ m} = 4 \text{ kN} \cdot \text{m} \quad （右侧受拉）$$

结点 C 和 E 的隔离体如图 3-17e 和 f 所示。由结点 C 和 E 力矩的平衡条件得

$$M_{CE} = (32 + 6) \text{ kN} \cdot \text{m} = 38 \text{ kN} \cdot \text{m} \quad （下侧受拉）$$

$$M_{EC} = M_{EB} = 4 \text{ kN} \cdot \text{m} \quad （上侧受拉）$$

分别作各杆弯矩图:

杆 CH 可以看作悬臂梁受均布荷载作用,其弯矩图为二次抛物线。

杆 CE 上有集中荷载作用,先将杆端弯矩连以虚线后再叠加简支梁受集中荷载的弯矩图,中点 D 的弯矩值为:

$$M_D = \frac{(38-4)}{2} \text{ kN} \cdot \text{m} + \frac{1}{4} \times 40 \text{ kN} \times 6 \text{ m} = 77 \text{ kN} \cdot \text{m} \quad （下侧受拉）$$

杆 AC 上有均布荷载作用,先将杆端弯矩连以虚线后再叠加简支梁受均布荷载的弯矩图,得到此杆的弯矩图,中点 G 的弯矩值为 22 kN · m。

杆 FB 上没有荷载作用,B 端只有轴向反力作用,所以整段杆弯矩为零。

杆 EF 上没有荷载作用,将两杆端弯矩直接连以直线即为弯矩图。弯矩图如图 3-17g 所示,特别提醒的是弯矩图画在受拉一侧,不需注明正负号。

（3）剪力图

剪力的求解方法有两种:一是根据隔离体某方向力的投影平衡方程来求,二是求得杆端的弯矩之后,由杆件隔离体的力矩平衡方程来求。前者在静定结构中应用较多,特别是结点为直角时,两个垂直方向力的投影计算很方便。后者在斜杆、超静定结构中用得较多。

由图 3-17b 得

$$F_{QHC} = 0$$

$$\sum F_x = 0, \quad F_{QCH} = 3 \text{ kN/m} \times 2 \text{ m} = 6 \text{ kN}$$

同理由图 3-17c 和 d 得

$$F_{QAC} = 14 \text{ kN}$$

$$F_{QCA} = 14 \text{ kN} - 3 \text{ kN/m} \times 4 \text{ m} = 2 \text{ kN}$$

$$F_{QBE} = 0$$

$$F_{QEB} = 4 \text{ kN}$$

杆 CD 的剪力可以在求出杆 CA 和 EB 的轴力后,由结点 C 和 E 的隔离体平衡方程来求,也可以用杆 CE 隔离体的平衡方程来求。前者比较简单,这里用后者来求。

杆 CE 取隔离体如图 3-17h 所示,得

$$\sum M_E = 0, \quad F_{QCE} \times 6\text{m} - 40 \text{ kN} \times 3 \text{ m} + (38+4) \text{ kN} \cdot \text{m} = 0$$

所以

$$F_{QCE} = 13 \text{ kN}$$

$$\sum F_y = 0, \quad F_{QEC} = -27 \text{ kN}$$

绘刚架的剪力图如图 3-17i 所示。由于 CD 段、DE 段、EF 段和 FB 段均没有荷载作用,所以剪力为常数,而 CH 段和 CA 段有均布荷载作用,剪力图为斜直线。剪力图画在哪侧没有规定,但是必须注明正负号。

（4）轴力图

由图 3-17b~d 得

$$F_{NCH} = F_{NHC} = 0, \quad F_{NCA} = F_{NAC} = -13 \text{ kN}, \quad F_{NEB} = F_{NBE} = -27 \text{ kN}$$

由结点 C 和 E 的隔离体图 3-17e 和 f 得

$$F_{NCE} = F_{QCA} - F_{QCH} = -4 \text{ kN}, \quad F_{NEC} = -F_{QEB} = -4 \text{ kN}$$

作刚架的轴力图如图 3-17j 所示。由于各杆段均没有轴向荷载作用,所以轴力都为常数。轴力图画在哪侧没有规定,但是必须注明正负号。

（5）校核

为了保证结果正确,需用前面没有用过的平衡条件来校核,取隔离体时,其杆件和荷载要尽量多些。

例如,可以取图 3-17k 所示隔离体来校核:

$$\sum F_y = (40-13-27)\ \text{kN} = 0$$

$$\sum F_x = 3\ \text{kN/m} \times 6\ \text{m} - 14\ \text{kN} - 4\ \text{kN} = 0$$

$$\sum M_F = 3\ \text{kN/m} \times 6\ \text{m} \times 1\ \text{m} - 14\ \text{kN} \times 4\ \text{m} - 13\ \text{kN} \times 6\ \text{m} +$$

$$40\ \text{kN} \times 3\ \text{m} - 4\ \text{kN} \cdot \text{m} = 0$$

（6）分析与讨论

因为是第一个静定结构例题,请读者注意分析 M 图、F_Q 图和 F_N 图变化规律,它们与外荷载的关系,以及三个内力图之间的关联。比如,杆 HC 和 CA 的弯矩图的曲线凸向,相互垂直的杆 ED 和 EF 中剪力和轴力的关联。

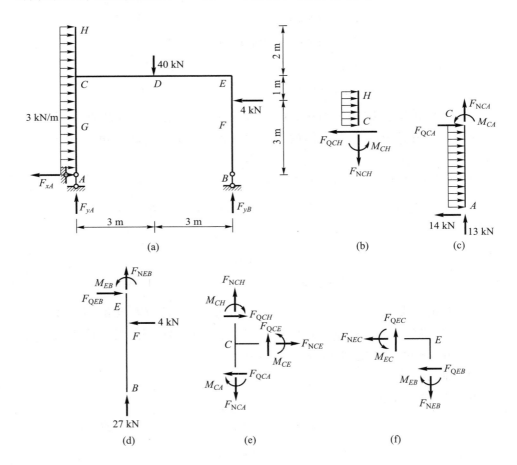

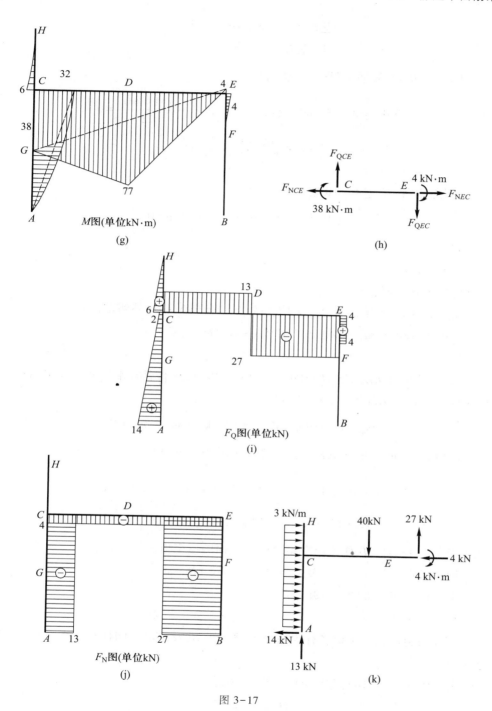

图 3-17

例 3-3 绘制图 3-18a 所示门式三铰刚架的内力图。

解：（1）支座反力

三铰刚架要先求反力。由图 3-18a 整体平衡，得

$$\sum M_A = 0, \quad F_{yB} = \frac{12 \text{ m} \times 1 \text{ kN/m} \times 6 \text{ m}}{12 \text{ m}} = 6 \text{ kN}(\uparrow),$$

$$\sum F_y = 0, \quad F_{yA} = 6 \text{ kN}(\uparrow),$$
$$\sum F_x = 0, \quad F_{xA} = F_{xB}$$

由左半边隔离体平衡(图 3-18b)得

$$\sum M_C = 0, \quad 6 \text{ m} F_{yA} - (4.5 \text{ m} + 2 \text{ m}) F_{xA} - \frac{q \times (6 \text{ m})^2}{2} = 0$$

$$F_{xA} = F_{xB} = \frac{36-18}{6.5} \text{ kN} = 2.77 \text{ kN}$$

再由整体平衡,$\sum M_B = 0$ 校核:

$$\sum M_B = q \times 12 \text{ m} \times 6 \text{ m} - F_{yA} \times 12 \text{ m} = 0$$

无误。

(2) 弯矩图

仍用控制截面法。

由图 3-18c 得 $M_{AD} = 0$,$M_{DA} = 4.5 \text{ m} F_{xA} = 12.47 \text{ kN} \cdot \text{m}$(外侧受拉)

由图 3-18d 得 $M_{DC} = M_{DA} = 12.47 \text{ kN} \cdot \text{m}$(外侧受拉)

C 铰处 $M_{CD} = 0$

同理,截取杆 BE、节点 E 和杆 CE 为隔离体,可求得各杆端弯矩。如果根据结构对称及荷载对称的特点,亦可得到

$$M_{BE} = 0, \quad M_{EB} = M_{EC} = 12.47 \text{ kN} \cdot \text{m}, \quad M_{CE} = 0$$

CD 段中点的弯矩可用叠加法计算。由图 3-18e 可得

$$M_{CD\text{中}} = \frac{1}{2} M_{DC} + M_{CD\text{中}}^0 = \frac{1}{2} \times 12.47 \text{ kN} \cdot \text{m} - \frac{1}{8} \times 1.0 \times 6^2 \text{ kN} \cdot \text{m}$$
$$= 1.73 \text{ kN} \cdot \text{m} \quad (\text{外侧受拉})$$

式中,$M_{CD\text{中}}^0$ 表示杆 CD 作为简支梁时中点截面的弯矩值。

同理求得 $\qquad\qquad M_{CE\text{中}} = M_{CD\text{中}} = 1.73 \text{ kN} \cdot \text{m}$

刚架的弯矩图如图 3-18f 所示。

(3) 剪力图

杆端剪力可以分别取各杆为隔离体,根据荷载及已求出的杆端弯矩,用力矩平衡方程来求得。

杆 AD:由图 3-18c,$\sum M_A = 0$ 或 $\sum F_x = 0$,得

$$F_{QDA} = -2.77 \text{ kN}$$

杆 DC:由图 3-18e,得

$$\sum M_C = 0, \quad M_{DC} + 3 \text{ m} \times 6 \text{ kN} - 6.32 \text{ m} \times F_{QDC} = 0$$

$$F_{QDC} = \frac{12.47 + 18}{6.32} \text{ kN} = 4.82 \text{ kN}$$

$$\sum M_D = 0, \quad M_{DC} - 6 \text{ kN} \times 3 \text{ m} - F_{QCD} \times 6.32 \text{ m} = 0$$

$$F_{QCD} = \frac{12.47-18}{6.32} \text{ kN} = -0.875 \text{ kN}$$

根据结构对称及荷载对称的关系,得

$$F_{QCE} = 0.875 \text{ kN}$$

$$F_{QEC} = -4.82 \text{ kN}, \quad F_{QEB} = 2.77 \text{ kN}, \quad F_{QBE} = 2.77 \text{ kN}$$

应该指出,对称结构受对称荷载时,剪力的符号是反对称的,在对称线两边的正负号正好相反。为什么?请读者思考。

杆 AD 和 EB 上无荷载,截面上剪力应为常数,斜杆 DC 和 CE 上受均布荷载,剪力图按直线变化,于是,刚架的剪力图如图 3-18g 所示

(4)轴力图

可以取结点为隔离体,利用平衡条件,根据作用在隔离体上的荷载和已算出的剪力来求轴力。

例如,对杆 AD 和杆 BE,容易看出轴力等于竖向反力,即

$$F_{NAD} = F_{NDA} = -F_{yA} = -6 \text{ kN}, \quad F_{NBE} = F_{NEB} = -F_{yB} = -6 \text{ kN}$$

截取结点 D(图 3-18d)得

$$\sum F_x = 0, \quad -F_{QDA} + \frac{6}{6.32}F_{NDC} + \frac{2}{6.32}F_{QDC} = 0$$

$$F_{NDC} = -\frac{2}{6} \times 4.82 \text{ kN} + \frac{6.32}{6} \times (-2.77) \text{ kN} = -4.52 \text{ kN}$$

为了求 F_{NCD},截取杆 CD(图 3-18e),列出各力在 x′轴上的投影方程,得

$$\sum F'_x = 0, \quad -F_{NDC} + F_{NCD} - 6 \text{ kN} \times \frac{2}{6.32} = 0$$

$$F_{NCD} = -4.52 \text{ kN} + 1.90 \text{ kN} = -2.62 \text{ kN}$$

为了求 F_{NCE},截取铰结点 C(图 3-18i)得

$$\sum F_x = 0, \quad \frac{6}{6.32}F_{NCE} - \frac{6}{6.32}F_{NCD} - \frac{2}{6.32}F_{QCD} - \frac{2}{6.32}F_{QCE} = 0$$

$$F_{NCE} = F_{NCD} + \frac{1}{3}F_{QCD} + \frac{1}{3}F_{QCE}$$

$$= -2.62 \text{ kN} + \frac{1}{3} \times (-0.875 + 0.875) \text{ kN} = -2.62 \text{ kN}$$

同理,截取杆 CE 得 $\quad F_{NEC} = -4.52 \text{ kN}$

截取杆 EB 得 $\quad F_{NEB} = -6 \text{ kN}$

应该指出,斜杆 DC 及 CE 因为沿轴向有均布荷载(图 3-18e),故轴力不是常量,而是按直线变化的。其余各杆没有轴向荷载作用,所以这些杆中的轴力均为常量。刚架的轴力图如图 3-18h 所示。

(5)校核

可截取结点 C、E,如图 3-18i、j 所示,用 $\sum F_y = 0$ 来校核。

由图 3-18i

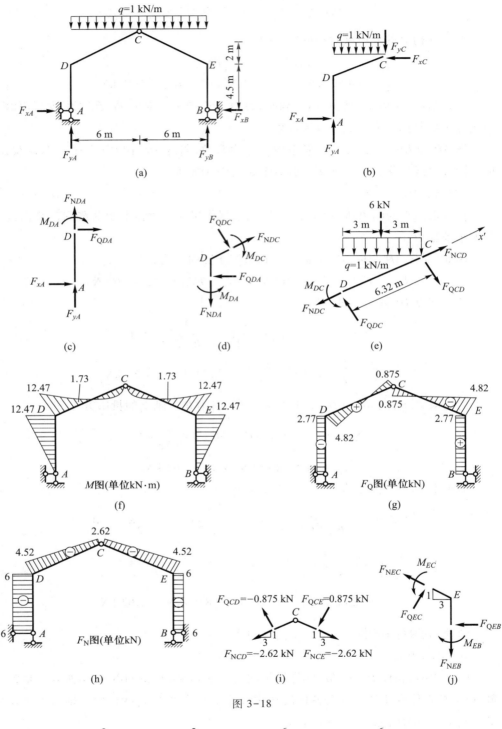

图 3-18

$$\sum F_y = \frac{2}{6.32} \times 2.62\ \text{kN} + \frac{2}{6.32} \times 2.62\ \text{kN} - \frac{6}{6.32} \times 0.874\ \text{kN} - \frac{6}{6.32} \times 0.874\ \text{kN}$$

$$= \frac{1}{6.32} \times (4 \times 2.62 - 12 \times 0.874)\ \text{kN} \approx 0 \quad 满足$$

由图 3-18j 得

$$\sum F_y = F_{NEC}\frac{2}{6.32} - F_{NEB} + F_{QEC}\frac{6}{6.32}$$

$$= -4.52\times\frac{2}{6.32}\,\text{kN} - (-6)\,\text{kN} + (-4.81)\times\frac{6}{6.32}\,\text{kN}$$

$$= \frac{2}{6.32}\times(-4.52+3\times6.32-14.43)\,\text{kN} \approx 0 \quad \text{也满足}$$

可见结点 C、E 满足平衡条件,计算无误。

（6）分析与讨论

（a）本例内力图是根据承受单位均布荷载 $q = 1$ kN/m 时作出的,承受实际的均布荷载 q 时,内力图只要扩大 q 倍即可。

（b）对称结构对称荷载作用下,反力和内力都是对称的,所以 $F_{yC} = 0$。一般地说,对称结构对称荷载作用下,对称轴上反对称性约束力为 0;对称结构反对称荷载作用下,对称轴上对称性约束力为 0。这个结论对静定和超静定结构都适用。

（c）对称结构对称荷载作用下,弯矩图和轴力图是对称的,但是剪力图是反对称的;对称结构反对称荷载作用下,结论反之。

（d）斜杆弯矩图叠加时,要注意荷载的布置方式,比如,读者可以思考均布荷载 q 垂直 DC 杆时,如何计算斜杆中点的弯矩。

例 3-4　绘制图 3-19a 所示刚架的内力图。

视频 3-4
例 3-4

解:（1）支座反力

此为组合刚架,其左部分 $ABCDEF$ 为三刚片法则组成的广义三铰刚架,右部分 $FGHI$ 为两刚片法则组成的广义简支刚架,是附属部分。所以求反力和约束力时,可分成图 3-19b 和图 3-19c 两部分来计算,并且先从附属部分开始计算。

对图 3-19b,由 $\sum F_x = 0$, $\sum F_y = 0$ 分别得

$$F_{xF} = 0, \quad F_{yI} = 30\ \text{kN}$$

由 $\sum M_F = 0$ 得

$$M_{FG} = 30\ \text{kN}\times4\ \text{m} - \frac{1}{2}\times15\ \text{kN/m}\times(2\ \text{m})^2 - 20\ \text{kN}\cdot\text{m} = 70\ \text{kN}\cdot\text{m}$$

对图 3-19c 中的广义三铰刚架,与例 3-2 的三铰刚架求解类似,要分别利用整体和局部的平衡条件来求解全部反力和约束力。

对图 3-19c,由 $\sum F_x = 0$ 得

$$F_{xE} = 20\ \text{kN}$$

对图 3-19d 所示的局部 $CDEF$ 隔离体,由 $\sum M_C = 0$、$\sum F_x = 0$ 和 $\sum F_y = 0$ 分别得

$$F_{yE} = 36\ \text{kN}, \quad F_{xC} = 20\ \text{kN}, \quad F_{yC} = -6\ \text{kN}$$

再由图 3-19c 的整体隔离体 $\sum F_y = 0$ 和 $\sum M_A = 0$ 分别得

$$F_{yA} = -6\ \text{kN}, M_A = 24\ \text{kN}\cdot\text{m}$$

校核:对整个组合刚架满足 $\sum F_x = 0$、$\sum F_y = 0$ 和 $\sum M_E = 0$。

（2）绘制内力图

全部反力和约束力求出后,即可逐杆绘制弯矩图、剪力图和轴力图,如图 3-19e、f、g 所示。

（3）分析与讨论

以上是按照一般的求解规律来计算反力、约束力和绘制内力图的。当有了一定计算基础后,也可以根据具体的情形,简便快捷地计算出作内力图时需要的部分反力和约束力,再根据内力图的一些特性快捷地作出内力图。

例如,本例中作 M 图,可以先由图 3-19b 中 $\sum F_y = 0$,求出 $F_{y1} = 30$ kN;再由图 3-19a 中的整体平衡条件 $\sum F_x = 0$,求出 $F_{xE} = 20$ kN。

有这两个值就可以开始作出全部的 M 图了,具体步骤为(为了表达简洁,这里就不强调弯矩的受拉侧了):

取 $DFGHI$ 为隔离体如图 3-19h 所示,该部分可以从 I 端向左逐段分析,先求出 $M_{HI} = 60$ kN·m

再由结点 H 的力矩平衡条件得

$$M_{HG} = 40 \text{ kN·m}$$

由于右端集中力平行于杆 HG,所以杆 HG 的剪力为零,且其弯矩值为常量,再由结点 G 的力矩平衡条件得

$$M_{GF} = M_{GH} = M_{HG} = 40 \text{ kN·m}$$

由 $\sum M_D = 0$ 得

$$M_{DF} = 40 \text{ kN·m}$$

图 3-19d 中,由杆 DE 得 $M_{DE} = 40$ kN·m

由结点 D 的力矩平衡条件得

$$M_{DC} = 0$$

由铰结点 C 的受力状态得

$$M_{CB} = M_{CD} = 12 \text{ kN·m}$$

由于杆 BCD 上没有切向荷载,其上弯矩的斜率应为常量,而

$$M_{DC} = 0, \quad M_{CB} = M_{CD} = 12 \text{ kN·m}$$

所以

$$M_{BC} = 24 \text{ kN·m} \quad （下侧受拉）$$

再由结点 B 的力矩平衡条件得

$$M_{BA} = M_{BC} = 24 \text{ kN·m}$$

最后,由支座 A 的受力特性知道,杆 AB 的剪力为零,弯矩为常量,所以 $M_{AB} = 24$ kN·m。

对于杆 DG 中点 F 的弯矩,可以由叠加原理求得

$$M_F = 40 \text{ kN·m} + \frac{1}{8} \times 15 \text{ kN/m} \times (4 \text{ m})^2 = 70 \text{ kN·m}$$

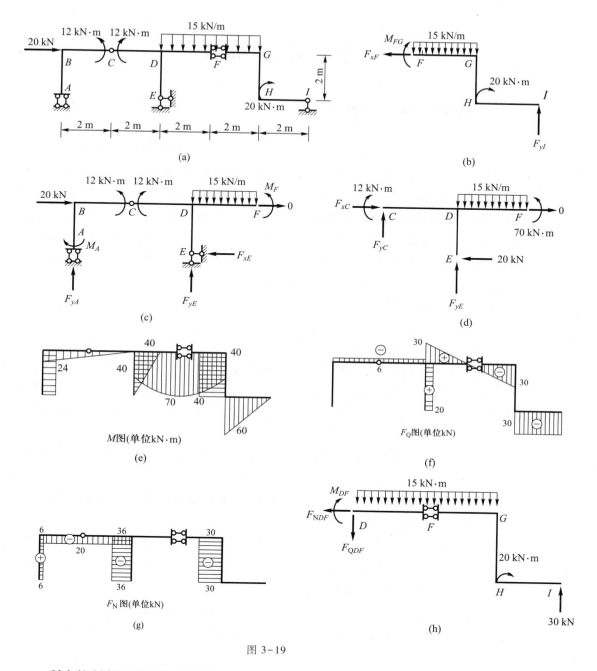

图 3-19

所有控制截面弯矩值都与前面的计算结果一致。

为了求剪力、轴力，还需要由隔离体 ABC 求出支座反力 F_{yA}，再由整体平衡条件求出 F_{yE}，再逐段作剪力图和轴力图，读者可以自行分析。

3.3   静 定 桁 架

3.3.1   静定桁架的一般概念

桁架在桥梁、房屋、水闸闸门等结构中得到广泛的应用。最早的桁架为木桁架，现代工程主要采用钢桁架和钢筋混凝土桁架。这些桁架的结点有的类似铰结点，有的结点刚度介于铰结点与刚结点之间，有的就是刚结点。所以从构造上看，它们几乎都是超静定结构。这些桁架结构在结点荷载作用下，不论是理论计算还是试验的结果都表明，各杆件主要呈现轴向拉伸或压缩变形，弯曲和剪切变形都比较小，所以内力主要为轴力，弯矩和剪力较小。为了既反映桁架的上述特点又简化计算，在取桁架结构的计算简图时作如下假设：

（1）各杆都是直杆；

（2）结点都是光滑铰结点，铰的中心就是各杆轴线的交点；

（3）所有外力都作用在结点上。

完全符合上述假设的桁架称为**理想桁架**，显然，理想桁架的各杆件只有轴力。将实际桁架简化成理想桁架所得到的轴力称为**主内力**；而将其因结点的刚性影响，或杆上的非结点荷载作用产生的杆件内力称为**次内力**。对于一般桁架都只计算主内力，在特别大型的、重要的建筑物中的桁架需要计算次内力。

各杆轴线与外荷载在同一平面的桁架称为**平面桁架**，不在同一平面的桁架则称为**空间桁架**。

静定平面桁架按照几何构造可以分为**简单桁架、联合桁架、复杂桁架**。简单桁架又可以分为悬臂式和简支式。

图 3-20a 所示为悬臂式简单桁架，它是在一个基础上连续添加二元体而成的桁架。图 3-20b 所示为简支式简单桁架，它是在一个铰结三角形基础上连续添加二元体后，再与地基简支而成的桁架。

联合桁架是由几个简单桁架（看成大刚片），根据几何不变体系的组成法则构成的桁架，联系简单桁架之间的杆件（或铰）称为联系杆（或铰）。如图 3-20c、d 所示。

凡是不属于简单桁架和联合桁架的，都称为复杂桁架，如图 3-20e、f 所示。

静定平面桁架按照反力特点可以分为**梁式桁架**和**拱式桁架**。前者见图 3-20a、b、c、e、f 所示桁架，它们在竖向荷载作用下只产生竖向支座反力，其作用分别与悬臂梁和简支梁相似。后者见图 3-20d 所示桁架，它们在竖向荷载作用下会产生水平支座反力，其作用与拱相似。

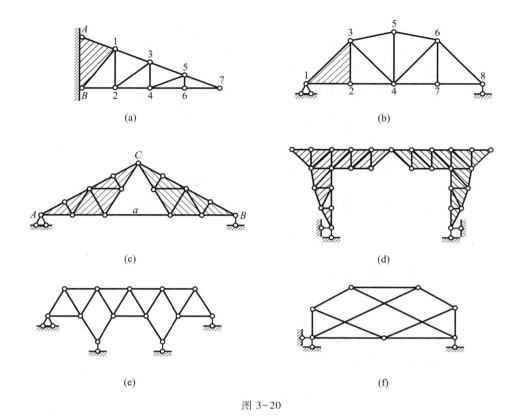

图 3-20

3.3.2　静定桁架的内力计算

求桁架杆件的内力也需要截开所求杆件,取一个合适的隔离体。如果隔离体只包含一个结点,这种方法就称为**结点法**。如果隔离体中包含两个以上的结点,这种方法就称为**截面法**。

1. 结点法

截取结点为隔离体,由于每个杆件只有轴力,所以隔离体为平面汇交力系,故有独立的平衡方程:

$$\sum F_x = 0, \quad \sum F_y = 0 \qquad (3-6)$$

所以一般来说,一个结点隔离体中,如果只有两个杆的轴力是未知的,可以不用联立方程就可以求出两个未知轴力。对于简单桁架可以利用结点法很方便地求出全部的杆件轴力。下面举例说明。

例 3-5　求图 3-21a 所示桁架各杆的轴力。

解:此为简支梁式桁架,也是简单桁架。先解出支座反力,再用结点法求出所有杆轴力。

(1) 支座反力

$$F_{yA} = F_{yB} = 2.5F$$

（2）轴力

轴力仍以拉为正、压为负，先假设杆件的未知轴力为拉力。

结点 1：隔离体图略去，$F_{N12}=0$，$F_{N16}=-F$

结点 6：作其隔离体受力图如图 3-21b 所示。

$$\sum F_y=0,\quad F_{N62}=-1.5\frac{\sqrt{d^2+h^2}}{h}F$$

$$\sum F_x=0,\quad F_{N67}=1.5F\frac{\sqrt{d^2+h^2}}{h}\frac{d}{\sqrt{d^2+h^2}}=1.5\frac{d}{h}F$$

或者利用图 3-21c 所示的力关系图，由杆件的比例关系得到下式：

$$-\frac{F_{N62}}{\sqrt{d^2+h^2}}=\frac{F_{N67}}{d}=\frac{1.5F}{h}$$

由该式直接求解 F_{N62} 和 F_{N67}。

结点 7：

$$F_{N78}=F_{N67}=1.5\frac{d}{h}F,\quad F_{N27}=0$$

结点 2：作其隔离体受力图如图 3-21d 所示。

$$\sum F_y=0,\quad F_{N28}=0.5\frac{\sqrt{d^2+h^2}}{h}F$$

$$\sum F_x=0,\quad F_{N23}=-2\frac{d}{h}F$$

结点 3：

$$F_{N38}=0$$

利用对称性，可以得右半边杆件的轴力。

（3）校核

（略）。

（4）讨论

这样的简单桁架可以沿几何组成相反的顺序，用结点法求出全部杆件的轴力，无需联立方程求解。

2. 截面法

由于截面法中的隔离体包含两个以上的结点，所以隔离体为平面一般力系，故有独立的平衡方程：

$$\sum F_x=0,\quad \sum F_y=0,\quad \sum M=0 \tag{3-7}$$

所以一般来说，如果只有三个杆的轴力是未知的，可以不用联立方程就可以求出这三个未知轴力。截面法一般用来求指定杆件的轴力或求联合桁架联系杆的轴力，再用结点法求出其余全部杆件的轴力。下面举例说明。

例 3-6 求图 3-21a 所示桁架杆 23、杆 28 和杆 78 的轴力。

解：（1）对于这样的简单桁架，如果只求指定截面的轴力，常常用截面法最快捷。先求出支座反力如例 3-5 中所列,再取图 3-21e 所示隔离体。

由 $\sum M_2 = 0$ 得

$$F_{N78} = 1.5 \frac{d}{h} F \qquad (a)$$

由 $\sum M_8 = 0$ 得

$$F_{N23} = -2 \frac{d}{h} F \qquad (b)$$

由 $\sum F_y = 0$ 得

$$F_{N28} = 0.5 \frac{\sqrt{d^2+h^2}}{h} F \qquad (c)$$

（2）分析与讨论

该桁架称平行弦梁式桁架,其作用与梁相似。为了与梁的受力特性作比较,设有同跨度、同荷载的简支梁(以下简称代梁),如图 3-21f 所示。代梁的弯矩图和剪力图如图 3-21g、h 所示。

这样可以将上弦杆、下弦杆的轴力用代梁的弯矩值来表示:

$$F_{N78} = \frac{M_2^0}{h}, \qquad F_{N23} = -\frac{M_3^0}{h}$$

式中,M_2^0 和 M_3^0 分别表示代梁截面 2 和 3 的弯矩。

将斜杆的轴力用代梁的剪力值来表示:

$$F_{N28} = \frac{\sqrt{d^2+h^2}}{h} F_{Q23}^0$$

式中,F_{Q23}^0 表示代梁截面 2 和 3 之间的截面剪力。

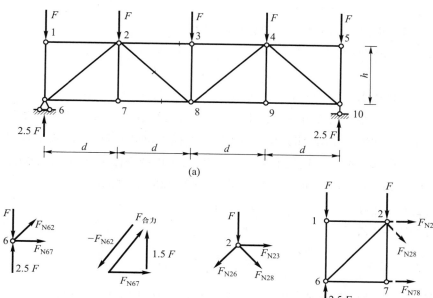

(a)

(b)   (c)   (d)   (e)

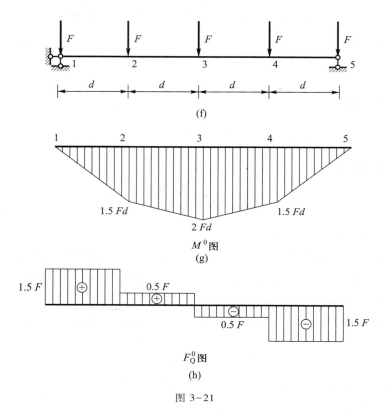

图 3-21

由此得到一般性的结论:在竖向荷载作用下,平行弦梁上下弦杆的轴力形成的力矩抵抗荷载产生的弯矩,上弦杆受压,下弦杆受拉,越中间的杆件其值越大;而斜杆和竖杆的轴力整体上看是平衡了竖向荷载,即相当于代梁中的剪力,其值是两边大中间小。

例 3-7   求图 3-22a 所示桁架各杆的轴力。

解:(1) 支座反力

$$F_{yF} = F_{yJ} = 1.5F_p$$

(2) 杆件内力

该桁架每一个结点都由三个以上的杆组成,用结点法无法求解。经几何组成分析可知,简单桁架 ABGF 部分与 CEJH 部分按照两刚片法则组成,为下承式联合桁架。这样的联合桁架应该先求联系杆的内力,再用结点法求其他杆的内力。

为此,用截面 m-m 截断三联系杆,取如图 3-22b 所示隔离体。

由 $\sum M_A = 0$ 得 $F_{NGH} = 0.5F_p$ (a)

由 $\sum M_H = 0$ 得 $F_{NBC} = -F_p$ (b)

由 $\sum F_y = 0$ 得 $F_{NKH} = \dfrac{\sqrt{2}}{2}F_p$ (c)

取结点 B、结点 G 为隔离体(图 3-22c、d),由 $\sum F_x = 0$,$\sum F_y = 0$ 得

$$F_{NBA} = -F_p, \quad F_{NBK} = 0$$

$$F_{NGF} = 0.5F_p, \qquad F_{NGK} = F_p$$

取结点 A,作隔离体示力图 3-22e,分别由 $\sum F_x = 0$,$\sum F_y = 0$ 得

$$F_{NAK} = \sqrt{2}F_p, \qquad F_{NAF} = -F_p$$

取结点 K,作隔离体受力图 3-22f,由于杆 AK 和 KH 在一条直线上,为简便,在垂直于这条线的方向建立坐标 x',由 $\sum F_{x'} = 0$ 得

$$F_{NKF} = -\frac{\sqrt{2}}{2}F_p$$

再由结点 C 得

$$F_{NCH} = 0$$

再由对称性可以得另一半杆的轴力。

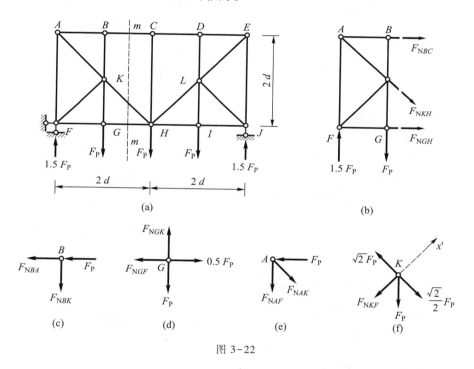

图 3-22

（3）分析与讨论

对于联合桁架应先用截面法求联系杆的轴力,再联合运用结点法求解其他杆件的轴力。另外,在本例计算过程可以观察到,杆 BK、CH 和 DL 的轴力为零,其实是可以首先判断出来的,这类杆称为零杆;另外杆 KG 和 LH 的轴力可以首先判断出来,这类杆称为特殊杆件。

3. 零杆和特殊杆内力的判别

从例 3-7 分析可知,如果事先能判别出零杆和特殊杆的内力,则可以使计算得到简化,下面讨论判别零杆的方法。

（1）无荷载作用的三杆结点,有两杆在同一直线上,则另一杆为零杆（图 3-23a）；

视频 3-5
特殊杆轴力
判断

（2）无荷载作用的两杆结点，两杆不在一条直线上，则两杆内力为零（图3-23b）；

（3）利用对称性判别零杆。

对于图 3-23c 所示桁架受对称荷载作用时，取结点 C 为隔离体（图 3-23d）。

由 $\sum F_y=0$ 得 $F_{NAC}=F_{NBC}=0$。

对于图 3-23e 所示桁架受反对称荷载作用时，取杆 DE 为隔离体，根据反对称性，其受力如图 3-23f 所示，由 $\sum F_x=0$ 得 $F_{NDE}=0$。

对于特殊杆件的内力判断，方法与零杆判断类似。例如，对图 3-22a 中的结点 G 和 I，由 $\sum F_y=0$ 可以判断 $F_{NGK}=F_{NIL}=F_P$。其他情形，读者可以自行总结。

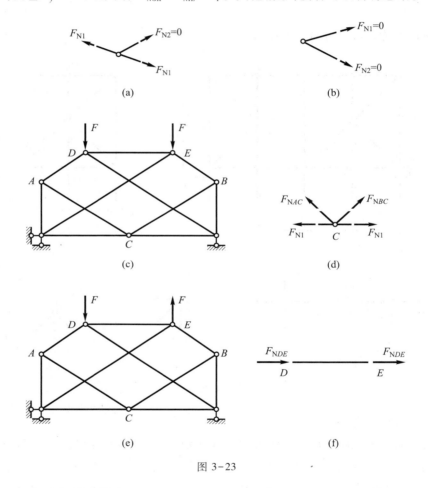

图 3-23

4. 复杂桁架的计算

复杂桁架的内力求解不像简单桁架和联合桁架那样有规律可循，需要具体分析。这里通过具体的例子介绍一些常见的方法和思路。

例 3-8 求图 3-24a 所示复杂桁架的指定杆 a、b、c、d、e 和 f 的内力，并判断所有的零杆。

解：（1）支座反力

$$F_{yA} = F_{yE} = 150 \text{ kN}$$

（2）用截面 $m-m$，取截面左边为隔离体（图 3-24b），其截断的五根杆，有四根杆交于结点 B，所以由 $\sum M_B = 0$ 得 $F_{Na} = -100 \text{ kN}$（压力）。

同样，用截面 $n-n$，取截面左边为隔离体（图 3-24c），

由 $\sum M_C = 0$ 得 　　　　　　$F_{Nf} = -100 \text{ kN}$ 　　（压力）

由 $\sum M_H = 0$ 得 　　　　　　$F_{Ne} = 100 \text{ kN}$ 　　（拉力）

结点 H（图 3-24d）：$\sum F_x = 0$，　$F_{Nb} = 0$

结点 L（图略）：$\sum F_x = 0$，　$F_{Nc} = 0$

结点 P（图略）：$\sum F_x = 0$，　$F_{Nd} = 0$

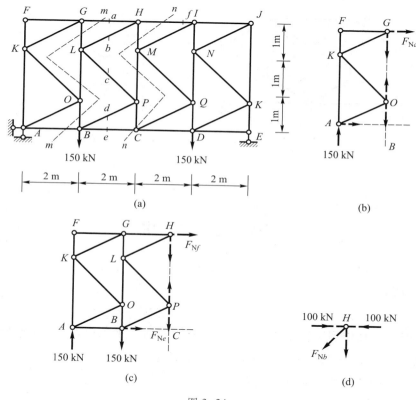

图 3-24

例 3-9　讨论图 3-25a 所示复杂桁架的的内力求解方法。

解:（1）支座反力

先求 F_{yF} 和 F_{yG}。

（2）杆件内力

该复杂桁架每一个结点都由三个以上的杆组成，用结点法无法求解。要想不联立方程求解内力，就要观察这个桁架的特点。

方法一:用截面 $m-m$，取截面左边为隔离体（图 3-25b），其截断的四根杆，有三根杆是平行的，在垂直于这三杆的方向建立坐标 x'，由 $\sum F_{x'} = 0$ 求得 F_{NCG}，再用

结点法求得 G、B 等结点处的杆轴力。

　　方法二：将一般性的荷载分成对称和非对称两组，分别如图 3-23c、e 所示。再用前面讨论的零杆判别方法，分别判断出零杆即可。

　　（3）小结

　　复杂桁架的内力求解没有统一的方法，可以尝试用一些基本技巧：零杆和特殊杆内力判别、利用对称性、利用特殊的截面截取隔离体，需要具体分析桁架的构造特点决定求解的方法，读者可以通过学习和练习自行总结。但是也不要唯技巧论，学习重点还是掌握结点法、截面法、桁架结构受力特性和基本求解方法。

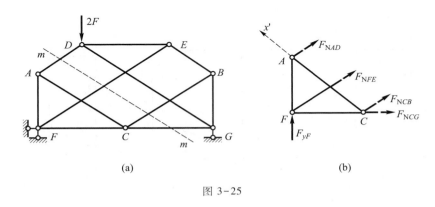

(a)　　　　　　　　　　　　　　(b)

图 3-25

3.4　三　铰　拱

3.4.1　概述

　　在竖向荷载作用下产生水平推力（指向拱内的水平支座反力）的曲杆结构，称为拱。例如图 3-26a 所示水利工程廊道内采用的混凝土拱型模板，图 3-26b 为其计算简图。图 3-26c 为新安江白沙桥北边跨三铰拱桥，图 3-26d 为其计算简图。

　　在竖向荷载作用下，水平推力的有无是拱与梁的基本区别。图 3-27a 中有水平推力，属拱结构；图 3-27b 中无水平推力，属梁结构。

　　拱与基础连接处，图 3-27a 中的 A、B 两处称为**拱脚**。拱轴最高处 C 称为**拱顶**。两拱脚之间的水平距离 l 称为拱跨，中间铰通常放在拱顶处，称为**顶铰**。顶铰到两支座连线的距离 f 称为**拱高**或**矢高**。矢高与跨度之比 f/l 称为**矢跨比**。矢跨比是拱的重要几何特征，其值可为 1/10 到 1，变化范围很大。跨度 l 与矢高 f 要根据工程使用条件来确定。拱轴线的形状常用的有抛物线、圆弧线和悬链线等，视荷载情况而定。

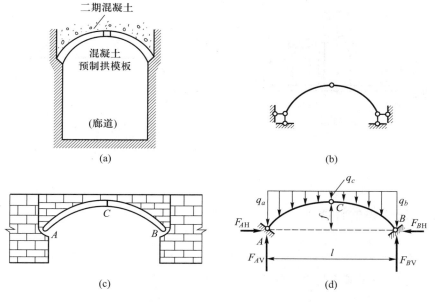

图 3-26

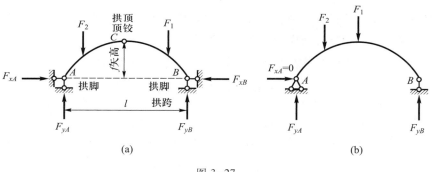

图 3-27

推力的存在使拱的弯矩比同跨同荷载简支梁的弯矩要小很多,或者几乎没有,因而拱成为一个以受压为主或单纯受压的结构,这样就可以充分利用抗拉强度低、抗压强度高的建筑材料,如砖、石、混凝土等。当结构要跨越比较大的空间,梁不能胜任时,可以采用拱。

三铰拱的水平推力反过来作用于基础(例如桥墩或垛墙),因此要求有坚固的基础。如果基础不能承受水平推力,可以去掉一根水平支座链杆,而在拱内加一根拉杆,由拉杆内力来代替推力,如图 3-28a、b 所示,称为带拉杆的三铰拱。

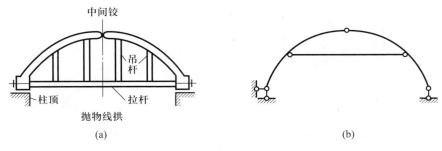

中间铰

吊杆

柱顶   拉杆

抛物线拱

(a)   (b)

图 3-28

3.4.2　三铰拱的计算

三铰拱的分析方法与三铰刚架相似,但它是曲杆结构,故有其特点。

（一）支座不等高的三铰拱受一般荷载

设有任意形状的三铰拱,受任意荷载,如图 3-29a 所示。

1. 反力

三铰拱必须先求反力,才能计算内力。反力共有四个: F_{yA} 、 F_{xA} 及 F_{yB} 、 F_{xB} 。考虑整体平衡条件,只有三个平衡方程,故须取半拱为隔离体,利用顶铰 C 处弯矩为零的条件补充一个方程,这样就可以求出四个反力。

首先,考虑拱的整体及左半拱的平衡,如图 3-29a、b 所示,由

$$\sum M_B = 0, \quad \sum M_C^{左} = 0$$

联立求解反力 F_{yA} 及 F_{xA} 。

其次,考虑整体及右半拱的平衡,如图 3-29a、c 所示,由

$$\sum M_A = 0, \quad \sum M_C^{右} = 0$$

联立求解反力 F_{yB} 及 F_{xB} 。

最后,利用整体平衡条件

$$\sum F_x = 0, \quad \sum F_y = 0$$

来校核反力 F_{yA} 、 F_{yB} 、 F_{xA} 和 F_{xB} 的计算是否正确。

2. 内力

拱截面上的剪力和轴力的符号规定与前相同;弯矩通常规定内侧纤维受拉为正,而且拱的任意截面 K 的三个内力可以利用截面法切取 K 截面左边（或右边）部分所示受力图求得。如图 3-29d 所示,分别利用平衡条件

$$\sum M_K = 0, \quad \sum F_\eta = 0, \quad \sum F_\tau = 0$$

即可求出 M_K 、 F_{QK} 、 F_{NK} 。

求得足够截面的内力后,可以用点绘法作内力图。

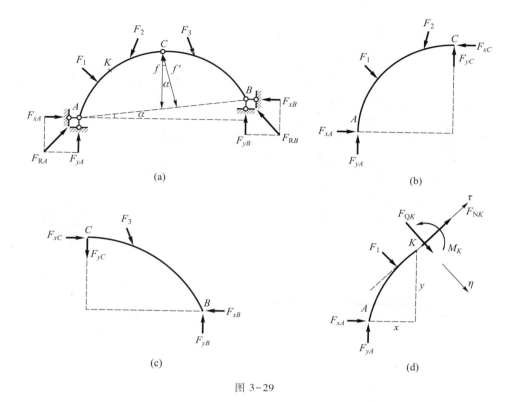

图 3-29

（二）支座等高的三铰拱受竖向荷载

设有一对称三铰拱,受竖向荷载作用,如图 3-30a 所示。

1. 反力计算

考虑拱 ACB 的整体平衡:

$$\sum M_B = 0, \quad F_{yA}l - F_1 b_1 - F_2 b_2 = 0$$

$$F_{yA} = (F_1 b_1 + F_2 b_2)/l$$

$$\sum M_A = 0, \quad F_{yB}l - F_1 a_1 - F_2 a_2 = 0$$

$$F_{yB} = (F_1 a_1 + F_2 a_2)/l$$

$$\sum F_x = 0, \quad F_{xA} = F_{xB} = F_x$$

为了与梁的受力特性进行比较,设有同跨度同荷载的简支梁(以下简称为代梁)$A^0 B^0$,如图 3-30b 所示,则代梁的两个支座反力 F_{yA}^0 和 F_{yB}^0 也为

$$F_{yA}^0 = (F_1 b_1 + F_2 b_2)/l$$

$$F_{yB}^0 = (F_1 a_1 + F_2 a_2)/l$$

可见

$$F_{yA} = F_{yA}^0, \quad F_{yB} = F_{yB}^0 \tag{3-8}$$

即对称三铰拱在竖向荷载作用下的左右两支座的竖向反力,等于代梁左右两支座的反力。

再取拱左边 AC 段考虑平衡,如图 3-30c 所示,由

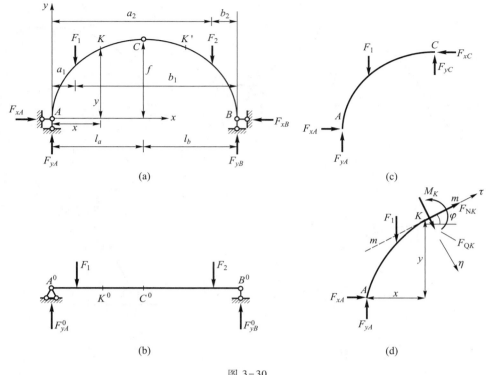

图 3-30

$$\sum M_C^{左} = 0 , \quad F_{yA}l_a - F_1(l_a - a_1) - F_{xA}f = 0$$

得

$$F_{xA} = \frac{F_{yA}l_a - F_1(l_a - a_1)}{f}$$

可以看出,式中的分子

$$F_{yA}l_a - F_1(l_a - a_1) = F_{yA}^0 l_a - F_1(l_a - a_1) = M_C^0$$

就是代梁上 C^0 截面的弯矩(C^0 在拱的中间铰 C 的竖线上),于是

$$F_{xA} = F_{xB} = F_x = \frac{M_C^0}{f} \qquad (3-9)$$

即,对称三铰拱在竖向荷载作用下的水平推力等于代梁 C^0 截面的弯矩除以拱高 f。

2. 内力计算

设拱轴方程式 $y = f(x)$ 为已知,求拱上任意截面 $K(x 、 y 、 \varphi)$ 的内力。利用截面法切取截面 K 左边(或右边)部分为隔离体,如图 3-30d 所示。设图上所示各力的方向皆为正向,利用平衡条件,可求得三个内力。

(1) 弯矩

$$\sum M_K = 0 \quad M_K = F_{yA}x - F_1(x - a_1) - F_{xA}y = F_{yA}^0 x - F_1(x - a_1) - F_{xA}y$$

因为方括号中的表达式正是代梁 $A^0 B^0$ 截面 K^0 的弯矩,如图 3-30c 所示,所以上式可以简写为

$$M_K = M_K^0 - F_{xA}y \qquad (3-10)$$

由此可见,由于拱有水平推力的存在,故拱的弯矩比代梁的弯矩小得多。

（2）剪力

$$\sum F_\eta = 0, \quad F_{QK} = F_{yA}\cos\varphi - F_1\cos\varphi - F_{xA}\sin\varphi$$
$$= (F_{yA}^0 - F_1)\cos\varphi - F_{xA}\sin\varphi$$

式中,φ 为截面与竖直线的夹角,也是拱轴线 K 点切线 $m-m$ 与水平线的夹角,称为**截面的倾角**。

这里,φ 只取锐角,以水平线逆时针转到拱的切线时为正,反之为负。故一般拱左边所有截面的倾角为正,右边的所有倾角为负。如图 3-30a 中截面 K 的 φ 角为正,截面 K' 的 φ' 角为负。φ 值可由 $\tan\varphi = \dfrac{\mathrm{d}y}{\mathrm{d}x} = f'(x)$ 值反算而得。

上式括号内的表达式就是代梁截面 K^0 中的剪力,所以上式可以简写为

$$F_{QK} = F_{QK}^0\cos\varphi - F_{xA}\sin\varphi \qquad (3-11)$$

由此可见,拱的剪力比代梁的剪力小。应该指出,在拱中,关系式 $\dfrac{\mathrm{d}M}{\mathrm{d}s} = F_Q$ 仍然成立。

（3）轴力

$$\sum F_\tau = 0, \quad F_{NK} = -F_{yA}\sin\varphi + F_1\sin\varphi - F_{xA}\cos\varphi$$
$$= -(F_{yA}^0 - F_1)\sin\varphi - F_{xA}\cos\varphi$$

或简写为

$$F_{NK} = -(F_{QK}^0\sin\varphi + F_{xA}\cos\varphi) \qquad (3-12)$$

梁受竖向荷载时,截面上没有轴力,但拱受竖向荷载时,截面上一般有较大的轴向压力。

注意以上公式只适用于对称的三铰拱受竖向荷载的情况。

3. 正应力

正应力可按照材料力学中偏心受压公式计算。如拱上任一截面的弯矩 M 及轴力 F_N 为已知,按规定轴力以受拉为正,弯矩以使下边纤维受拉为正,则应力为

$$\sigma = \frac{F_N}{A} \pm \frac{M}{W}$$

式中正号对应截面中性层下边的纤维应力,负号则对应上边的纤维应力;A、W 分别为截面积和抗弯模量。

拱截面为矩形时,利用偏心距 e 及拱的厚度 h 进行计算比较方便,这时,上式改写为

$$\sigma = \frac{F_N}{A}\left(1 \pm \frac{6e}{h}\right)$$

由此看出,当 $e < \dfrac{h}{6}$,即当合力作用于截面三分之一的中部范围以内时,截面上

只有一种以轴力符号来表示的应力,即压应力;当 $e>\dfrac{h}{6}$ 时,截面上同时发生两种符号的应力,即压应力和拉应力。

拱通常采用抗拉强度低的建筑材料,如混凝土、砖、石等。所以设计时,最好能使拱的所有截面内压力的作用线不超出截面的中三分段(核心)的范围。

4. 内力图

根据上面列出的内力公式,可以计算任一截面的内力。绘制拱的内力图时,如曲梁中所述,一般采用点绘法。选择若干截面(例如沿跨长或拱轴线选若干截面)计算出这些截面的内力,然后作图。

5. 讨论

对于对称三铰拱,受竖向荷载作用,并在跨度 l 一定的情况下,可作如下分析讨论。

(1)反力

竖向反力

$$F_{yA}=F_{yA}^0, \qquad F_{yB}=F_{yB}^0$$

拱与梁的竖向反力相等,并且其与拱轴线形状及拱高 f 无关,只取决于荷载的大小和位置。

水平反力

$$F_x=M_C^0/f$$

当 l 一定时,M_C^0 为常数,则

$$F_x \propto \frac{1}{f}$$

由此可见:

1)推力 F_x 与拱高 f 成反比,f 越大,F_x 越小;反之,f 越小,F_x 越大;当 $f=0$ 时,$F_x=\infty$,因为这时三铰共线成为瞬变体系。

2)如果荷载为竖向均布力,则

$$f\leqslant\frac{1}{4}l \ 时,\quad F_x\geqslant F_y$$

$$f\geqslant\frac{1}{4}l \ 时,\quad F_x\leqslant F_y$$

此关系可用于基础与 f 的设计中。基础受力条件好的,f 可小些;基础受力条件差的,f 可大些,也可考虑加拉杆。

3)当三铰位置确定,即 f 一定时,推力与拱轴线形状无关。

(2)内力 F_N

$$F_{NK}=-(F_{QK}^0\sin\varphi+F_x\cos\varphi)$$

当荷载为竖向均布力时,由此式可得:

1）f 越大，F_x 越小，则 F_{NK} 越小，但由于曲线较陡 φ 角变化大，所以 F_{NK} 沿轴线或水平向变化越不均匀，如图 3-31 所示曲线①、②。若用等截面，则材料不能充分发挥作用。

2）f 越小，F_x 越大，则 F_{NK} 越大，但由于曲线变化平缓，φ 角变化不大，所以 F_{NK} 变化较均匀，如图 3-31 所示曲线③、④。若用等截面，则材料能充分发挥作用。

3）F_{NK} 在两端数值较大，变化也较剧，因为 φ 角的变化在两端较剧；F_{NK} 在中间数值较小，变化较均匀，跨度中点处，$F_{NK}=F_x$。

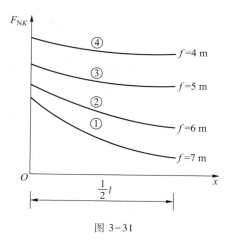

图 3-31

例 3-10 图 3-32a 所示对称三铰拱，拱轴方程为 $y=\dfrac{4f}{l^2}x(l-x)$，试计算反力、内力，并作内力图。

解：
$$\tan\varphi=y'=\frac{4f}{l^2}(l-2x)$$

本例属对称拱竖向荷载，可按式（3-8）~式（3-12）计算反力和内力。

（1）**反力**

$$F_{yA}=F_{yA}^0=\frac{10\times(16-4)}{16}\text{ kN}=7.5\text{ kN}$$

$$F_{yB}=F_{yB}^0=\frac{10\times4}{16}\text{ kN}=2.5\text{ kN}$$

$$F_{xA}=F_{xB}=F_x=\frac{M_C^0}{f}=\frac{7.5\times8-10\times(8-4)}{4}\text{ kN}=5\text{ kN}$$

（2）**内力**

取坐标轴如图 3-32a，以 x、y、φ 表示任意截面 K 的位置，取截面 K 的左边（或右边）部分为隔离体，如图 3-32b 所示，图示内力皆按习惯规定的正向标出。

当 $0\leqslant x\leqslant4$ m 时

$$M_K=M_K^0-F_xy=7.5\text{ kN}\cdot x-5\text{ kN}\cdot y$$

$$F_{QK}=F_{QK}^0\cos\varphi-F_x\cos\varphi=7.5\text{ kN}\cdot\cos\varphi-5\text{ kN}\cdot\sin\varphi$$

$$F_{NK}=-(F_{QK}^0\sin\varphi+F_x\cos\varphi)=-(7.5\text{ kN}\cdot\sin\varphi+5\text{ kN}\cdot\cos\varphi)$$

当 4 m $\leqslant x\leqslant16$ m 时

$$M_K=M_K^0-F_xy=7.5\text{ kN}\cdot x-10\text{ kN}\cdot(x-4)-5\text{ kN}\cdot y$$

$$=40\text{ kN}\cdot\text{m}-2.5\text{ kN}\cdot x-5\text{ kN}\cdot y$$

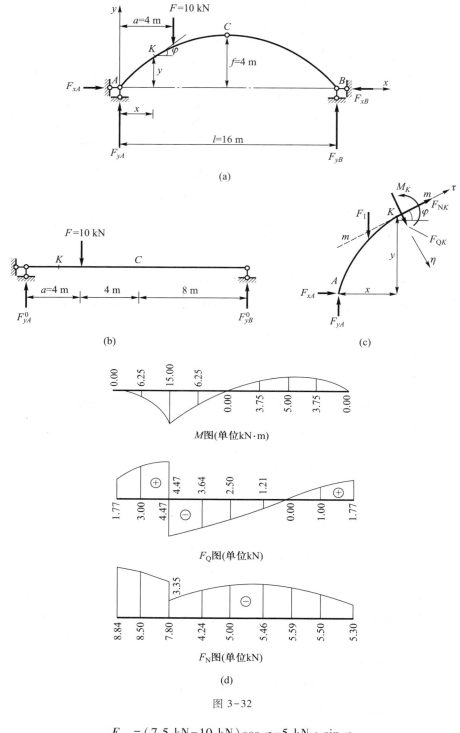

图 3-32

$$F_{QK} = (7.5 \text{ kN} - 10 \text{ kN}) \cos \varphi - 5 \text{ kN} \cdot \sin \varphi$$

$$= -2.5 \text{ kN} \cdot \cos \varphi - 5 \text{ kN} \cdot \sin \varphi$$

$$F_{NK} = -\left[(7.5 \text{ kN} - 10 \text{ kN}) \sin \varphi + 5 \text{ kN} \cdot \cos \varphi \right]$$

$$= -(-2.5 \text{ kN} \cdot \sin \varphi + 5 \text{ kN} \cdot \cos \varphi)$$

利用上面内力表达式,可以计算任意截面的内力,仍采用点绘法作内力图,计算结果如表 3-1 所示:

表 3-1　M、F_Q、F_N 计算结果

x/m	y/m	$\tan\varphi$	φ	$\sin\varphi$	$\cos\varphi$	$M/(kN \cdot m)$	F_Q/kN	F_N/kN
0	0	1.0	45°	0.707	0.707	0	1.77	−8.84
2	1.75	0.75	36°52′	0.600	0.800	+6.25	3.00	−8.50
4	3	0.5	26°34′	0.447	0.894	+15.00	4.47	−7.80
							−4.47	−3.35
6	3.75	0.25	14°02′	0.243	0.970	+6.25	−3.64	−4.24
8	4	0	0	0	1.000	0	−2.50	−5.00
10	3.75	−0.25	−14°02′	−0.243	0.970	−3.75	−1.21	−5.46
12	3	−0.5	−26°34′	−0.447	0.894	−5.00	0	−5.59
14	1.75	−0.75	−36°52′	−0.600	0.800	−3.75	1.00	−5.50
16	0	−1.0	−45°	−0.707	0.707	0	1.77	−5.30

由上表最后三项结果,可分别作出 M、F_Q、F_N 图,如图 3-32d 所示。

3.4.3　合理拱轴线

将拱上的作用力和反力由左向右(或由右向左)合成的线称为合力多边形。每一截面内力的合力与该截面左边(或右边)的合力大小相等、方向相反、作用在一条直线上。因此,对内力而言,合力多边形称为**压力线**。

当拱的压力线与拱轴线重合时,则各个截面不产生弯矩和剪力,而只有轴力,使拱各截面都处于均匀受压状态,因而材料能得到充分利用,相应的拱截面尺寸最经济。在一定荷载作用下使拱处于均匀受压状态的轴线称为**合理拱轴线**。

如前所述,在竖向荷载作用下,三铰拱的弯矩 M 由代梁的弯矩 M^0 和 $(-F_x y)$ 叠加而得,而 $(-F_x y)$ 与拱的轴线有关。我们可以选择拱的轴线形式,使拱处于无弯矩状态。三铰拱在竖向荷载作用下,合理拱轴线的方程可由式(3-10)导出如下:

令

$$M = M^0 - F_x y = 0$$

得

$$y = \frac{M^0}{F_x} \qquad\qquad (3-13)$$

式(3-13)就是所要求的合理拱轴线方程。由这个方程可见,在竖向荷载作用下,三铰拱合理拱轴线的纵坐标与代梁弯矩图的纵坐标成正比。了解合理拱轴线这个概念有助于在设计中选择拱的合理形式。

例 3-11　三铰拱承受竖向均布荷载,如图 3-33a 所示。求其合理拱轴线。

解: 由式(3-13)知 $y = \dfrac{M^0}{F_x}$

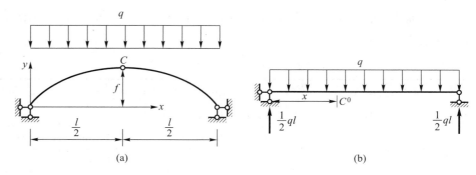

图 3-33

对应的简支梁（图 3-33b）的弯矩方程为

$$M^0 = \frac{ql}{2}x - \frac{qx^2}{2} = \frac{q}{2}x(l-x)$$

推力

$$F_x = \frac{M_C^0}{f} = \frac{ql^2}{8f}$$

得

$$y = \frac{4f}{l^2}x(l-x) \tag{3-14}$$

由此可知，三铰拱在竖向均布荷载作用下，合理拱轴线为一抛物线，房屋建筑中拱的轴线常用抛物线就是这个缘故。

在合理拱轴线的抛物线方程中，拱高没有限定。具有不同矢跨比的一组抛物线都是合理拱轴线。在三铰拱的设计实践中，考虑节约拱身材料，则希望拱的矢高 f 尽可能小些。但 f 愈小则要求基础承担的推力愈大，而推力愈大，又带来了基础处理上的困难或费用的增加，由此可见，合理的设计需要进行经济、技术的比较。在通常情况下，可如前面所述按照基础容许承受的推力反过来确定拱的矢高。

同理可以证明：

（1）三铰拱承受按拱轴线形状增加的连续竖向分布荷载，如图 3-34a 所示，其合理拱轴线是一悬链线。

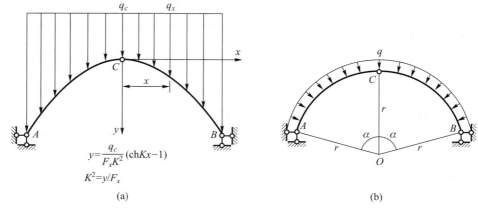

(a)   (b)

图 3-34

（2）三铰拱承受沿拱轴线法向均布荷载,如图 3-34b 所示,其合理拱轴线是一圆弧线,且轴力为常数,$F_N = -qr$。

3.5　静定组合结构

组合结构是由受弯杆件与受拉杆件组合而成的,也称**构架**;其杆件与杆件之间的结点,既有刚结点,也有铰结点。这种结构可采用各种力学性能不同的材料,重量轻、施工方便,适用于各种跨度的建筑物。图 3-35 为组合结构的一些例子。

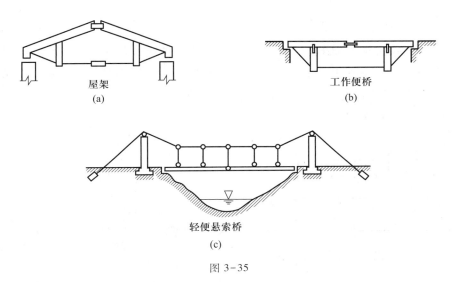

屋架
(a)

工作便桥
(b)

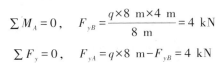

轻便悬索桥
(c)

图 3-35

静定组合结构在利用截面法计算时,应该注意如果被截的是链杆,则截面上只有轴力,若被截的是受弯杆件,则截面上一般作用有弯矩、剪力和轴力。组合结构的计算仍应从组成分析下手,先求出所有约束力再求内力。求内力时,一般先求各连杆轴力,再求受弯杆件的弯矩、剪力和轴力。

例 3-12　试计算图 3-36a 所示静定组合结构的内力。

解:（1）支座反力

考虑整体平衡（图 3-36a）,得

$$\sum M_A = 0, \quad F_{yB} = \frac{q \times 8 \text{ m} \times 4 \text{ m}}{8 \text{ m}} = 4 \text{ kN}$$

$$\sum F_y = 0, \quad F_{yA} = q \times 8 \text{ m} - F_{yB} = 4 \text{ kN}$$

（2）拉压杆件的内力

结构本身左右两个三角形按平面法则 Ⅱ 或法则 Ⅲ 组成,故切开铰 C 和链杆 DE 并取左半部分作示力图,先计算铰 C 和链杆 DE 的约束力,如图 3-36b 所示。由

$$\sum M_C = 0, \quad F_{yA} \times 4 \text{ m} - q \times 4 \text{ m} \times 2 \text{ m} - F_{NDE} \times 1 \text{ m} = 0, \quad F_{NDE} = 8 \text{ kN} \quad （拉力）$$

视频 3-6
例 3-12

$$\sum F_x = 0, \quad F_{xC} = F_{NDE} = 8 \text{ kN}$$

$$\sum F_y = 0, \quad F_{yC} = 0$$

可以看出,式中 ($F_{yA} \times 4$ m$-q \times 4$ m$\times 2$ m) 即等于同跨度简支梁上相应于截面 C 的弯矩值。再切取结点 D 作示力图,如图 3-36c 所示。利用共点力系的投影方程可求得其他两杆,再利用对称性可以求得链杆 EB 和 EG 的轴力:

$$F_{NEB} = F_{NDA} = \frac{2.24}{2} \times 8 \text{ kN} = 8.96 \text{ kN} \quad （拉力）$$

$$F_{NEG} = F_{NDF} = -\frac{1}{2.24} \times 8.96 \text{ kN} = -4 \text{ kN} \quad （压力）$$

（3）受弯杆件内力图

杆 AFC 受力情况如图 3-36d 所示。若将结点 A 处的力进行合并后,其受力图如图 3-36e 所示,由此作出的内力图如图 3-36f 所示(由于结构图形对称,AFC 与 CGB 受力情况相同,故只作 AFC 左半边的内力图)。

由图 3-36e,解出

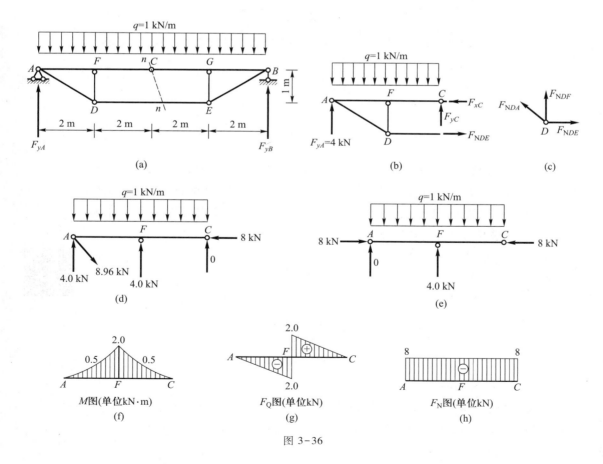

图 3-36

$$M_{AF}=0, \quad M_{FA}=M_{FC}=\frac{1\times2^2}{2}\ \text{kN}\cdot\text{m}=2\ \text{kN}\cdot\text{m}, \quad M_{CF}=0$$

$$F_{QAF}=0, \quad F_{QFA}=-q\times2\ \text{m}=-2\ \text{kN}, \quad F_{QFC}=-2\ \text{kN}+4\ \text{kN}=2\ \text{kN}, \quad F_{QCF}=0$$

$$F_{NAC}=-8\ \text{kN}, F_{NCA}=-8\ \text{kN}$$

（4）分析与讨论

像三铰拱中那样，我们对这类组合结构也可作类似的讨论。

1）反力：$F_{yA}=F_{yA}^0$，$F_{yB}=F_{yB}^0$，$F_{xA}=0$

与简支梁完全一样。

2）拉杆拉力：从前面计算中可知

$$F_{NDE}=\frac{M_C^0}{f}$$

当 l 一定时，M_C^0 是常数，则

$$F_{NDE}\propto\frac{1}{f}$$

由此可见：

拉杆内力与高度 f 成反比。f 越大，F_{NDE} 越小；反之，f 越小，F_{NDE} 越大。

3）受弯杆内力：从图 3-36d 中可看出，由于 ACB 水平，铰 C 的剪力又等于零，故受弯杆 AFC（或 CGB）的弯矩相当于支在 AF 的外伸梁。全部是上面受拉，这是一种极端情况。

4）如果受弯杆变为倾斜而弦杆 AD 水平，$f_2=0$，$f_1=f$，如图 3-37a 所示，支座反力、拉杆应力的计算式与上相同。

对于受弯杆，由于杆 FD、GE 为零杆，则杆 AC（或 CB）相当于支在 A、C 两点的简支梁。F 点弯矩值为 2 kN·m，全部下面受拉，这是另一种极端情况。

5）如果杆 AF、AD 都倾斜，即 f_1 和 f_2 都不等于零，如图 3-37b 所示。设 $f_1=\frac{5}{12}f$，$f_2=\frac{7}{12}f$，这时支座反力、拉杆拉力变化规律不变。受弯杆弯矩介于上述两者之间，杆 AFC 弯矩图如图 3-37b 所示，正负弯矩值相等。

6）从这三种形式比较看来，如果 f、l 不变，调整 f_1 与 f_2 的关系，拉杆内力不变，但受弯杆的弯矩变化显著。当 f_1 与 f_2 都不等于零且数值相近时，受弯杆正负弯矩绝对值比较接近，受力情况较好。

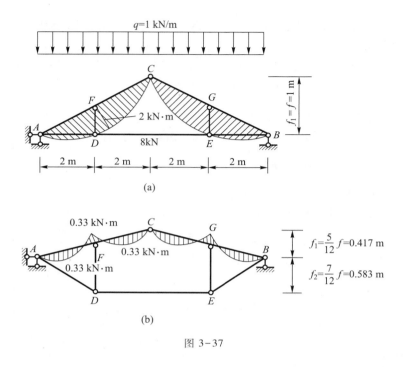

图 3-37

3.6   静定结构的受力特性

以上讨论了各种形式静定结构的内力计算。下面讨论静定结构的受力特性,利用这些特性有助于判断计算成果的正确性和简化静定结构的受力分析。

3.6.1   结构的基本部分和附属部分受力的影响

静定结构的组成方式是多种多样的,有些可以划分为本身几何不变的基本部分,和支持在基本部分上才得以维持几何不变的附属部分。这两者的主要区别在于:如果附属部分遭受破坏或者被撤去,留下的基本部分仍然可以独立存在而保持几何不变;反之,如果基本部分遭受破坏,则支承在其上的附属部分会随着倒塌。

当然,基本部分和附属部分的概念也是相对的。例如图 3-38 所示结构是由 Ⅰ、Ⅱ、Ⅲ 三部分组成的。Ⅰ 支持着 Ⅱ,Ⅱ 支持着 Ⅲ,则 Ⅱ 对于 Ⅰ 而言是 Ⅰ 的附属部分,但对 Ⅲ 而言却是 Ⅲ 的基本部分。

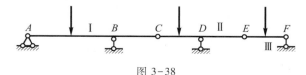

图 3-38

　　静定结构的特性一:作用于静定结构基本部分上的荷载只在这一部分上产生反力和内力;作用于与基本部分相连接的附属部分上的荷载,不但在附属部分产生反力和内力,而且由附属部分传递给基本部分的荷载使基本部分上也产生反力和内力。

　　设只在结构的基本部分上承受荷载,而其他部分无荷载时,由平衡条件知,附属部分Ⅲ和Ⅱ没有反力和内力,并把Ⅲ和Ⅱ撤除,剩下的基本部分仍为几何不变,由它的平衡条件,可求出一组确定的反力和内力与外力平衡。根据解答唯一性,不可能再有第二组解答,因而证明了基本部分承受荷载时,只在基本部分产生反力和内力,对它的附属部分没有影响。

　　又设只在附属部分Ⅲ上承受荷载时,设想基本部分Ⅰ、Ⅱ上没有反力和内力,而将Ⅰ、Ⅱ撤除,则附属部分的几何不变性将被破坏,不能维持静力平衡,故基本部分没有反力和内力的设想是错误的。由此证明了当附属部分承受荷载时,基本部分必将受力。

　　这一特性显示了静定结构中力的传递关系,掌握这个关系对分析静定结构的反力和内力有很大的帮助。

3.6.2　平衡荷载的影响

　　静定结构的特性二:如果由一组平衡力系所组成的荷载作用在静定结构的某一几何不变部分,则结构其余部分的内力为零。

　　例如图 3-39 所示结构,作用在 ABCDE 几何不变部分上的荷载为一组平衡力系,设桁架的 ABCDE 部分有内力,而其余部分没有内力。根据解答唯一性定理可以证明,这是一组满足平衡条件的唯一的解答,从而证明了这一特性的正确性。

　　图 3-40 所示结构,根据特性一,附属部分受力,对基本部分有影响,必须计算。但作用在附属部分上的荷载与该部分的反力组成一组平衡力系,因此不经计算可知,这时基本部分上的反力和内力为零。

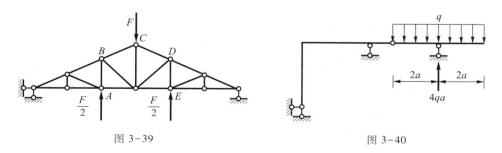

图 3-39　　　　　　　　　　　　　　图 3-40

3.6.3　等效荷载变换的影响

　　合力的大小、方向和作用点都相同的两组荷载称为**等效荷载**。所谓等效荷载变换,是指一组荷载用另外一组具有同样大小、方向和位置的合力的荷载来替换。

　　静定结构的特性三:作用在静定结构的某一几何不变部分的荷载,作等效变换时,其余部分的内力不变。

　　设有等效荷载 F_1 及 F_2,分别作用在结构的几何不变部分 AC,其相应的内力状态分别为 S_1 及 S_2,如图 3-41a、b 所示,现以 F_1 和 $-F_2$ 作为一组荷载同时加于 AC 部分,则内力状态为 S_1-S_2,如图 3-41c 所示。因为 F_1 和 $-F_2$ 组成一平衡力系,根据特性二,可知除 AC 外,其余部分内力为零,即

$$S_1-S_2=0, \qquad S_1=S_2$$

从而证明了这一特性的正确性。这一特性我们在前面的例题中,处理分布荷载时常常引用;对桁架的非结点荷载的处理,也是引用这一特性。

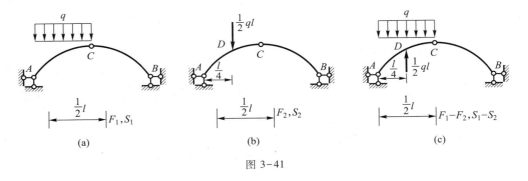

图 3-41

3.6.4　内部组成变换的影响

　　静定结构的特性四:结构某一几何不变部分,改变成为另一几何不变的形式时,其余的内力不变。

　　图 3-42a 所示桁架中,设将杆 AB 改为一小桁架,如图 3-42b 所示,则仅仅 AB 部分内力有改变,其余部分内力不变。假设除 AB 部分外,其余部分的内力与图 3-42a 相同,则 AB 部分的反力亦不变,如图 3-42c、d 所示。因此小桁架 AB 及其余部分能维持平衡。根据解答唯一性,这个满足平衡的内力状态就是真实情况。

　　这个特性启示我们在求解静定结构的内力时,如果遇到组成复杂的结构,可以适当地对某一部分作构造变换,将其余部分内力求出后,再回过来修正变换部分的内力。

　　例如图 3-43 所示带拉杆的三铰拱,在下面四个集中力 F 作用下求各杆的内力是比较复杂的。如果利用受力特性,则可简化。首先,利用特性三将下面左、右小

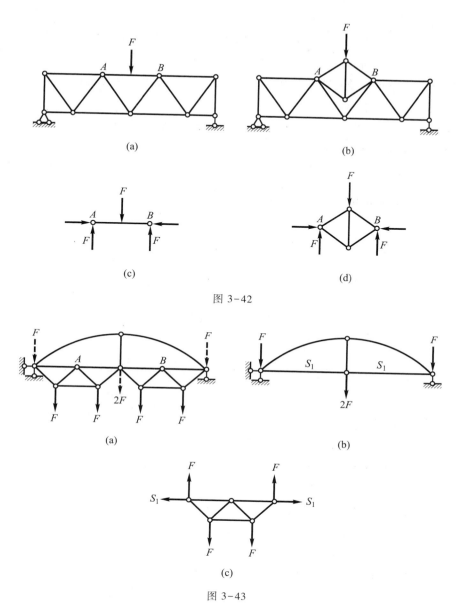

图 3-42

图 3-43

桁架 A、B 几何不变部分的力用等效荷载代替,如图 3-43a 所示。其次,再利用特性四,将下面左右几何不变的组合拉杆,改变为两直杆,如图 3-43b 所示。这样就可以方便地求出上部左右曲杆、中间竖杆的内力,以及代替杆的内力 S_1,然后根据图 3-43c 求出左右小桁架中各杆的内力。

3.6.5 温度改变、支座移动及制造误差等的影响

静定结构的特性五:温度改变、支座移动及制造误差等在静定结构中不引起反力和内力。

　　因为没有外荷载,零解答能满足各部分的平衡条件。所以由解答唯一性可知,不可能再有第二组解答存在,因此温度改变、支座移动及制造误差等在静定结构中引起的内力为零。如图 3-44a 中悬臂梁的上下侧温度分别升高 t_1 和 t_2($t_2 > t_1$),图 3-44b 中简支梁的右支座发生了沉陷,它们虽然分别发生了变形和刚体位移,但是所有的反力和内力都为零。

　　根据这一特性,当地基容易产生不均匀沉陷,或温度改变比较剧烈,或加工比较粗糙等情况下,为了避免它们的影响,可以选用静定结构。

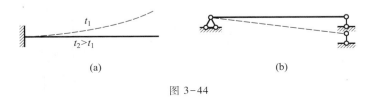

(a)   (b)

图 3-44

思 考 题

　　3-1　静定结构有哪些基本形式?它们各有哪些力学特性?

　　3-2　叠加法作弯矩如何选取控制截面?该方法与图 3-6 所示简支梁的弯矩图的关系是什么?

　　3-3　理想桁架与实际桁架有哪些差别?

　　3-4　如何判别组合结构中的二力杆和受弯杆?组合结构一般先求哪类杆件的内力?

　　3-5　曲梁与拱的最基本差别是什么?

　　3-6　你见过哪些拱桥和悬索桥,它们的力学特性和材料特性有什么差别?

　　3-7　静定结构有哪些特性?力学分析中如何利用这些特性?

　　3-8　试找出下面两个刚架弯矩图中的错误,并改正。比较改正后的两个刚架弯矩图,思考这两个结构哪个受力更合理。

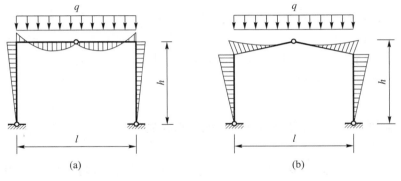

(a)   (b)

思考题 3-8 图

习　题

3-1　指出图示多跨静定梁哪些是附属部分,哪些是基本部分,并求出各支座反力,作 M、Q 图。

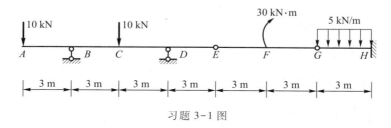

习题 3-1 图

3-2　试调整图示多跨静定梁铰 C 的位置,使中间支座 B、D 弯矩的绝对值相等。

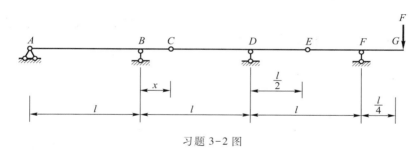

习题 3-2 图

3-3　用内力方程的方法计算图示各刚架结构的内力,并绘内力图。

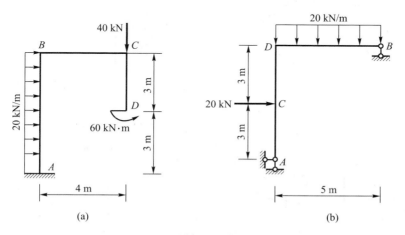

(a)　　　　　　　　　　　　　　　　　　　(b)

习题 3-3 图

3-4　用控制截面法绘制图示刚架的内力图。

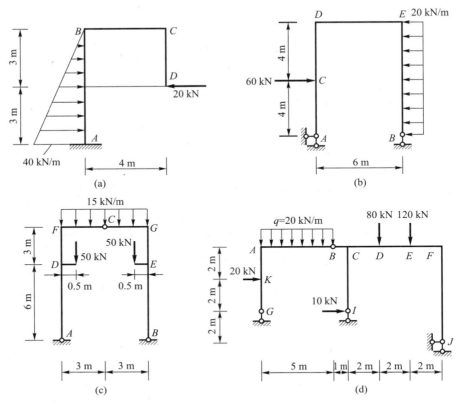

习题 3-4 图

3-5 绘制图示结构的弯矩图。

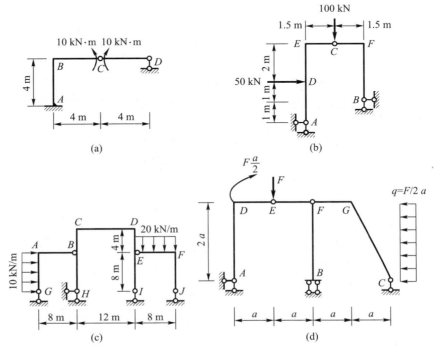

习题 3-5 图

3-6 用结点法计算图示桁架内力。(图 b 中面板受 2 m 宽水压力)。

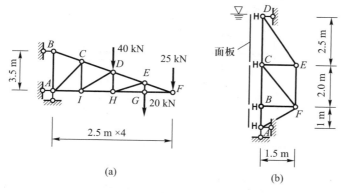

(a)

(b)

习题 3-6 图

3-7 求图示桁架指定杆的内力。

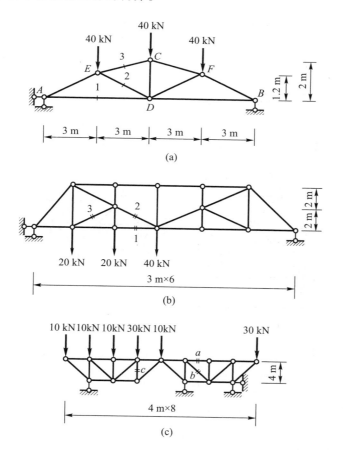

(a)

(b)

(c)

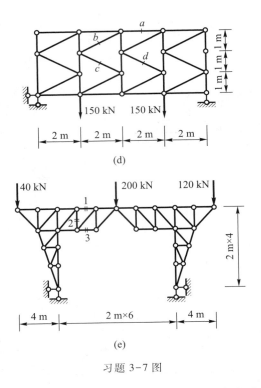

习题 3-7 图

3-8   对图示桁架作几何组成分析,并利用对称性求指定杆的内力。(提示:图 b 用零载法分析组成。)

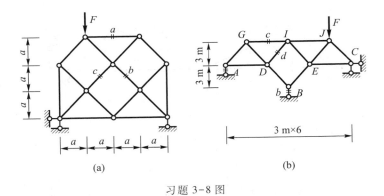

习题 3-8 图

3-9   求图示各静定拱指定截面的内力。其中,图 a、b 和 d 的拱轴线方程为

$$y = \frac{4f}{l^2} x(l-x) 。$$

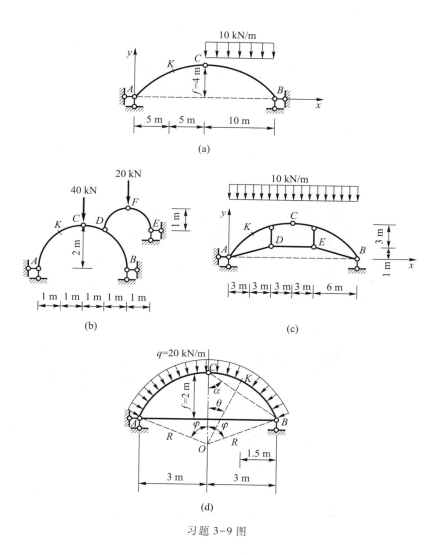

习题 3-9 图

3-10　求图示三铰拱内力方程，并绘制内力图。其拱轴线方程为 $y = \dfrac{4f}{l^2}x(l-x)$。

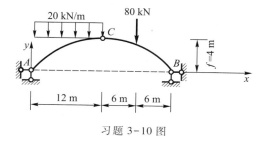

习题 3-10 图

3-11   计算图示组合结构的内力,并绘制 M 图。

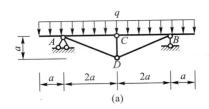

(a)

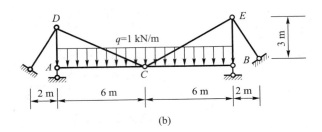

(b)

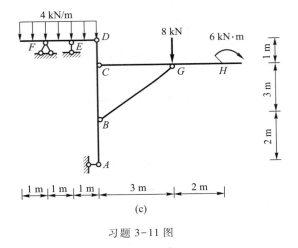

(c)

习题 3-11 图

3-12　图示各梁是静定的还是超静定的？在所给平衡荷载下,各梁在哪些杆段中具有内力？为什么？

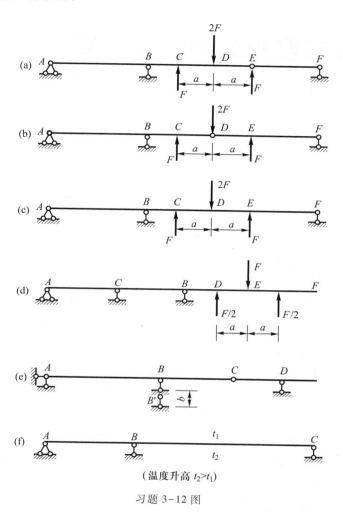

（温度升高 $t_2>t_1$）

习题 3-12 图

第 4 章
虚功原理和结构位移计算

4.1 概　　述

4.1.1 杆件结构的位移

　　杆件结构在荷载、温度变化、支座移动和制造误差等因素作用下会产生变形和位移。变形是指结构(或其一部分)原有形状的变化,而位移是指结构上各点的移动和杆件截面的转动,通常将结构上各点产生的移动称为线位移,杆件横截面产生的转动称为角位移。由定义不难看出,结构变形和位移的关系是有位移未必有变形(如结构支座移动发生刚体位移),有变形必定有位移。

　　图 4-1a 虚线所示的变形为悬臂刚架在荷载 F 作用下产生的,使 A 截面移动到 A' 截面,线段 AA' 称为 A 点的线位移,记为 Δ_A,也可以用水平线位移 Δ_A^u 和竖向线位移 Δ_A^v 两个分量来表示,即 $\Delta_A = \Delta_A^u + \Delta_A^v$。同时,$A$ 截面因此转动了一个角度,产生的转角 θ_A 就称为截面 A 的角位移。又如图 4-1b 所示刚架在荷载作用下发生虚线所示的变形,截面 A 的角位移 φ_A(顺时针方向),截面 B 的角位移 φ_B(逆时针方向),这两个方向相反的截面角位移之和就称为截面 A、B 的相对角位移,即 $\varphi_{AB} = \varphi_A + \varphi_B$。同理,$C$、$D$ 两点的水平线位移分别为 Δ_C(向右)和 Δ_D(向左),这两个方向相反的水平线位移之和就称为 C、D 两点的水平相对线位移,即 $\Delta_{CD} = \Delta_C + \Delta_D$。

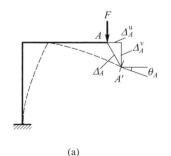

(a)

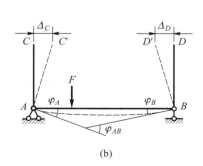

(b)

图 4-1

使结构产生位移的外界因素主要有下列三个：

（1）荷载作用：结构在荷载作用下产生内力，由此材料发生应变，使结构产生位移。

（2）温度变化和材料胀缩：材料有热胀冷缩的物理性质，当结构受到温度变化的影响时，就会产生位移。

（3）支座沉降：当地基发生沉降时，结构支座产生相应的移动和转动，由此使结构产生位移。

其他如材料的干缩及结构构件尺寸的制造误差也会使结构产生位移。

4.1.2 计算结构位移的目的

在工程设计和施工过程中，结构位移计算是很重要的，概括地说，它有如下三方面的用途：

（1）验算结构的刚度。结构的刚度验算，是指检验结构的变形是否符合使用的要求。例如，在设计吊车梁时，规范中对吊车梁产生的最大挠度限制为梁跨的$1/600 \sim 1/500$，否则将影响吊车的正常行驶；桥梁结构的过大变形将影响行车安全；水闸结构中闸墩或闸门的过大位移，可能影响闸门的启闭和止水。因此，为了验算结构的刚度，需要计算结构的位移。

（2）在结构制作、架设和养护等过程中，常需预先知道结构变形后的位置，以便拟定相应的施工措施。例如图4-2a所示屋架，在屋盖自重作用下，下弦各结点将产生虚线所示的竖向位移，其中结点C的竖向位移最大。为了减小屋架在使用阶段下弦各结点的竖向位移，制作时常将各下弦的实际下料长度做得比设计长度短些，以使屋架拼装后，结点C位于C'的位置，如图4-2b所示。这样，在屋盖系统施工完毕后，屋架在屋盖自重作用下，它的下弦各杆能接近于原设计的水平位置。这种做法叫作建筑起拱。显然，要知道Δ_{max}的大小及各下弦杆的实际下料长度，就必须研究屋架的变形和位移之间的关系。

（3）为分析超静定结构打好基础。计算超静定结构的位移和内力时，不仅要考虑平衡条件，还必须考虑变形条件，建立变形条件就必须计算结构位移。此外，在结构的动力分析以及结构稳定计算中，也要涉及结构的位移计算。

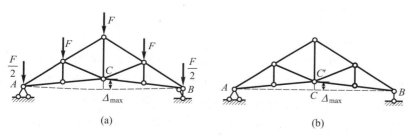

(a)   (b)

图 4-2

本章所研究的是线性变形体系的位移计算。线性变形体系是指位移与荷载成比例关系,荷载对这种体系的影响可以叠加,而且当荷载全部撤除时,由荷载引起的位移也完全消失。这样的体系位移是微小的,且应力与应变关系符合胡克定律。由于位移是微小的,因此,在计算结构的反力和内力时可认为结构的几何形状与尺寸以及荷载的位置和方向保持不变,这也就是通常所说的小变形假设。

虚功原理是结构位移计算的理论基础。本章将讨论变形体系的虚功原理,并利用其建立结构位移计算的一般公式,然后讨论不同结构由于不同因素作用引起的位移计算问题。

4.2　外力虚功与虚变形功

虚功原理的核心是虚功的计算。下面讨论变形体系虚功原理所涉及的基本概念和内容。

4.2.1　实功与虚功

从物理学可知,功是用力与沿力方向的位移的乘积来表示的。例如图 4-3a 中力 F_1 推动物块产生位移 Δ,Δ 在力方向的投影(分量)为 Δ_1,则力 F_1 所作的功为 $W_1 = F_1 \Delta_1$。又如图 4-3b 所示简支梁受力 F_2 作用,由于支座 B 发生竖向位移 Δ 而引起 F_2 作用点处向下位移 Δ_2,则力 F_2 所作的功为 $W_2 = F_2 \Delta_2$。功包含力与位移两个因素,这两个因素之间存在两种不同情况。一种是位移由作功的力自身所引起的,此时力作的功称为实功,如 W_1;另一种是位移由与作功的力无关的其他因素引起的,此时力所作的功称为虚功,如 W_2。这里的“实”与“虚”只是为了区分功中的位移与力有关还是无关这一特点。

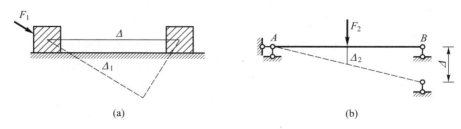

(a)   (b)

图 4-3

实功中作功的力与作功的位移必须是同一结构两个相关状态;虚功中作功的力与作功的位移分属同一结构的独立无关的两个状态。为了表示方便,常将这两个状态分别画出,其中作功的力所处状态称为静力状态,而作功的位移所处状态称为位移状态。图 4-4a、b、c、d 分别表示一悬臂梁结构在单独受力 F_1、单独受力 F_2、F_1 和 F_2 共同作用三种静力状态以及由于温度改变引起的位移状态。现在计算图

4-4a 所示悬臂梁单独受力 F_1 在自身引起的位移 Δ_1 上所作的实功。由于 F_1 和 Δ_1 属于同一状态中,受到物理关系的约束,若设结构为线性变形体系,则有 $F = k\Delta$（k 为结构弹性常数）。当力从零逐渐增加到 F_1 时,位移也从零增加到 Δ_1,作功的力在作功过程中是变化的。此时,力的实功可通过积分来计算:

$$W = \int_0^{\Delta} F \mathrm{d}s = \int_0^{\Delta_1} F \mathrm{d}\Delta = \int_0^{\Delta_1} k\Delta \mathrm{d}\Delta = \frac{1}{2}k\Delta_1^2 = \frac{1}{2}F_1\Delta_1 = \frac{1}{2k}F_1^2$$

可见外力实功与力已不是线性关系,力增加一倍,功增加四倍。因此,在计算变形体的实功时叠加原理是不适用的。

另一方面计算图 4-4c、d 所示悬臂梁的虚功。悬臂梁在 F_1 与 F_2 单独作用下,经历温度改变引起的位移所作虚功分别为 $W_1 = F_1 y_1$,$W_2 = F_2 y_2$;在 F_1 与 F_2 共同作用下,经历上述位移所作虚功为 $W_3 = F_1 y_1 + F_2 y_2 = W_1 + W_2$。可见,虚功计算可以应用叠加原理,即力系的虚功可以由力系中各力的虚功之和来计算。所以,叠加原理在计算变形体的虚功时是适用的。

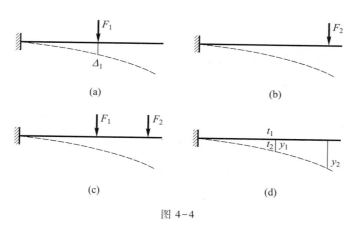

图 4-4

4.2.2 结构的外力虚功

外力荷载作用在结构上引起的虚功称为结构的外力虚功。作用在结构上的外力可能是单个或多个的集中力、力偶、分布力,也可能是一个比较复杂的力系。为了书写方便,用通式来表示外力系的总虚功 W:

$$W = \sum F_k \Delta_{km} \tag{4-1}$$

式中,F_k 为结构作功的外力或力系,称为广义力;Δ_{km} 表示广义力作功的位移,称为广义位移,其前下标 k 表示广义力的作用位置和方向,后下标 m 表示广义位移发生的原因。可见广义位移是在作功力系中各力作用处所求方向上的位移系,虚功的量纲仍然是 ML^2T^{-2},与实功相同。

下面介绍几种常见的外力虚功,集中力、集中力偶、一对集中力、一对集中力偶及某一力系等都是广义力,线位移、角位移、相对线位移、相对角位移及某一组位移等都是广义位移。

（1）集中力的虚功

图 4-5 所示为一简支梁,首先设梁在某点的指定方向作用集中力 F_k 后处于平衡状态,称为静力状态 k,如图 4-5a 所示。如果假设该简支梁因其他原因 m 发生位移,称为位移状态 m,如图 4-5b 所示,那么静力状态的力 F_k 在位移状态 m 的相应方向的位移 Δ_{km} 上所作的虚功为

$$W = F_k \Delta_{km} \tag{4-2}$$

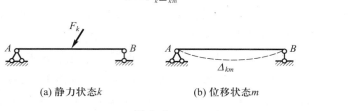

(a) 静力状态k　　　　　　(b) 位移状态m

图 4-5

广义力为集中力时,对应集中力作虚功的广义位移是力作用点处沿力方向上的线位移。

（2）力偶的虚功

仍以简支梁为例,如图 4-6a 所示为力偶 m_k 作用下的静力状态 k,图 4-6b 为其他原因 m 引起的位移。那么平衡状态的力 m_k,在位移状态 m 相应方向的角位移 θ_{km} 上所作的虚功为

$$W = m_k \theta_{km} \tag{4-3}$$

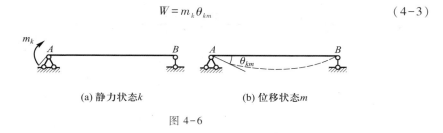

(a) 静力状态k　　　　　　(b) 位移状态m

图 4-6

广义力为力偶时,对应力偶作虚功的广义位移是力偶作用截面沿力偶方向的角位移。

（3）分布力的虚功

如图 4-7a 所示为受分布荷载 q 作用的简支梁的静力状态 k,图 4-7b 为 m 因素引起的位移状态,将静力状态的力分为无数微小的单元力 $q_k \mathrm{d}x$,那么各个单元力对应于位移状态的线位移 y_{km} 所作的虚功为

$$\mathrm{d}W = q_k \mathrm{d}x \cdot y_{km}$$

分布力的总虚功为

$$W = \int_a^b q_k \mathrm{d}x \cdot y_{km} \tag{4-4a}$$

若 q_k 为均匀分布

$$W = \int_a^b q_k \mathrm{d}x \cdot y_{km} = q_k \int_a^b y_{km} \mathrm{d}x = q_k A_{km}^{abdc} \tag{4-4b}$$

当广义力为均布力 q_i 时,对应广义力 q_i 作虚功的广义位移是均布荷载作用范围内在位移过程中所扫过的面积。

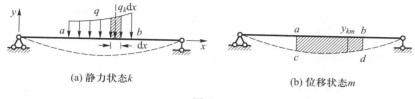

(a) 静力状态 k (b) 位移状态 m

图 4-7

(4)等量反向共线的两集中力的虚功

图 4-8a 所示为等量反向共线两集中力的静力状态 k,图 4-8b 为 m 因素引起的位移状态,则两集中力所作的虚功为

$$W = F_k \Delta'_{km} + F_k \Delta''_{km} = F_k (\Delta'_{km} + \Delta''_{km}) = F_k \Delta_{km} \tag{4-5}$$

当广义力为等量反向共线的两集中力 F_k,对应广义力 F_k 作虚功的广义位移是两集中力作用点沿两力作用方向的相对线位移 Δ_{km}。

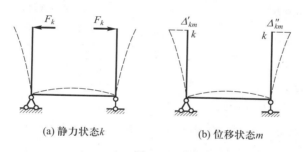

(a) 静力状态 k (b) 位移状态 m

图 4-8

(5)等量反向共面两力偶的虚功

图 4-9a 所示为等量反向共面两力偶的静力状态 k,图 4-9b 为 m 因素作用的位移状态,则两力偶所作的虚功为

$$W = m_k \theta'_{km} + m_k \theta''_{km} = m_k (\theta'_{km} + \theta''_{km}) = m_k \theta_{km} \tag{4-6}$$

当广义力为等量反向共面两力偶时,对应广义力作虚功的广义位移是两力偶作用截面沿两力偶方向的相对角位移。

注意,以上五种情况,由于支座没有位移,故只有作用力作虚功。

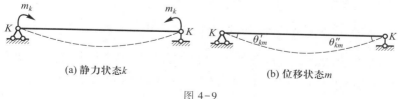

(a) 静力状态 k (b) 位移状态 m

图 4-9

(6)平衡力系在刚体位移上的虚功

图 4-10a 表示作用力与支座反力构成的静力状态 k,它们满足平衡条件。图

4-10b 表示由于微小的支座移动引起的位移状态 m（刚体位移），由图示几何关系可知

$$\frac{\Delta_{Am}}{a} = \frac{\Delta_{Bm}}{b}$$

则由平衡关系得到作用力 F_k 与支座反力 F_{RA} 的关系为：$\dfrac{F_{RA}}{b} = -\dfrac{F_k}{a}$，$C$ 处支座反力在位移状态 m 不作功，平衡力系在上述位移上作的虚功为

$$W = F_{RA}\Delta_{AM} - F_k(-\Delta_{BM}) = F_{RA}\Delta_{AM} - \frac{a}{b}F_{RA} \times \frac{b}{a}\Delta_{AM} = 0 \qquad (4-7)$$

即平衡力系在刚体位移过程中作的虚功为零，这就是刚体虚位移原理。

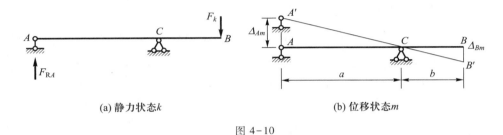

(a) 静力状态k (b) 位移状态m

图 4-10

4.2.3 虚变形功

考察图 4-11a 所示结构，受到已知荷载 F_k 作用，为静力状态 k，任意截面 K 有内力 M_k、F_{Qk}、F_{Nk}，取 K 截面附近微段 $\mathrm{d}s$ 为隔离体，切割截面 K 上的内力 M_k、F_{Qk}、F_{Nk}，即为结构对隔离体的作用力，对微段来说它们是外力。利用叠加原理把它们分解为 M_k、F_{Qk}、F_{Nk} 分别单独作用的情况，如图 4-11c 所示。由于另外的荷载或非荷载因素原因 m 使结构发生了如图 4-11b 中虚线所示的变形，称为位移状态 m。这时微段 $\mathrm{d}s$ 也发生变形，可分解为：ε_m、γ_m、$1/\rho_m$ 分别代表轴向应变、剪切应变和曲率改变。与之相应微段两截面由于变形产生的相对位移（以左边截面为基准）为轴向位移 $\varepsilon_m\mathrm{d}s$、剪切位移 $\gamma_m\mathrm{d}s$ 和相对转角 $\mathrm{d}\theta_m = \mathrm{d}s/\rho_m$，如图 4-11d 所示。

显然，微段 $\mathrm{d}s$ 两端的外力 M_k、F_{Qk}、F_{Nk} 在微元段相应力方向的变形上作了虚功，利用叠加原理可写出微段的虚功表达式为

$$\mathrm{d}V = F_{Nk}\varepsilon_m\mathrm{d}s + F_{Qk}\gamma_m\mathrm{d}s + M_k\mathrm{d}\theta_m = F_{Nk}\varepsilon_m\mathrm{d}s + F_{Qk}\gamma_m\mathrm{d}s + M_k\frac{1}{\rho_m}\mathrm{d}s \qquad (4-8)$$

微段的虚功是静力状态下的微段外力（切割面内力）在位移状态下的变形位移上作的虚功，称为虚变形功。对某杆件，将微段虚变形功沿杆长 s 积分，得

$$V = \int_s \mathrm{d}V = \int_s F_{Nk}\varepsilon_m\mathrm{d}s + \int_s F_{Qk}\gamma_m\mathrm{d}s + \int_s M_k\frac{1}{\rho_m}\mathrm{d}s$$

整个结构虚变形功 V 为各杆虚变形功之总和，即

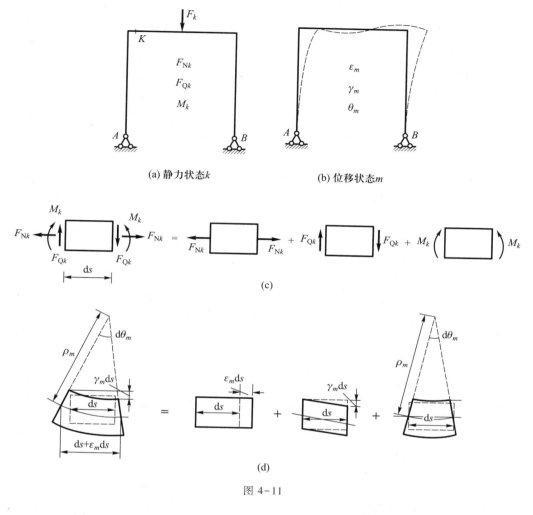

(a) 静力状态k (b) 位移状态m

(c)

(d)

图 4-11

$$V = \sum \int_s F_{Nk} \varepsilon_m \mathrm{d}s + \sum \int_s F_{Qk} \gamma_m \mathrm{d}s + \sum \int_s M_k \frac{1}{\rho_m} \mathrm{d}s \qquad (4-9)$$

对于直杆,公式中 $\mathrm{d}s$ 用 $\mathrm{d}x$ 置换,即

$$V = \sum \int_s F_{Nk} \varepsilon_m \mathrm{d}x + \sum \int_s F_{Qk} \gamma_m \mathrm{d}x + \sum \int_s M_k \frac{1}{\rho_m} \mathrm{d}x \qquad (4-10)$$

4.3　变形体的虚功原理

　　虚功原理是变形体力学中的基本原理之一,它把变形体中静力平衡系与位移协调系联系起来,可以解决许多重要问题。静力平衡系是指满足变形体整体的和任何局部的平衡条件以及静力边界条件并且遵循作用和反作用定律的力系。位移协调系是指在结构的内部必须是分段光滑连续的、满足变形协调的几何条件,在边界上必须满足位移边界条件并且是微小的位移系。这里把静力平衡系简称为静力

视频 4-2
虚功原理、
虚位移原理
和虚力原理

状态,把位移协调系简称为位移状态。

在刚体体系虚功原理中,由于刚体的应变恒为零,内力所作的功恒为零,因此只需考虑外力所作的功;而在变形体体系中,由于变形体中存在应变,因而既要考虑外力所作的功,也要考虑内力所作的功。也就是说要考虑内力在变形上所作的内虚功,这也是变形体体系虚功原理与刚体体系虚功原理的不同之处。

变形体系的虚功原理可以表述为:设一结构体系存在两个独立无关的静力平衡系和位移协调系,令静力平衡系的力在位移协调系的位移上作虚功,则体系的外力所作的虚功等于体系的虚变形功,即下式表示的变形体虚功方程成立:

$$W(\text{外力虚功}) = V(\text{虚变形功}) \tag{4-11}$$

对于平面杆系结构的虚功方程可表示为

$$\sum F_k \Delta_{km} = \sum \int_s F_{Nk} \varepsilon_m \mathrm{d}x + \sum \int_s F_{Qk} \gamma_m \mathrm{d}x + \sum \int_s M_k \frac{1}{\rho_m} \mathrm{d}x \tag{4-12}$$

现以图 4-12a 的变形直杆为例来证明虚功原理的正确性。直杆体系上 $q_N(x)$ 和 $q(x)$ 分别为轴向和横向的分布荷载,杆件左端 A 为固定端,右端 B 为自由端并有三个外力 M_B、F_{QB}、F_{NB},坐标如图 4-12a 所示。体系在上述荷载作用下处于平衡状态,即静力状态;由于其他荷载或非荷载的因素使得体系产生了满足变形协调条件和边界条件的位移,K 截面的水平向位移 $u(x)$、横向位移 $v(x)$ 和转角 $\theta(x)$,如图 4-12b 所示。因为体系是满足变形协调条件的,所以这些位移都是连续可导的函数。位移 u 以向右为正,v 以向下为正,θ 以逆时针转动为正。这一位移系与结构所受的力系是彼此独立的,没有因果关系。

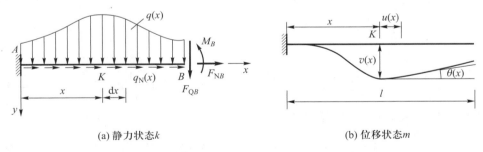

(a) 静力状态k　　　　　　　　　　　(b) 位移状态m

图 4-12

现取 K 截面处长度为 $\mathrm{d}x$ 的微段,其上外力及位移如图 4-13 所示。

微段的平衡条件:由图 4-13a 得

$$\left.\begin{array}{ll} \sum F_x = 0, & \dfrac{\mathrm{d}F_{Nk}}{\mathrm{d}x} + q_N(x) = 0 \\[3mm] \sum F_y = 0, & \dfrac{\mathrm{d}F_{Qk}}{\mathrm{d}x} + q_Q(x) = 0 \\[3mm] \sum M_k = 0, & \dfrac{\mathrm{d}M_k}{\mathrm{d}x} - F_{Qk} = 0 \end{array}\right\} \tag{4-13}$$

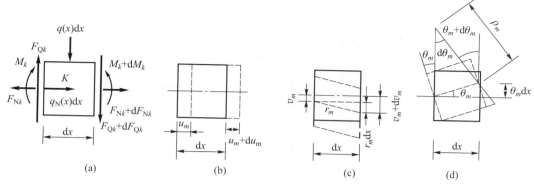

图 4-13

微段的几何条件:由图 4-13b、c 和 d 得

$$du_m = \varepsilon_m dx, \quad \varepsilon_m = \frac{du_m}{dx}$$

$$dv_m = (\gamma_m - \theta_m)dx, \quad \gamma_m = \frac{dv_m}{dx} + \theta_m \qquad (4-14)$$

$$d\theta_m = \frac{1}{\rho_m}dx, \quad \frac{d\theta_m}{dx} = \frac{1}{\rho_m} = \kappa_m$$

且位移 u、v 和 θ 是连续可导的。

边界条件:A 端的位移边界条件满足 $u(A) = v(A) = \theta(A) = 0$,$B$ 端力的边界条件满足

$$F_{Nl} = F_{NB} \quad F_{Ql} = F_{QB} \quad M_l = M_B$$

微元段外力 $q_N(x)$、$q(x)$ 和切割面内力 M_k、F_{Qk}、F_{Nk} 在微段位移 u_m、v_m 和 θ_m 上所作的虚功为

$$dW = (F_{Nk} + dF_{Nk})(u_m + du_m) - F_{Nk}u_m + q_N(x)dx\left(u_m + \frac{du_m}{2}\right) + (F_{Qk} + dF_{Qk})(v_m + dv_m) -$$

$$F_{Qk}v_m + q(x)dx\left(v_m + \frac{dv_m}{2}\right) + (M_k + dM_k)(\theta_m + d\theta_m) - M_k\theta_m$$

将上式右边展开,略去二阶微量并把式(4-14)的几何关系代入,整理后得

$$dW = F_{Nk}\varepsilon_m dx + F_{Qk}\gamma_m dx + M_k \frac{1}{\rho_m}dx +$$

$$\left[\frac{dF_{Nk}}{dx} + q_N(x)\right]u_m dx + \left[\frac{dF_{Qk}}{dx} + q_Q(x)\right]v_m dx + \left(\frac{dM_k}{dx} - F_{Qk}\right)\theta_m dx \qquad (4-15)$$

再考察右端 B 边界处的微段外力及位移,如图 4-14 所示。该段外力的虚功为

$$dW = F_{NB}u_m - (F_{Nk} - dF_{Nk})(u_m - du_m) + q_N(x)dx\left(u_m - \frac{du_m}{2}\right) + F_{QB}v_m -$$

$$(F_{Qk} - dF_{Qk})(v_m - dv_m) + q(x)dx\left(v_m - \frac{dv_m}{2}\right) + M_B\theta_m - (M_k - dM_k)(\theta_m - d\theta_m)$$

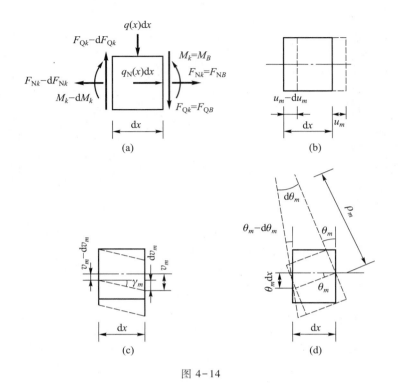

图 4-14

整理后得

$$\mathrm{d}W = F_{\mathrm{N}k}\varepsilon_m\,\mathrm{d}x + F_{\mathrm{Q}k}\gamma_m\,\mathrm{d}x + M_k\frac{1}{\rho_m}\mathrm{d}x + \left[\frac{\mathrm{d}F_{\mathrm{N}}}{\mathrm{d}x} + q_{\mathrm{N}}(x)\,\mathrm{d}x\right]u_m\,\mathrm{d}x +$$

$$\left[\frac{\mathrm{d}F_{\mathrm{Q}k}}{\mathrm{d}x} + q(x)\right]v_m\,\mathrm{d}x + \left(\frac{\mathrm{d}M_k}{\mathrm{d}x} - F_{\mathrm{Q}k}\right)\theta_m\,\mathrm{d}x + (F_{\mathrm{N}B} - F_{\mathrm{N}})u_m + (F_{\mathrm{Q}B} - F_{\mathrm{Q}})v_m + (M_B - M_k)\theta_m$$

$$(4-16)$$

在式(4-15)、式(4-16)中代入平衡条件和边界条件可知,等号右边只有前三项不为零,其余各项均为零。

这些等于零的项代表平衡力系在刚体位移上的虚功等于零。故上两式可简写为

$$\mathrm{d}W = F_{\mathrm{N}k}\varepsilon_m\,\mathrm{d}x + F_{\mathrm{Q}k}\gamma_m\,\mathrm{d}x + M_k\frac{1}{\rho_m}\mathrm{d}x \qquad (4-17)$$

对杆长进行积分有

$$W = \int_l F_{\mathrm{N}k}\varepsilon_m\,\mathrm{d}x + \int_l F_{\mathrm{Q}k}\gamma_m\,\mathrm{d}x + \int_l M_k\frac{1}{\rho_m}\mathrm{d}x \qquad (4-18)$$

式中,W 代表杆件上静力状态的外力在位移状态的位移上作的外力虚功。其中由于各微段两相邻截面上内力等量反向而位移相同,其虚功相互抵消。因此,所有切割面内力所作虚功之和等于零,故只剩下外力虚功。

上式等号右端即为 4.2.3 小节所述的虚变形功,故

$$W = V = \int_l F_{\mathrm{N}k}\varepsilon_m\,\mathrm{d}x + \int_l F_{\mathrm{Q}k}\gamma_m\,\mathrm{d}x + \int_l M_k\frac{1}{\rho_m}\mathrm{d}x \qquad (4-19)$$

对于由多个杆件组成的一般结构的较复杂情况,考虑到在结点、支座点和集中荷载作用点等处的极限段($\mathrm{d}s \to 0$)上,受的力是平衡的静力状态,而位移则属于刚体位移(位移状态),因此,根据平衡力系在刚体位移上所作的虚功为零可知,对一般结构,上式仍然成立,只需在上式等号右端各项对杆件求和即可。于是得

$$W = \sum \int_l F_{Nk} \varepsilon_m \mathrm{d}s + \sum \int_l F_{Qk} \gamma_m \mathrm{d}s + \sum \int_l M_k \frac{1}{\rho_m} \mathrm{d}s \qquad (4-20)$$

此即为推证的虚功方程。其中等号左边项 W 为作用在变形体上所有外力的虚功,称为外力虚功。等号右边各项之和为变形体的微段外力在变形位移上作的总虚功,称为虚变形功。式(4-20)表示的外力虚功等于虚变形功是由本书的坐标系和符号规定得到的。若图 4-12a 中 $q(x)$ 方向向上,则可推出外力虚功与虚变形功之和等于零的结论。

虚功原理和虚功方程具有广泛性,本例中式(4-20)左边外力虚功包括边界荷载和分布荷载,如果结构除了有分布荷载外,还有集中荷载,这时只需在外力虚功中进一步计入集中荷载作的虚功,将等式左边边界处荷载和均布荷载的虚功以及各杆集中力的虚功统一表示为 $\sum F_k \Delta_{km}$,结构支座反力的虚功用 $\sum F_{Rik} C_i$($i = 1, 2, 3, \cdots$)表示,F_{Rik} 是支座反力,C_i 是与 F_{Rik} 相应的支座位移,则式(4-20)可进一步表示为

$$\sum F_k \Delta_{km} + \sum F_{Rik} C_i = \sum \int_l (F_{Nk} \varepsilon_m + F_{Qk} \gamma_m + M_k \kappa_m) \mathrm{d}x \qquad (4-21)$$

该方程称为虚变形功方程,其中 $\kappa_m = 1/\rho_m$

虚功原理应用时有几个注意点:

(1)在上面的证明过程中,力系是平衡的,位移系是协调且微小的,这两个条件就是应用变形体虚功原理时所需满足的全部条件。也就是说,虚功方程实际上是平衡方程和协调方程的综合;反过来,虚功方程既可以用来代替平衡方程,也可以用来代替几何方程或协调方程。

(2)在上述讨论中,并没有涉及材料的物理性质,因此,无论对于弹性、非弹性、线性、非线性变形体系,虚功原理都适用,但位移系必须是协调且微小的,即适用小变形问题。

(3)变形体系虚功原理对刚体体系自然适用,由于刚体的应变恒为零,虚变形功为零,即外力虚功为零。

虚功原理可以应用于不同材料、不同结构的平衡问题(求未知力)和几何问题(求未知位移)中。由于静力平衡系和位移协调系是两个独立无关的状态。因此,虚功原理通常有两种应用形式:

(1)虚设位移状态——求力

如果实际存在的一组力系,满足平衡条件,虚设的位移(虚位移)系满足位移协调条件,这样就可通过虚功方程去求力系中的未知力。这时需借助虚功原理应用形式之一的虚位移原理。

（2）虚设静力状态——求位移

如果一组位移系是实际存在的,它满足位移协调条件,可虚设满足平衡条件的一组广义力。这样可通过虚功方程求实际的位移,这时需借助虚功原理的另一应用形式虚力原理。本章将根据这一原理计算位移。

下面将分别介绍用虚位移原理求未知力和用虚力原理求位移。

4.4　虚位移原理与单位位移法

虚位移原理是虚功原理的一种应用形式。虚位移原理可以叙述为:变形体系在力系作用下平衡的必要与充分条件是,当有任意虚拟的位移协调系时,力系中的外力经位移系中的位移所作的外力虚功,恒等于变形体系各微元段外力在变形位移上的虚变形功,即虚位移方程成立。

根据虚位移原理可知,虚位移方程等价于力系的平衡方程,可以用它代替平衡方程求未知力。于是,当要求静力平衡系在已知外来因素作用下某些未知的约束力时,首先虚拟任意一组约束容许的完全确定的微小的位移协调系(虚位移),然后利用虚位移原理建立虚位移方程,即可由已知的作用力求出未知的约束力。在虚功方程(4-20)中,如果力系为实际存在的,令位移系为虚设的(加 * 号的量表示虚设量),则可写为

$$\sum F_k \Delta^*_{km} + \sum F_{Rik} C^*_i = \sum \int_l \left(F_{Nk} \varepsilon^*_m + F_{Qk} \gamma^*_m + M_k \kappa^*_m \right) \mathrm{d}x \qquad (4-22)$$

式(4-22)称为变形体虚位移方程。

为了方便应用,通常将虚设的位移设成单位位移,该方法也称为单位位移法,其解题步骤如下:

（1）解除所求约束力的约束代以约束力,得静力状态 k;

（2）沿所求约束的正方向给以一单位虚位移,得协调的位移状态 m;

（3）建立虚位移方程,由此求得未知约束力。

例 4-1　利用单位位移法,求图 4-15a 两跨静定梁在图示荷载作用下截面 E 的弯矩。

解:（1）将截面 E 换成铰相当于解除截面 E 的抗弯约束,代以约束力 M_E 得静力状态,如图 4-15b 所示。

（2）沿约束力 M_E 的正向给一单位虚角位移(相对转角) $\theta = 1$ 得位移状态,如图 4-15c 所示。由图示的几何关系可以得到所求的位移值。

（3）由图 4-15b、c 建立虚功方程。注意到均布荷载与相应虚位移面积作功,同时大小相等方向相反的二力偶与相应的相对虚转角作功,于是由方程(4-21)有

$$M_E \times 1 + F \times \frac{1}{2} - q \times \frac{1}{2} \times 2a \times \frac{a}{2} = 0$$

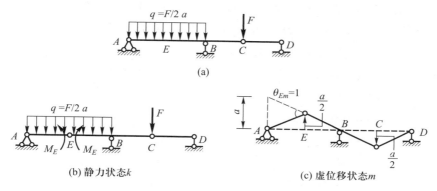

(a)

(b) 静力状态k (c) 虚位移状态m

图 4-15

$$M_E = \frac{F}{2a} \times \frac{a^2}{2} - F \times \frac{a}{2} = -\frac{Fa}{4}$$

这里 M_E 为负,表示上截面纤维受拉。以上结果可直接用平衡条件证明是正确的。

从以上的讨论进一步认识到,虚位移方程形式上是功的方程,实际上是作用力与约束力之间的平衡方程,单位位移法的特点是采用几何方法来解决静力问题。

由于静定结构不存在多余约束,在解除一个约束后就变成机构或局部机构体系,因此在用单位位移法求解未知反力(内力)时,所建立的虚拟位移状态实际上是一个刚体位移状态,也就是说此时结构的虚变形功为零。

4.5 虚力原理与单位荷载法

虚力原理是虚功原理的另一种应用形式。虚力原理可以叙述为:变形体系在任意外来因素作用下的位移系协调的必要与充分条件是,当有任意虚拟的静力平衡系时,力系中的外力经位移系中的位移所作的外力虚功,恒等于变形体系各微元段外力在变形位移上的虚变形功,即虚力方程成立。

根据虚力原理可知,虚力方程等价于位移系的几何方程,可以用它代替几何方程求未知位移。于是,当要求位移协调系中某些指定的位移时,首先按需要虚拟一个完全确定的静力平衡系,然后利用虚力原理建立虚力方程,即可求出指定的位移。在虚功方程(4-20)中,如果变形状态为实际存在,令力系为虚设(加 * 号的量表示虚设量),则可写成

$$\sum F_k^* \Delta_{km} + \sum F_{Rik}^* C_i = \sum \int_l (F_{Nk}^* \varepsilon_m + F_{Qk}^* \gamma_m + M_k^* \kappa_m) \, \mathrm{d}x \qquad (4-23)$$

同样为了方便应用,通常沿所求位移方向虚设单位荷载,这个解法也称为单位荷载法,其解题步骤为:

(1) 沿欲求位移的方向加上对应的虚设单位荷载,得平衡的静力状态 k;

（2）根据实际的位移状态 m，建立虚力方程，由此求得未知位移。

例 4-2 图 4-16a 所示为两跨静定梁，试用单位荷载法，求解由于 B 支座向下移动 c_{Bm}^y 时，中间铰 C 的竖向位移 Δ_{Cm}^y。

解：（1）建立虚力状态 k。在中间铰 C 的竖向方向加一单位集中力 $F_k=1$，并计算支座反力，如图 4-16b 所示。

（2）建立虚功方程

$$1 \times \Delta_{Cm}^y - \frac{l_1+l_2}{l_1} c_{Bm}^y = 0$$

中间铰 C 的竖向位移 $\Delta_{Cm}^y = \dfrac{l_1+l_2}{l_1} c_{Bm}^y$。

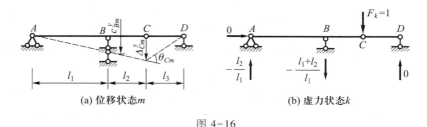

(a) 位移状态 m (b) 虚力状态 k

图 4-16

以上结果可直接用几何法证明是正确的。由以上的讨论进一步认识到，虚力方程形式上是功的方程，实际上是位移协调系的几何方程，单位荷载法的特点是采用静力方法解决几何问题。

4.6 结构位移计算的一般公式

视频 4-3
结构位移计算的一般公式

本节利用单位荷载法来建立变形杆件体系位移计算的一般公式。

图 4-17a 所示的刚架由于荷载、温度变化和支座位移等外来因素作用，发生如图中所示的变形，这是结构的实际位移状态。现要求该状态 K 点沿 i-i 方向的位移。

根据单位荷载法，虚设一个与所求位移相应的单位荷载，即在 K 点沿 i-i 方向加一个虚拟单位力 $F_k=1$，见图 4-17b。在该单位虚荷载作用下，结构将产生虚反力为 $\overline{F}_{R1k}$、$\overline{F}_{R2k}$ 和虚内力为 $\overline{M}_k$、$\overline{F}_{Qk}$、$\overline{F}_{Nk}$，这就是虚拟的静力状态（虚力状态）。

根据式（4-23）有

$$1 \cdot \Delta_{km} + \overline{F}_{R1} C_1 + \overline{F}_{R2} C_2 = \sum \int \overline{F}_{Nk} \mathrm{d}u + \sum \int \overline{F}_{Qk} \mathrm{d}v + \sum \int \overline{M}_k \mathrm{d}\theta$$

$$\Delta_{km} = \sum \int \overline{F}_{Nk} \mathrm{d}u + \sum \int \overline{F}_{Qk} \mathrm{d}v + \sum \int \overline{M}_k \mathrm{d}\theta - \sum \overline{F}_{Rik} C_i$$

$$= \sum \int \overline{F}_{Nk} \varepsilon_m \mathrm{d}s + \sum \int \overline{F}_{Qk} \gamma_m \mathrm{d}s + \sum \int \overline{M}_k \kappa_m \mathrm{d}s - \sum \overline{F}_{Rik} C_i \qquad (4\text{-}24)$$

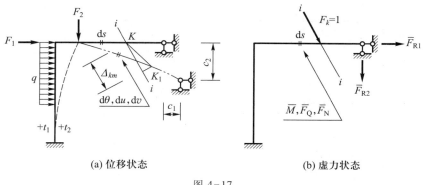

(a) 位移状态 (b) 虚力状态

图 4-17

式中, Δ_{km} 为所求位移状态中某点沿所求方向上的位移; $\overline{F}_{Nk}$、$\overline{F}_{Qk}$ 和 $\overline{M}_k$ 为广义力 $F_k = 1$ 作用下结构虚力状态的内力; ε_m、γ_m 和 κ_m 为位移状态的应变; $\overline{F}_{Rik}$ 为单位广义力 $F_k = 1$ 作用下结构有移动支座的支座反力; C_i 为有移动的支座所发生的已知位移; 积分号表示沿杆件长度积分; 总和号表示对结构中各杆求和。

式(4-24)即为平面杆系结构位移计算的一般公式。它不仅适用于静定结构, 也适用于超静定结构; 不仅适用于弹性材料, 也适用于非弹性材料; 不仅适用于荷载作用下的位移计算, 也适用于由于温度变化、初应变以及支座移动等因素作用下的位移计算。

最后应该指出, 式(4-24)不仅可以用来计算结构的线位移, 也可以用来计算任何性质的位移(例如角位移和相对位移等), 只要虚拟状态中的单位虚荷载为与拟求广义位移相对应的广义力即可。下面列举几种典型的虚拟状态来说明广义力与广义位移的对应关系, 见表 4-1。

表 4-1　广义虚单位荷载和广义位移

虚设的广义单位荷载	拟求的广义位移
A、B 两点处一对方向相反的水平单位力	A、B 两点的水平相对位移 $\Delta_{AB} = \Delta_A + \Delta_B$ (此处 Δ_A 和 Δ_B 为负值)
A、B 两点处一对方向相反的竖向单位力	A、B 两点的竖向相对位移 $\Delta_{AB} = \Delta_A + \Delta_B$

续表

虚设的广义单位荷载	拟求的广义位移
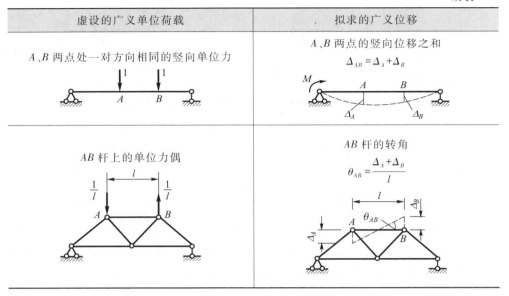 A、B 两点处一对方向相同的竖向单位力	A、B 两点的竖向位移之和 $\Delta_{AB} = \Delta_A + \Delta_B$
AB 杆上的单位力偶	AB 杆的转角 $\theta_{AB} = \dfrac{\Delta_A + \Delta_B}{l}$

4.7　静定结构在荷载作用下的位移计算

4.7.1　荷载作用下的位移计算公式

视频 4-4
荷载作用下
的位移计算

　　现在应用一般公式(4-24)导出在荷载作用下结构位移的计算公式。计算荷载作用下的位移时，可按结构位移计算的一般步骤进行。这里只需补充一点，即式(4-24)中的应变是仅仅由荷载引起的，没有支座位移影响，位移计算公式为

$$\Delta_{kF} = \sum \int_s \overline{F}_{Nk} \varepsilon_m \mathrm{d}s + \sum \int_s \overline{F}_{Qk} \gamma_m \mathrm{d}s + \sum \int_s \overline{M}_k \frac{1}{\rho_m} \mathrm{d}s \qquad (4-25)$$

式中，$\overline{F}_{Nk}$、$\overline{F}_{Qk}$ 和 $\overline{M}_k$ 为虚设力状态中微段上的内力；$\varepsilon_m \mathrm{d}s$、$\gamma_m \mathrm{d}s$ 和 $\dfrac{1}{\rho_m}\mathrm{d}s$ 为实际荷载作用而产生的真实变形，可以根据实际荷载作用下微段上的内力用 F_{NF}、F_{QF} 和 M_F 来表示，由于它们都是由荷载作用引起的，这里用下标 F 来表示。根据材料力学知识，由 F_{NF}、F_{QF} 和 M_F 分别引起的微段轴向变形、剪切变形、弯曲变形为

$$\varepsilon_F \mathrm{d}s = \frac{F_{NF}}{EA}\mathrm{d}s, \quad \gamma_m \mathrm{d}s = \frac{\lambda F_{QF}}{GA}\mathrm{d}s, \quad \frac{1}{\rho_m}\mathrm{d}s = \frac{M_F}{EI}\mathrm{d}s$$

式中，E 和 G 分别为材料的弹性模量和切变模量；A 和 I 分别是杆件横截面的面积和惯性矩；EI、EA、GA 分别是杆件截面的抗弯、抗拉(压)、抗剪刚度；系数 λ 是考虑切应力在横截面上分布不均匀引起的修正系数，是根据横截面形状推算出的一个与横截面形状有关的参数，具体可参见有关书籍。几种典型横截面的系数 λ 见表 4-2。

表 4-2　切应变的横截面形状系数 λ

横截面形式	系数 λ
矩形	6/5
圆形	10/9
薄壁圆环形	2
工字形或箱形	A/A_1（A_1 为腹板面积、A 为截面总面积）

将上述应变表达式代入式（4-25）得

$$\Delta_{kF} = \sum \int_s \frac{\overline{F}_{Nk}F_{NF}}{EA}\mathrm{d}s + \sum \int_s \frac{\lambda \overline{F}_{Qk}F_{QF}}{GA}\mathrm{d}s + \sum \int_s \frac{\overline{M}_k M_F}{EI}\mathrm{d}s \tag{4-26}$$

式（4-26）就是结构在荷载作用下位移计算的一般公式。式中，Δ_{kF} 为荷载作用下 k 处的位移；F_{NF}、F_{QF} 和 M_F 是实际荷载引起的截面内力；$\overline{F}_{Nk}$、$\overline{F}_{Qk}$ 和 $\overline{M}_k$ 是单位广义力 $F_k = 1$ 作用于某截面的内力。

关于内力的正负号可规定如下：轴力 F_{NF} 和 $\overline{F}_{Nk}$ 以拉力为正，否则相反；剪力 F_{QF} 和 $\overline{F}_{Qk}$ 以使微段顺时针转动者为正，否则相反；弯矩 M_F 和 $\overline{M}_k$ 只规定乘积 $M_F \overline{M}_k$ 的正负号，当 M_F 与 $\overline{M}_k$ 使杆件同侧纤维受拉时其乘积取正值，否则相反。

对于不同类型的结构，式（4-26）可以简化。

（1）在梁和刚架中，位移主要是弯矩引起的，轴力和剪力的影响较小，可略去不计。式（4-26）可简化为

$$\Delta_{kF} = \sum \int_s \frac{\overline{M}_k M_F}{EI}\mathrm{d}s \tag{4-27}$$

（2）在桁架中，只有轴向变形一项影响，而且每根杆的截面面积 A 以及轴力 F_{NP} 和 $\overline{F}_N$ 沿杆长一般都是常数，因此位移公式可简化为

$$\Delta_{kF} = \sum \int_s \frac{\overline{F}_{Nk}F_{NF}}{EA}\mathrm{d}s = \sum \frac{\overline{F}_{Nk}F_{NF}}{EA}\int \mathrm{d}s = \sum \frac{\overline{F}_{Nk}F_{NF}l}{EA} \tag{4-28}$$

（3）在组合结构中，有梁、刚架等受弯杆件，又有桁架的轴力杆件，故位移公式可简化为

$$\Delta_{kF} = \sum \frac{\overline{F}_{Nk}F_{NF}l}{EA} + \sum \int_s \frac{\overline{M}_k M_F}{EI}\mathrm{d}s, \tag{4-29}$$

（4）在曲杆和实体拱结构中，当不考虑曲率的影响时，其位移可近似地按式（4-26）计算。通常只考虑弯曲变形一项已足够精确，仅在扁平拱计算水平位移或当压力线与拱的轴线相近（即两者的距离与杆件的截面高度为同量级）时，才需考虑轴向变形对位移的影响，即

$$\Delta_{kF} = \sum \frac{\overline{F}_{Nk}F_{NF}l}{EA} + \sum \int_s \frac{\overline{M}_k M_F}{EI}\mathrm{d}s \tag{4-30}$$

当压力线与拱轴线不相近时,则只需考虑弯曲变形的影响,计算位移采用

$$\Delta_{kF} = \sum \int_s \frac{\overline{M}_k M_F}{EI} \mathrm{d}s \qquad (4\text{-}31)$$

4.7.2　积分法计算位移

将材料和截面常数 E,G,A,I,λ 及内力方程代入式(4-26)积分求位移的方法,称为积分法。下面举例说明积分法的应用。

例 4-3　试求图 4-18a 所示矩形截面悬臂梁在 A 端的竖向位移 Δ_{Av},并比较弯曲变形与剪切变形对位移的影响。

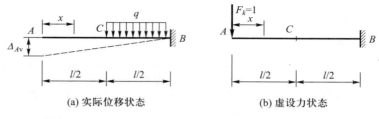

(a) 实际位移状态　　　　　　(b) 虚设力状态

图 4-18

解:(1) 先求实际荷载(图 4-18a)作用下的内力,再求虚设单位荷载(图 4-18b)作用下的内力,取 A 点为坐标原点,任意截面的内力为:

$$AC\ 段\left(0 \leqslant x \leqslant \frac{l}{2}\right)$$

实际状态:$F_{NF}=0, M_F=0, F_{QF}=0$;虚设状态:$F_{NF}=0, M_F=-x, F_{QF}=-1$。

$$CB\ 段\left(\frac{l}{2} \leqslant x \leqslant l\right)$$

实际状态:$F_{NF}=0, M_F=-\dfrac{q}{2}\left(x-\dfrac{l}{2}\right)^2, F_{QF}=-q\left(x-\dfrac{l}{2}\right)$;

虚设状态:$F_{NF}=0, M_F=-x, F_{QF}=-1$。

(2) 将上述内力代入式(4-26),分段计算梁 A 端的竖向位移 Δ_A。

$AC\ 段\left(0 \leqslant x \leqslant \dfrac{l}{2}\right)$:在荷载作用下的内力均为零,故积分也为零。

$CB\ 段\left(\dfrac{l}{2} \leqslant x \leqslant l\right)$:轴力为零,则

$$\Delta_{Av} = \int_{\frac{l}{2}}^{l} \frac{\overline{M}_k M_F}{EI} \mathrm{d}x + \int_{\frac{l}{2}}^{l} \frac{\lambda \overline{F}_{Qk} F_{QF}}{GA} \mathrm{d}x$$

弯曲变形引起的位移为

$$\Delta_M = \int_{\frac{l}{2}}^{l} \frac{\overline{M}_k M_F}{EI} \mathrm{d}x = \int_{\frac{l}{2}}^{l} -x\left[-\frac{q}{2}\left(x-\frac{l}{2}\right)^2\right]\frac{\mathrm{d}x}{EI} = \frac{7ql^4}{384EI}(\downarrow)$$

剪切变形引起的位移为（对于矩形截面，$k = 1.2$）

$$\Delta_Q = \int_{\frac{l}{2}}^{l} \frac{\lambda \overline{F}_{Qk} F_{QF}}{GA} \mathrm{d}x = \int_{\frac{l}{2}}^{l} 1.2(-1) \left[-q \left(x - \frac{l}{2} \right) \right] \frac{\mathrm{d}x}{GA} = \frac{3ql^2}{20GA} (\downarrow)$$

故总位移为

$$\Delta_M + \Delta_Q = \frac{7ql^4}{384EI} + \frac{3ql^2}{20GA}$$

下面来比较剪切变形与弯曲变形对位移的影响。二者的比值为

$$\frac{\Delta_Q}{\Delta_M} = \frac{\dfrac{3ql^2}{20GA}}{\dfrac{7ql^4}{384EI}} = 8.23 \frac{EI}{GAl^2}$$

设横向变形系数 $\mu = 1/3$，由材料力学公式 $E/G = 2(1+\mu) = 8/3$。设矩形截面的宽度为 b、高度为 h，则 $A = bh$，$I = \dfrac{bh^3}{12}$，代入上式得

$$\frac{\Delta_Q}{\Delta_M} = 8.23 \frac{EI}{GAl^2} = 8.23 \times \frac{8}{3} \times \frac{1}{12} \left(\frac{h}{l} \right)^2 = 1.83 \left(\frac{h}{l} \right)^2$$

$$\frac{h}{l} = \frac{1}{10}, \quad \frac{\Delta_Q}{\Delta_M} = 1.83\%$$

$$\frac{h}{l} = \frac{1}{2}, \quad \frac{\Delta_Q}{\Delta_M} = 45.75\%$$

即当梁的高跨比 h/l 是 1/10 时，剪力影响约为弯矩影响的 1.83%，也就是说，对于一般的梁可以忽略剪切变形对位移的影响。但是，当梁的高跨比 h/l 增大为 1/2 时，则剪力影响对弯矩影响增大为 45.75%；因此，对于深梁，剪切变形对位移的影响不可忽略。

例 4-4 求图 4-19a 所示四分之一圆弧曲梁自由端处的角位移与线位移。

解：位移计算公式是根据直杆推导的，但对于曲率不大的曲杆也适用。一般在曲率半径大于杆件截面高度 5 倍时，曲率的影响在 0.3% 左右。求位移建立的虚力状态，如图 4-19b、c、d 所示。曲杆的位移计算同样可以略去剪力和轴力项的影响。圆弧曲梁计算用极坐标比较方便。

（1）角位移 φ_{kF}。虚力状态如图 4-19b 所示。$\overline{M}_k = 1$，$M_F = Fa\sin\theta$，$\mathrm{d}s = a\mathrm{d}\theta$

$$\Delta_{kF} = \varphi_{kF} = \int_0^{\frac{\pi}{2}} \frac{1 \cdot aF\sin\theta}{EI} a\mathrm{d}\theta = \frac{Fa^2}{EI}$$

（2）竖向线位移。虚力状态如图 4-19c 所示。

$$\overline{M}_k = 1 \cdot a\sin\theta, \quad M_F = Fa\sin\theta$$

$$\Delta_{kF} = \Delta_{kF}^v = \int_0^{\frac{\pi}{2}} \frac{a\sin\theta \cdot aF\sin\theta}{EI} a\mathrm{d}\theta = \frac{\pi Fa^3}{4EI} (\downarrow)$$

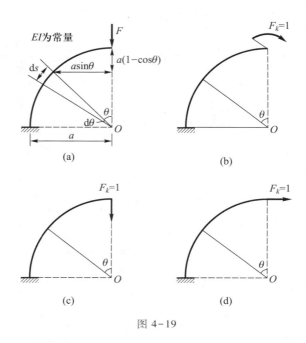

图 4-19

（3）水平线位移。虚力状态如图 4-19d 所示。

$$\overline{M}_k = 1 \cdot a \cdot (1 - \cos \theta), \quad M_F = Fa\sin \theta$$

$$\Delta_{kF} = \Delta_{kF}^{u} = \int_0^{\frac{\pi}{2}} \frac{a \cdot (1 - \cos \theta) \cdot aF\sin \theta}{EI} a\mathrm{d}\theta = \frac{Fa^3}{2EI}(\rightarrow)$$

自由端总线位移

$$\Delta_{kF} = \sqrt{(\Delta_{kF}^{v})^2 + (\Delta_{kF}^{u})^2} = \frac{Fa^3}{4EI}\sqrt{\pi^2 + 4}$$

例 4-5　图 4-20a 所示为一屋架,屋架的上弦杆和其他压杆采用钢筋混凝土杆,截面面积为 432cm²;下弦杆和其他拉杆采用钢杆,截面面积为 3.8 cm²。求所示桁架中间顶点 C 的竖向位移。

解:（1）在 C 点加单位竖向荷载,虚设力状态,并求相应的轴力 $\overline{F}_{Nk}$,如图 4-20b 所示。

（2）求已知荷载作用下的内力 F_{NF},图 4-20b 中给出的内力数值乘以 F 后即为轴力 F_{NF},如图 4-20c 所示。

$$\Delta_{Cy} = \sum \frac{\overline{F}_{Nk} F_{NF} l}{EA} = \frac{(-1.58) \times (-184.86) \times 0.263l}{E_h A_h} \times 2 +$$

$$\frac{(-1.58) \times (-172.38) \times 0.263l}{E_h A_h} \times 2 + \frac{0 \times (-37.05) \times 0.088l}{E_h A_h} \times 2 +$$

$$\frac{1.5 \times 175.5 \times 0.278l}{E_g A_g} \times 2 + \frac{1.5 \times 117 \times 0.222l}{E_g A_g} \times 2 +$$

$$\frac{0 \times 58.5 \times 0.278l}{E_h A_h} \times 2 = \frac{297.18l}{E_h A_h} + \frac{88.14l}{E_g A_g}$$

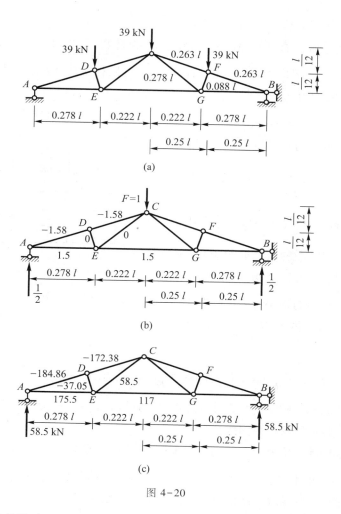

图 4-20

根据给定的跨度 $l=12$ m, $A_h=432$ cm², $A_g=3.8$ cm², 混凝土弹性模量 $E_h=3.0\times10^4$ MPa, 钢杆弹性模量 $E_g=2.0\times10^5$ MPa, 即可求得 $\Delta_{Cy}=1.67$ cm(↓)。

4.8 图乘法计算结构的位移

结构在荷载作用下的位移计算中经常遇到求解积分值的问题, 除采用各种积分方法求出精确的显式表示式外, 还可采用数值积分方法求出精确或近似的数值解。本节介绍利用内力图进行运算的一种简化方法——图乘法。在一定的应用条件下, 图乘法可给出积分的数值解, 而且是精确解。

平面杆系结构在荷载作用下的位移计算中如属下列情况:

（1）均质等截面直杆段, 即 EI、GA、EA 均为常量, 杆轴线为直线;

（2）位移状态与虚力状态相对应的内力图中有一图形是直线变化的。

满足上述条件的, 则可把结构位移计算的积分法换成图形相乘的方法, 即图乘

视频 4-5
图乘法

法。利用内力图进行运算,使计算简化。

设有均质等截面直杆段 AB,抗弯刚度 EI 为常数,如图 4-21 所示,两内力图 M_F 和 $\overline{M}_k$ 中有一个图形为直线变化,如 $\overline{M}_k$ 图。现以杆轴线 AB 为 x 轴,它与 $\overline{M}_k$ 的夹角为 α。由图可知

$$\overline{M}_k = x\tan\alpha$$

因 EI 为常数,则积分的位移公式可写为

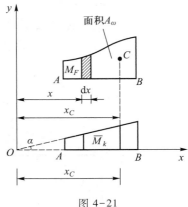

图 4-21

$$\Delta_{kF} = \int_{AB} \frac{\overline{M}_k M_F}{EI}\mathrm{d}x = \frac{1}{EI}\int_{AB} \overline{M}_k M_F \mathrm{d}x$$

$$= \frac{1}{EI}\int_{AB} x\tan\alpha M_F \mathrm{d}x = \frac{1}{EI}\tan\alpha\int_{AB} x M_F \mathrm{d}x$$

积分号内表示 M_F 图的微分面积 $M_F\mathrm{d}x$ 对 y 轴的矩。若用 A_ω 代表整个 M_F 图的面积,用 x_C 代表 M_F 图的形心的横坐标,用 y_C 代表 $\overline{M}_k$ 图形心所对应的直线图形 M_F 的坐标,则上述公式写为

$$\Delta_{kF} = \frac{1}{EI}\tan\alpha\int_{AB} x M_F \mathrm{d}x = \frac{1}{EI}\tan\alpha \cdot x_C A_\omega = \frac{1}{EI}y_C A_\omega \qquad (4\text{-}32)$$

式(4-32)就是图乘法所使用的公式,它将比较复杂的积分运算问题简化为求图形的面积、形心和标距的问题。

基于上述假设,剪力项与轴力项位移计算的积分同样可以进行简化处理。下面结果式中 A_{FN} 和 A_{FQ} 同样是 AB 段内 F_{NF} 图和 F_{QF} 图的面积,y_C 是与 $\overline{F}_{Nk}$ 图和 $\overline{F}_{Qk}$ 图形心对应处的 F_{NF} 图和 F_{QF} 图的标距,即纵坐标。则有

$$\Delta_{FN} = \int_{AB} \frac{F_{NF}\overline{F}_{Nk}}{EA}\mathrm{d}x = \frac{1}{EA}y_C A_{FN}$$

$$\Delta_{FQ} = \int_{AB} \lambda\frac{F_{QP}\overline{F}_Q}{GA}\mathrm{d}x = \frac{1}{GA}\lambda y_C A_{FQ} \qquad (4\text{-}33)$$

荷载作用下结构位移计算公式可改写为

$$\Delta_{kF} = \Delta_{FM} + \Delta_{FN} + \Delta_{FQ} = \sum\frac{1}{EI}y_C A_\omega + \sum\frac{1}{EA}y_C A_{FN} + \sum\frac{\lambda}{GA}y_C A_{FQ} \qquad (4\text{-}34)$$

应用图乘法须注意下面几点:

(1)面积应该在曲线图形中取,标距应在直线图形中取,且是曲线图形面积的形心所对应的竖标值;

(2)当两个内力图都在杆轴同一侧(对剪力图和轴力图应为同符号)时,相乘结果为正号,异侧时(对剪力图和轴力图应为异号)相乘结果取负号;

(3)两图形相乘后还要除以杆段的刚度;

(4)如果直线图形上杆的性质 EA、GA 和 EI 为分段常数,需要分段图乘;

（5）如果图形比较复杂,则需要分解成几个简单几何图形的叠加,以便于利用常用的面积和形心公式进行计算。

图 4-22 给出了位移计算中几种常见图形的面积公式和形心位置。应当注意,在所示的各次抛物线图形中,抛物线顶点处的切线都是与基线平行的,这种图形可称为抛物线标准图形。应用图中有关公式时,应注意这个特点。

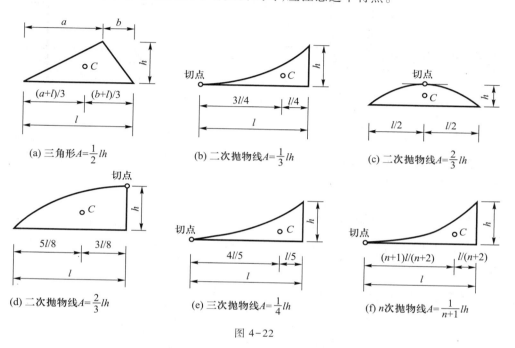

（a）三角形 $A=\frac{1}{2}lh$　　（b）二次抛物线 $A=\frac{1}{3}lh$　　（c）二次抛物线 $A=\frac{2}{3}lh$

（d）二次抛物线 $A=\frac{2}{3}lh$　　（e）三次抛物线 $A=\frac{1}{4}lh$　　（f）n 次抛物线 $A=\frac{1}{n+1}lh$

图 4-22

例 4-6 试用图乘法计算图 4-23a 所示梁中点的挠度 Δ。

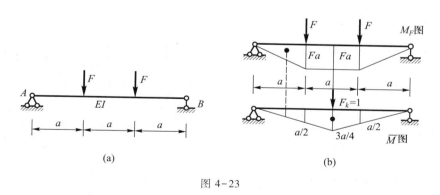

图 4-23

解：作荷载作用下的 M_F 图和虚设单位力偶作用下的 $\overline{M}$ 图,如图 4-23b 所示。则

$$\Delta = \frac{1}{EI}\left[\frac{Fa\times a}{2}\times\frac{2}{3}\ \frac{a}{2}\times 2 + \frac{\dfrac{a}{2}+\dfrac{3a}{4}}{2}\times\frac{a}{2}\times 2\times Fa\right] = \frac{23Fa^3}{24EI}$$

这里需要注意,如果这样计算

$$\Delta = \frac{1}{EI} \frac{1}{2} \frac{3a}{4} \cdot 3a \times Fa$$

显然结果是不对的。请读者分析其中的错误。

例 4-7   求图 4-24a 所示刚架 C、D 两点的距离改变。设 EI 为常数。

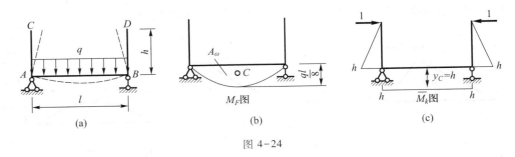

图 4-24

解：作实际状态弯矩图 M_F 如图 4-24b 所示，单位荷载下弯矩图 $\overline{M}_k$ 如图 4-24c 所示。由图乘法，可得

$$\Delta_{CD} = \sum \frac{A_\omega y_C}{EI} = \frac{1}{EI} \left(\frac{2}{3} \frac{ql^2}{8} l \right) h = \frac{qhl^3}{12EI} (\rightarrow \leftarrow)$$

计算结果为正值，说明 C、D 两点实际的相对水平位移与所设单位荷载的指向相同，即两点相互靠近。

例 4-8   求图 4-25a 所示桁架 D 点竖向位移 Δ_{DV}。

解：分别作出 F_{NF} 和 $\overline{F}_{Nk}$，见图 4-25b，利用图乘法求得

$$\Delta_{DV} = \frac{1}{EA} \left[3F \cdot 1 \cdot 3 + 5F \frac{5}{3} 5 + 8F \frac{4}{3} 4 \right] = \frac{280F}{3EA}$$

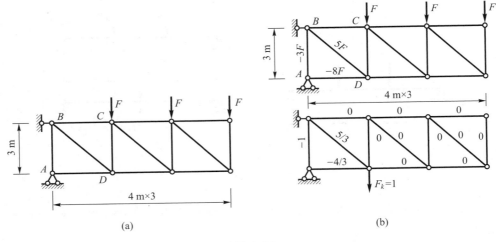

图 4-25

4.9 温度改变与支座移动下结构的位移计算

引起结构位移的非荷载因素包括温度变化引起的热胀冷缩,支座移动和转动引起的位移,以及在制造或装配过程中产生的错位等,本节介绍温度变化和支座移动引起的结构位移计算。

视频 4-6
支座移动、
温度改变时
的位移计算

4.9.1 温度改变时结构的位移计算

结构在施工和使用过程中经常受到外界温度变化的影响。温度的改变会引起杆件材料的膨胀和收缩,因而引起结构的位移。

结构由于温度改变引起的位移可由一般公式(4-24)计算。下面首先讨论由于温度变化所引起的微元体的变形。温度作用下结构的位移比较小,因此假设温度沿结构截面高度分布为线性分布。

设微段 ds 上方温度升高 t_1,下方温度升高 t_2,如图 4-26 所示,并假定温度沿截面高度 h 按直线规律变化,则发生变形后,横截面仍保持为平面。当杆件横截面对称于形心轴时($h_1 = h_2$),则其形心轴处的温度为

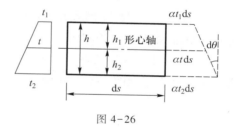

图 4-26

$$t = \frac{t_1 + t_2}{2}$$

如果当杆件截面不对称于形心轴时($h_1 \neq h_2$),则其形心轴处的温度为

$$t = \frac{h_1 t_2 + h_2 t_1}{h}$$

式中,h 是杆的厚度,h_1 和 h_2 分别是杆轴线到截面上下边缘的距离。上下边缘的温差是

$$\Delta t = t_2 - t_1$$

若以 α 表示材料的线膨胀系数,则杆件微段 ds 由于温度变化所产生的变形为

轴向变形 $\varepsilon_t ds = \alpha t ds$

剪切变形 $\gamma_t = 0$ (温度变化不引起剪应变)

弯曲变形 $\dfrac{1}{\rho_t} ds = \dfrac{\alpha(t_2 - t_1)}{h} ds = \dfrac{\alpha(t_2 - t_1)}{h} ds$

将以上由于温度变化所产生的变形代入式(4-24)中,即得温度改变下位移的计算公式:

$$\Delta_{kt} = \sum \frac{\alpha \Delta t}{h} \int \overline{M}_k \mathrm{d}s + \sum \alpha t \int \overline{F}_{Nk} \mathrm{d}s \qquad (4-35)$$

若结构中每一杆件沿其全长的温度变化相同,且截面高度不变,则上式变为

$$\Delta_{kt} = \sum \frac{\alpha \Delta t}{h} A_{\overline{M}k} + \sum \alpha t A_{\overline{F}Nk} \qquad (4-36)$$

式中,$A_{\overline{M}k}$ 为广义力 F_k 作用下 $\overline{M}_k$ 图形的面积;$A_{\overline{F}Nk}$ 为广义力 F_k 作用下 $\overline{F}_{Nk}$ 轴力图形的面积;t 为杆件截面的平均变温,即 $t = \dfrac{t_1+t_2}{2}$。

需要注意的是,在应用式(4-35)和式(4-36)时,轴力以受拉为正,受压为负。温度变化所引起的变形如果与截面同一边实际受力状态一致则为正,反之则为负。当然,也可以将温度改变以升高为正,降低为负,并在计算中约定以 $\overline{M}_k$ 图中的受拉面变温定为 t_2,受压面变温定为 t_1,来判断正负。如果不这样做,也可以直接比较虚拟状态的变形和实际状态由于温度变化所引起的变形,若二者变形方向一致则为正,反之为负,此时 t 和 Δt 均只取绝对值。

例 4-9   试求图 4-27a 所示刚架 C 点的竖向位移 Δ_C,梁下侧和柱右侧温度升高 $+10\,℃$,梁上侧和柱左侧升高 $+20\,℃$。各杆截面为矩形,截面高度 $h = 20$ cm,$a = 6$ m,线膨胀系数 $\alpha = 120 \times 10^{-7}/℃$。

解:(1)建立虚力状态。如图 4-27b 所示,在 C 点加单位竖向荷载,并绘单位弯矩图和轴力图如图 4-27c、d 所示。

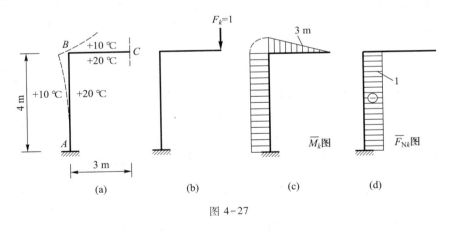

图 4-27

(2)自由端位移计算。

杆 AB $t_1 = 10℃$,$t_2 = 20℃$,$t = \dfrac{h_1 t_2 + h_2 t_1}{h} = \dfrac{10+20}{2}℃ = 15℃$,

$\Delta t = t_2 - t_1 = 10℃ - 20℃ = -10℃$

$A_{\overline{M}k} = 3 \times 4$ m^2 = 12 m^2,$A_{\overline{F}Nk} = (-1) \times 4$ m^2 = -4 m^2

杆 BC $t_1 = 10℃$,$t_2 = 20℃$,$t = \dfrac{h_1 t_2 + h_2 t_1}{h} = \dfrac{10+20}{2}℃ = 15℃$,

$$\Delta t = t_2 - t_1 = 10^{\circ}\text{C} - 20^{\circ}\text{C} = -10^{\circ}\text{C}$$

$$A_{\overline{M}k} = \frac{1}{2} \times 3 \times 3 \text{ m}^2 = 4.5 \text{ m}^2, \quad A_{\overline{F}Nk} = 0$$

由式（4-36）得

$$\Delta_{kt} = \sum \frac{\alpha \Delta t}{h} A_{\overline{M}k} + \sum \alpha t A_{\overline{F}Nk}$$

$$= \left[\frac{\alpha \times (-10)}{0.2} \times 12 + \frac{\alpha \times (-10)}{0.2} \times 4.5 \right] + \alpha \times 15 \times (-4)$$

$$= -825\alpha - 60\alpha = -885 \times 120 \times 10^{-7} \text{ m} = -0.011 \text{ m}$$

4.9.2　支座移动时静定结构的位移计算

　　静定结构在支座移动转动时，并不引起内力，也不引起应变。因此，支座移动时静定结构的位移计算问题都是刚体体系的位移计算问题，结构只发生刚体位移，因此，位移计算公式由式（4-24）简化为

$$\Delta_{kC} = -\sum \overline{F}_{Rik} C_i \qquad (4-37)$$

式中，Δ_{kC} 为支座位移引起的 K 处的位移；$\overline{F}_{Rik}$ 为在单位广义力 $F_k = 1$ 作用下的支座位移处的支座反力，以与支座位移值 C_i 同向为正。

　　例 4-10　如图 4-28a 所示结构，三角刚架右边支座的竖向位移 $\Delta_{By} = 0.06$ m，水平位移为 $\Delta_{Bx} = 0.06$ m，已知 $l = 12$ m，$h = 8$ m。试求由此引起的 A 端转角。

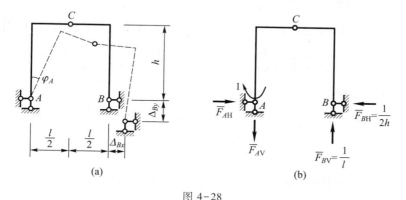

图 4-28

　　解：在 A 端虚设单位力偶，得到虚拟状态及支座反力计算结果如图 4-28b 所示。由公式（4-37）可得

$$\varphi_A = \Delta_{kC} = -\sum \overline{F}_{Rik} C_i = -\left(-\frac{1}{l} \Delta_{By} - \frac{1}{2h} \Delta_{Bx} \right) = 0.007\ 5 \text{ rad}(\curvearrowright)$$

4.10　线性变形体系的互等定理

　　线性变形体系有四个互等定理,即虚功互等定理、位移互等定理、反力互等定理以及反力与位移互等定理。其中最基本的是虚功互等定理,其他三个互等定理都是可由虚功互等定理所得到的特殊情况。这些定理在超静定结构的计算中是非常重要的。下面利用虚功原理导出上述定理并分别说明其物理意义。

　　(1) 虚功互等定理

　　图 4-29a 和 b 所示为任一线性变形体系分别承受两组外力 F_1 及 F_2,分别称为结构的第一状态和第二状态,Δ_{12} 及 Δ_{21} 分别代表 F_1 和 F_2 相应的位移。

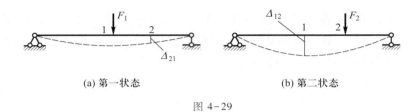

(a) 第一状态　　　　　　　　　　(b) 第二状态

图 4-29

如果以 W_{12} 表示状态 Ⅰ 的外力在状态 Ⅱ 的位移上所作的外力虚功,则根据虚功原理有

$$F_1\Delta_{12} = \sum \int \frac{M_1 M_2\,\mathrm{d}s}{EI} + \sum \int \frac{F_{N1}F_{N2}\,\mathrm{d}s}{EA} + \sum \int k\frac{F_{Q1}F_{Q2}\,\mathrm{d}s}{GA}$$

以 W_{21} 表示状态 Ⅱ 的外力在状态 Ⅰ 的位移上所作的外力虚功,则根据虚功原理有

$$F_2\Delta_{21} = \sum \int \frac{M_2 M_1\,\mathrm{d}s}{EI} + \sum \int \frac{F_{N2}F_{N1}\,\mathrm{d}s}{EA} + \sum \int k\frac{F_{Q2}F_{Q1}\,\mathrm{d}s}{GA}$$

比较以上两式可得

$$F_1\Delta_{12} = F_2\Delta_{21}$$

或写为

$$W_{12} = W_{21} \tag{4-38}$$

式(4-38)所表示的就是虚功互等定理。它可叙述如下:第一状态的外力在第二状态的位移上所作的虚功等于第二状态的外力在第一状态的位移上所作的虚功。

　　(2) 位移互等定理

　　应用上述虚功互等定理,下面来研究一种特殊情况。即在两种状态中,结构都只承受一个单位力 F_1 和 F_2,如图 4-30a、b 所示。设用 Δ_{12} 和 Δ_{21} 分别代表与单位力 F_1 和 F_2 相应的位移,则由虚功互等定理可得

$$F_1\Delta_{21} = F_2\Delta_{12}$$

因 $F_1 = F_2 = 1$,有

$$\Delta_{21} = \Delta_{12} \tag{4-39}$$

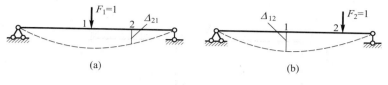

图 4-30

这就是位移互等定理:第一个单位力的作用点沿其方向上由于第二个单位力的作用所引起的位移,等于第二个单位力的作用点沿其方向上由于第一个单位力的作用所引起的位移。显然,单位力 F_1 及 F_2 可以是广义力,而 Δ_{12} 和 Δ_{21} 则可以是广义位移;Δ_{12} 和 Δ_{21} 不仅数值相等,量纲也相同。

图 4-31 和图 4-32 所示为应用位移互等定理的两个例子。图 4-31 表示两个角位移的互等情况 $\varphi_{12} = \varphi_{21}$;

图 4-32 表示线位移与角位移的互等情况 $\Delta_{12} = \varphi_{21}$。

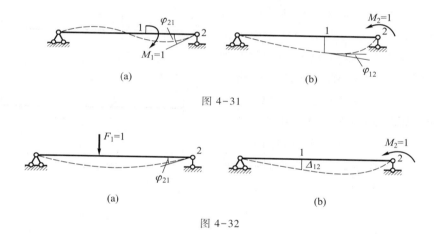

图 4-31

图 4-32

(3) 反力互等定理

这一定理也是虚功互等定理的一个特殊情况。它用来说明超静定体系在两个支座分别发生单位位移时,这两种状态中反力的互等关系。图 4-33 和图 4-34 所示为两个支座分别发生单位位移的两种状态。其中,图 4-33a、b 和图 4-34a、b 分别表示支座反力 F_{R1} 和 F_{R2},因为它们所对应另一状态的位移都等于零而不作虚功。根据虚功互等定理可得

$$k_{12} = k_{21}$$

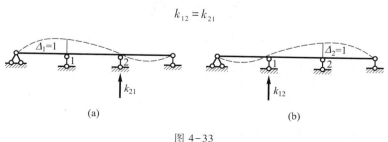

图 4-33

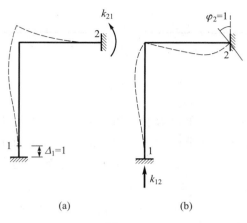

图 4-34

（4）反力与位移互等定理

虚功互等定理的又一特殊情况是说明一种状态中的反力与另一状态中的位移具有互等关系。以图 4-35 所示的两种状态为例，其中图 4-35a 表示单位荷载 F_2 作用于 2 点时，支座 1 的反力矩为 F_{12}，设其指向取如图所示；图 4-35b 则表示当支座 1 沿 F_{12} 的方向发生一单位转角 φ_1 时，沿 F_2 方向的位移为 Δ_{21}。对此两种状态应用虚功互等定理，有

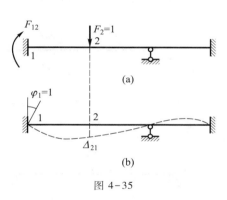

图 4-35

$$F_{12}\varphi_1 + F_2\Delta_{21} = 0$$

由于数值上，$\varphi_1 = F_2 = 1$

故有
$$F_{12} + \Delta_{21} = 0 \qquad\qquad (4\text{-}40)$$

式（4-40）为反力与位移互等定理：单位荷载对体系某一支座所产生的反力，等于因该支座发生单位位移所引起的单位荷载作用点沿其方向的位移，但符号相反。

思 考 题

4-1　虚功和实功的关系如何？

4-2　试说明变形体虚功原理的应用条件和应用范围。

4-3　试述刚体虚功原理和变形体虚功原理的关系。

4-4　图乘法的应用条件和注意点是什么？

4-5　图乘法能在拱结构上使用吗？为什么？

4-6 四个互等定理中两个量互等是指在数值和量纲方面都相等吗?

4-7 功的互等定理有何适用范围?为什么?它是否适用于板壳结构或实体结构?

习 题

4-1 求图示结构铰 A 两侧截面的相对转角 φ_A。EI 为常数。

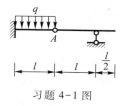

习题 4-1 图

4-2 求图示静定梁 D 端的竖向位移 Δ_{DV}。EI 为常数，$a=2$ m。

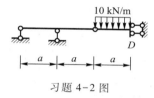

习题 4-2 图

4-3 求图示刚架 B 端的竖向位移。

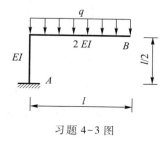

习题 4-3 图

4-4 求图示刚架结点 C 的转角和水平位移。EI 为常数。

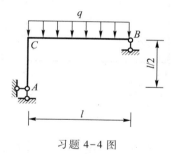

习题 4-4 图

4-5   求图示结构 A、B 两截面的相对转角。EI 为常数。

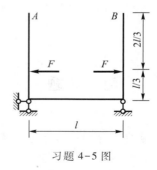

习题 4-5 图

4-6   求图示结构 A、B 两点的相对水平位移。EI 为常数。

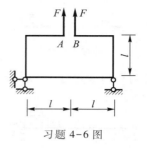

习题 4-6 图

4-7   求图示结构 B 点的竖向位移。EI 为常数。

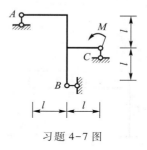

习题 4-7 图

4-8   图示结构充满水后,求 A、B 两点的相对水平位移。EI 为常数,垂直纸面取 1 m 宽,水的密度取 1×10^3 kg/m³。

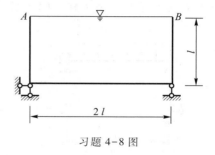

习题 4-8 图

4-9   求图示刚架 C 点的水平位移 Δ_{CH}。各杆 EI 为常数。

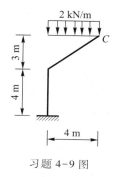

习题 4-9 图

4-10 求图示刚架 B 点的水平位移 Δ_{BH}。各杆 EI 为常数。

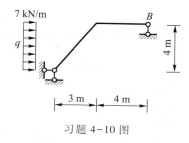

习题 4-10 图

4-11 求图示桁架中 D 点的水平位移。各杆 EA 相同。

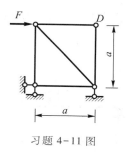

习题 4-11 图

4-12 求图示桁架 A、B 两点间相对线位移 Δ_{AB}。EA 为常数。

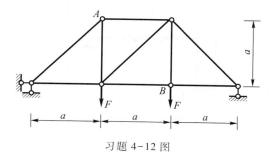

习题 4-12 图

4-13 已知 $\int_a^b \sin u \cos u \, du = \left[\sin^2(u)/2 \right]_a^b$，求圆弧曲梁 B 点的水平位移。EI 为常数。

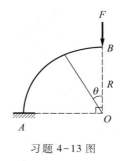

习题 4-13 图

4-14   求图示结构 D 点的竖向位移。杆 AD 的截面抗弯刚度为 EI,杆 BC 的截面抗拉(压)刚度为 EA。

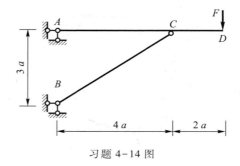

习题 4-14 图

4-15   求图示结构 D 点的竖向位移。杆 ACD 的截面抗弯刚度为 EI,杆 BC 抗拉刚度为 EA。

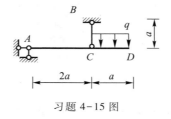

习题 4-15 图

4-16   刚架支座移动与转动如图所示。求 D 点的竖向位移。

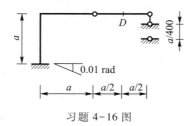

习题 4-16 图

4-17   结构的支座 A 发生了转角 θ 和竖向位移 Δ 如图所示。计算 D 点的竖向位移。

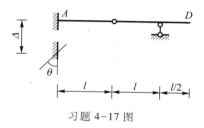

习题 4-17 图

4-18　图示刚架 A 支座下沉 $0.01l$，又顺时针转动 $0.015\ \text{rad}$。求 D 截面的角位移。

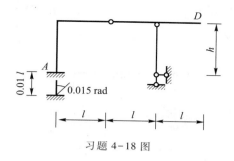

习题 4-18 图

4-19　图示桁架各杆温度均匀升高 t，材料线膨胀系数为 α。求 C 点的竖向位移。

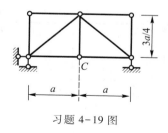

习题 4-19 图

4-20　图示刚架杆件截面为矩形，截面厚度为 h，$h/l = 1/20$，材料线膨胀系数为 α。求 C 点的竖向位移。

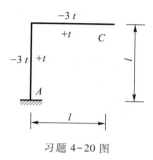

习题 4-20 图

4-21　求图示结构 B 点的水平位移。已知温度变化 $t_1 = 10\,℃$，$t_2 = 20\,℃$，矩形截面高 $h = 0.5\ \text{m}$，线膨胀系数 $\alpha = 1 \times 10^{-5}/℃$。

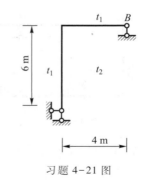

习题 4-21 图

4-22　图示桁架由于制造误差，AE 长了 1 cm，BE 短了 1 cm。求点 E 的竖向位移。

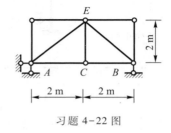

习题 4-22 图

4-23　求图示结构 A 点竖向位移(向上为正)Δ_{AV}。

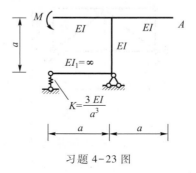

习题 4-23 图

4-24　求图示结构 C 点水平位移 Δ_{CH}。EI 为常数。

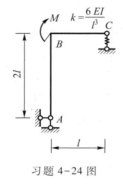

习题 4-24 图

第 5 章
影响线及其应用

5.1 概　　述

　　前面各章所讨论的结构的内力计算时,结构所受荷载不仅大小和方向不变,而且它们的位置也是固定不动的,这种荷载在工程上被称为恒荷载。由于恒荷载的位置是固定不变的,所以结构上的某一量值(例如支座反力,某一截面弯矩、剪力、轴力、挠度等)也是不变的。其计算比较简单,只需作出所求量值的分布图(如弯矩图等),便可知道该量值沿结构分布的情况。但一般的工程结构中除了承受恒荷载作用外,还要受到各种活荷载的作用。例如承受列车、汽车等荷载的桥梁,工业厂房中的承受吊车荷载的吊车梁,承受启闭闸门门机荷载的水闸工作桥等,此外各类结构还将受到风、雪等荷载的作用。在进行结构设计时,需要算出结构在恒荷载和活荷载共同作用下各量值的最大值。这就需要进一步研究在活荷载作用下结构各量值的变化规律,以便找出它们的最大值。

　　实际工程中的活荷载通常分为两类:一类是荷载的作用位置、大小和方向均随时间而改变,例如风、雪等荷载,这类荷载一般称为短期荷载;另一类是荷载的大小和方向不变,而作用位置在结构上缓慢移动,如车辆的轮压等,这类荷载称之为移动荷载。移动荷载是工程中常见的荷载,本章的主要任务就是研究移动荷载对结构的影响。

　　实际工程中所遇到的移动荷载通常是间距不变的平行集中荷载或均布荷载,同时具有大小和方向保持不变的特点。因此,为了研究方便,只讨论最典型的单位集中移动荷载 $F=1$ 在结构上移动时某一量值的变化规律,然后根据叠加原理,就可进一步解决各种移动荷载对结构产生的影响。

　　在研究单位集中移动荷载 $F=1$ 所产生的影响时,常将所考虑的某一量值随荷载位置移动而变化的规律用图形表示出来,这种图形称为该量值的影响线。现以 $F=1$ 在简支梁上移动时对支座反力 F_{RA} 的影响为例,说明影响线的概念。要知道单位荷载在梁上移动时 F_{RA} 的变化情况,可把 $F=1$ 依次作用于梁上各个位置并逐一计算出相应的 F_{RA} 值,然后用图形表示出 F_{RA} 变化规律。图 5-1 中对应于 A 、C 、

D、E、B 各点的竖标,即 $F=1$ 分别作用于各点处时所产生的 F_{RA}。图中 F_{RA} 的右上标表示 $F=1$ 所在的位置,例如 F_{RA}^C 表示 $F=1$ 作用于 C 点时 F_{RA} 值的大小。将所有各竖标顶点连接起来,就得出 F_{RA} 变化的图形。本例中,这些竖标顶点恰好在一直线上,亦即 F_{RA} 的影响线恰好是一直线,如图 5-1b 所示。

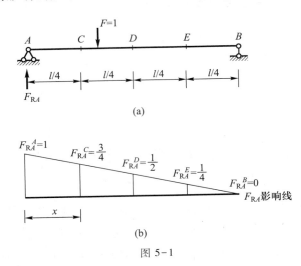

图 5-1

综上所述,可得影响线的定义如下:当一个方向不变的单位移动集中荷载 $F=1$(量纲一的量)沿结构上移动时,表示结构中某一位置某量值(如支座反力、截面内力或位移)变化规律的图形,称为该量值的影响线。

影响线是研究移动荷载作用下结构计算的基本工具。利用它可以确定最不利荷载位置,从而求出相应量值的最大值。

本章先讨论绘制静定梁影响线的两种基本方法——静力法和机动法,然后再介绍其他结构影响线的作法,最后讨论影响线的应用。

5.2   静力法绘制简支梁的影响线

由上节可知,影响线表示的是所求量值与单位荷载 $F=1$ 的位置 x 两者之间关系的函数图形。因此,在作影响线时,可先把荷载 $F=1$ 放在任意位置,并根据所选坐标系,以横坐标 x 表示其作用点的位置,然后将荷载看作不动,由静力平衡条件求出所研究量值 S 与 x 的关系。表示这种关系的方程称为影响线方程。利用影响线方程,即可作出相应量值的影响线,这种方法称为静力法。

5.2.1   简支梁的影响线

1. 反力影响线

图 5-2a 所示简支梁 AB 受单位移动荷载 $F=1$ 作用。

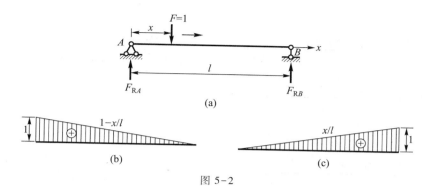

图 5-2

首先绘制 F_{RA} 的影响线。建立图示坐标系,可取 A 为坐标原点,x 轴向右为正,以坐标 x 表示荷载 $F=1$ 的位置。假定 $F=1$ 移动到梁上某一位置 x 时,并设反力方向以向上为正,由梁的静力平衡条件 $\sum M_B=0$,则有

$$F_{RA}l-F(l-x)=0$$

$$F_{RA}=\frac{F(l-x)}{l}=\frac{l-x}{l}\quad(0\leqslant x\leqslant l)\tag{5-1}$$

式(5-1)为 F_{RA} 的影响线方程,表示反力 F_{RA} 随 x 的变化规律。由方程可见,反力 F_{RA} 是 x 的一次函数,因此,反力 F_{RA} 的影响线是一条直线,它只需定出两个竖标即可绘出。当 $x=0$ 时,$F_{RA}=1$;当 $x=1$ 时,$F_{RA}=0$。因此,只需在左支座处取等于 1 的竖标,将其顶点与右支座处的零点相连,即可绘制出 F_{RA} 的影响线,如图 5-2b 所示。

同理绘制反力 F_{RB} 的影响线,由 $\sum M_A=0$ 有

$$F_{RB}l-Fx=0$$

由此得 F_{RB} 的影响线方程为

$$F_{RB}=\frac{Fx}{l}=\frac{x}{l}\quad(0\leqslant x\leqslant l)\tag{5-2}$$

它也是 x 的一次函数,故 F_{RB} 的影响线也是一段直线,如图 5-2c 所示。

支座反力的影响线表示单位荷载 $F=1$ 在梁上移动时,支座反力的变化规律。影响线上任一坐标 y 表示 $F=1$ 在该处时支座反力的数值。通常规定将正值影响线竖标绘在基线的上方,负值绘在基线下方,反力影响线的竖标量纲为一。

2. 弯矩影响线

某梁 AB 上任意截面 C 的位置及坐标系如图 5-3a 所示。仍取 A 为原点,截面 C 的弯矩 M_C 与荷载 $F=1$ 在截面的左、右位置有关,所以必须分段建立 M_C 的影响线方程,如图 5-3b、c、d 所示。

当 $F=1$ 在截面 C 以左的梁段 AC 上移动时,即令 $(0\leqslant x\leqslant a)$,为计算简便,可取截面 C 以右部分为隔离体,并设弯矩以使梁下边纤维受拉为正,由 CB 段平衡条件 $\sum M_C=0$,可得

$$M_C=F_{RB}b=\frac{x}{l}b\quad(0\leqslant x\leqslant a)\tag{5-3}$$

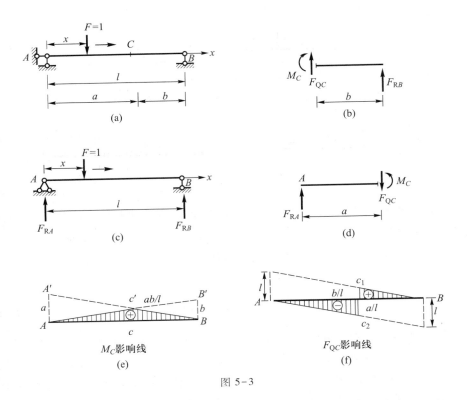

图 5-3

故知 M_C 的影响线在截面 C 以左部分是一段直线。只需定出两点:当 $x = 0$,
$M_C = 0$;$x = a$,当 $M_C = \dfrac{ab}{l}$

当单位荷载 $F = 1$ 在截面 C 以右的梁段 CB 上移动时,即 $(a \leqslant x \leqslant l)$,上面求得的影响线方程则不再适用。此时可取截面 C 以左部分为隔离体,由平衡条件 $\sum M_C = 0$,可得

$$M_C = F_{RA} a = \frac{l - x}{l} a \quad (a \leqslant x \leqslant l) \tag{5-4}$$

可见 M_C 影响线在截面 C 以右部分也是一段直线。

当 $x = a$,$M_C = \dfrac{ab}{l}$;当 $x = l$,$M_C = 0$

可见 M_C 的影响线在 C 点以左和以右对应不同的方程,它由两段直线组成,两直线的交点就在截面 C 处。通常称截面以左的直线为左直线,截面以右的直线为右直线。左直线方程 $M_C = F_{RB} b$,可由支座反力 F_{RB} 的影响线放大 b 倍而得;右直线方程 $M_C = F_{RB} a$,可由支座反力 F_{RA} 的影响线放大 a 倍而得。

因此,可根据 F_{RA},F_{RB} 的影响线来绘制 M_C 的影响线。绘制方法是:以 AB 轴线为基线,由 A 点向上量取 $\overline{AA'} = a$,由 B 点向上量取 $\overline{BB'} = b$,连接 AB' 和 BA' 相交于 C',则 $AC'B$ 即为 M_C 的影响线,如图 5-3e 所示。从几何关系看,M_C 影响线在截面 C 处的折角应等于 1。弯矩影响线的量纲应为长度的量纲 L。

3. 剪力影响线

与弯矩影响线一样,绘制梁截面 C 处的剪力影响线,也应分段建立影响线的方程。关于剪力的正负号,仍规定剪力以绕隔离体顺时针方向转动为正。

当 $F=1$ 在截面 C 以左移动时,如图 5-3a 所示,取截面 C 以右部分为隔离体,由平衡条件 $\sum F_y = 0$ 可得

$$F_{QC} = -F_{RB} = -\frac{x}{l} \quad (0 \leqslant x \leqslant a) \tag{5-5}$$

当 $x=0$,$F_{QC}=0$;当 $x=a$,$F_{QC}=-\dfrac{a}{l}$。式(5-5)说明 AC 段的剪力影响线与 F_{RB} 的影响线相同,但符号相反。负号表示实际的剪力方向与假设方向相反。

当 $F=1$ 在截面 C 以右移动时,如图 5-3c 所示,取截面 C 以左部分为隔离体,由平衡条件

$$F_{QC} = F_{RA} = \frac{l-x}{l} \quad (a \leqslant x \leqslant l) \tag{5-6}$$

当 $x=a$,$F_{QC}=\dfrac{b}{l}$;当 $x=l$,$F_{QC}=0$。可见 BC 段的剪力影响线与 F_{RA} 的影响线相同,竖标为正。

将两段影响线结合起来即得截面 C 的影响线,如图 5-3f 阴影部分所示,两段相互平行的直线。综上所述,绘制简支梁任意截面 C 的剪力影响线的方法是:以梁轴线 AB 轴线为基线,由左支座处点向上量取等于1与右支座的零点连以直线,然后经由左支座的零点作该直线的平行线,再由截面 C 引竖线,分别与所作平行线相交于 C_1 和 C_2 两点,则 AC_2C_1B 即为 F_{QC} 的影响线。

当移动荷载 $F=1$ 越过截面 C 时,F_{QC} 将发生突变,其突变值为1。剪力影响线的量纲为一。而当 $F=1$ 恰好作用于 C 点时,F_{QC} 值是不确定的。

5.2.2　伸臂梁的影响线

图 5-4a 所示外伸梁,受单位移动荷载 $F=1$ 作用。根据上述作简支梁影响线的方法,外伸梁的影响线也同样可以作出。

1. 反力影响线

绘制反力 F_{RA} 和 F_{RB} 的影响线。设反力以向上为正,取 A 为原点,x 轴向右为正,以坐标 x 表示荷载 $F=1$ 的位置。由静力平衡条件分别求得支座反力 F_{RA} 和 F_{RB} 为

$$\left. \begin{aligned} \sum M_B = 0, \quad F_{RA} &= \frac{l-x}{l} \\[2mm] \sum M_A = 0, \quad F_{RB} &= \frac{x}{l} \end{aligned} \right\} \quad (-l_1 \leqslant x \leqslant l+l_2)$$

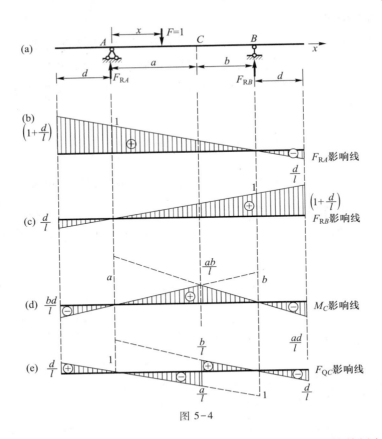

图 5-4

这两个方程与简支梁的反力影响线完全相同,故在 AB 部分外伸梁与简支梁的反力影响线显然是一样的。至于外伸部分,只要注意到当 $F=1$ 位于 A 点以左时,x 为负值,以上两个方程仍然适用。因此只需将简支梁的反力影响线向两个外伸部分延长,即得外伸梁的反力 F_{RA} 和 F_{RB} 的影响线,如图 5-4b、c 所示。

2. 跨中截面内力影响线

有伸臂的简支梁,其跨中任一截面 C 的弯矩与剪力的影响线方程与无伸臂的简支梁相同,见式(5-4)、(5-5)、(5-6)。反力影响线的伸臂部分是原有影响线的延伸。所以,具有伸臂部分的简支梁其跨中截面内力的影响线,只需将原有的影响线往伸臂部分延伸即可,如图 5-4d、e 所示。

3. 伸臂部分内力影响线

以绘制位于左悬臂上截面 D 的弯矩和建立影响线为例加以说明,如图 5-5a 所示。

取 D 点为坐标原点,建立图示坐标系,如图 5-5a 所示。取 D 以左部分为隔离体,考虑其静力平衡条件可得:

当 $F=1$ 在 D 以左部分移动时,有 $M_D=-x$,$F_{QD}=-1$;

当 $F=1$ 在 D 以左部分移动时,有 $M_D=0$,$F_{QD}=0$。

由此可以作出 M_D 和 F_{QD} 的影响线如图 5-5b、c 所示。

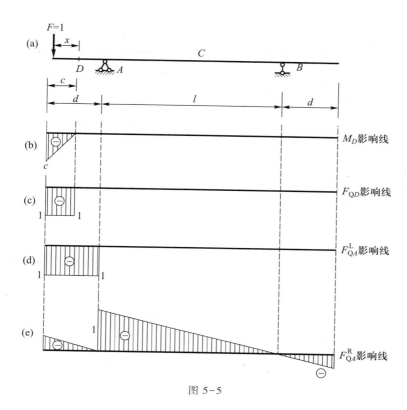

图 5-5

如果指定截面取在支座 A 处，绘制影响线时只需在 M_C 影响线中取 $d=l_1$ 即可得到。对于支座截面处的剪力影响线，因在支座处剪力会发生突变，所以必须按支座以左和以右两个截面分别绘制，因为这两侧的截面是分别属于外伸部分和跨内部分的。例如支座 A 处其左、右截面的剪力可分别记为 F_{QA}^L 和 F_{QA}^R。F_{QA}^L 的影响线可由 F_{QD} 的影响线使截面 D 趋近于截面 A 左而得到；F_{QA}^R 的影响线则应由 F_{QC} 的影响线使截面 C 趋近于截面 A 右而得到，分别如图 5-5d、e 所示。

通过以上简支梁反力和内力影响线的讨论得出以下几点结论：

（1）影响线的竖标表示移动荷载 $F=1$ 移动到该位置时，指定截面、指定量值的大小；

（2）简支梁结构反力、内力的影响线均为直线；

（3）每一直线段的分界点可以是所指定截面的位置点。

应当注意，影响线图与内力图是截然不同的，初学者容易把它们混淆起来。影响线图与内力图虽然都是表示某种函数的图形，但两者的自变量和因变量是不同的。影响线图只表示一个量值，而一个弯矩图表示了各个截面的量值。例如图 5-6a 表示简支梁的弯矩 M_C 影响线，图 5-6b 表示荷载 $F=1$ 作用于 C 点时的弯矩图。两图虽然形式相似，但各图的竖标代表的含义却截然不同。例如 D 点的竖标在 M_C 影响线（图 5-6a）中是代表 $F=1$ 作用于 D 点时 M_C 的大小（以 M_C^D 表示，右上标表示 $F=1$ 所在位置），而弯矩图（图 5-6b）中在 D 点的竖标则是代表固定的

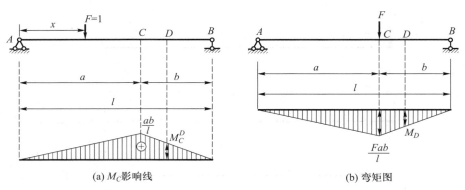

<table>
<tr><td>(a) M_C影响线</td><td>(b) 弯矩图</td></tr>
</table>

图 5-6

实际荷载下截面 D 的弯矩值(M_D)。

例 5-1　试用静力法绘制图 5-7a 所示悬臂梁的指定量值影响线：F_{RB}、M_B、F_{QC}、M_C。

解：取固定端 B 点为坐标原点，x 以向左为正。

（1）F_{RB} 和 M_B 影响线。建立影响线方程，设反力 F_{RB} 以向上为正，反力矩 M_B 以逆时针方向为正。由整体平衡条件得

$$\left. \begin{aligned} \sum F_y = 0, F_{RB} = 1 \\ \sum M_B = 0, M_B = -x \end{aligned} \right\} \quad (0 \leqslant x \leqslant l)$$

由上式得到 F_{RB} 和 M_B 影响线如图 5-7b、c 所示。

（2）F_{QC} 和 M_C 影响线。建立影响线方程，当 $F = 1$ 在 C 截面左侧时，取左侧为隔离体（图 5-7d）得

$$\left. \begin{aligned} \sum F_y = 0, F_{QC} = -1 \\ \sum M_C = 0, M_C = -(x-a) \end{aligned} \right\} \quad (a \leqslant x \leqslant l)$$

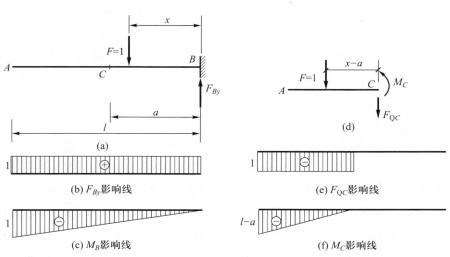

图 5-7

当 $F=1$ 在 C 截面右侧时,仍取左侧为隔离体得

$$\left.\begin{array}{l} \sum F_y=0,F_{QC}=0 \\ \sum M_C=0,M_C=0 \end{array}\right\} \quad (0\leqslant x\leqslant a)$$

由 C 截面左右两侧的影响线方程,绘制 F_{QC} 和 M_C 影响线如图 5-7e、f 所示。

例 5-2   试用静力法绘制图 5-8a 所示单跨梁的 F_{RB}、M_A、F_{QC}、M_C 影响线。

解:取滑动端 A 为坐标原点,x 以向右方向为正。

（1）F_{RB} 和 M_A 影响线。建立影响线方程,设反力 F_{RB} 以向上为正,反力矩 M_A 以逆时针方向为正。由整体平衡条件得

$$\left.\begin{array}{l} \sum F_y=0,F_{By}=1 \\ \sum M_A=0,M_A=4a-x \end{array}\right\} \quad (0\leqslant x\leqslant 4a)$$

根据影响线方程作影响线如图 5-8b、c 所示。

（2）F_{QC} 和 M_C 影响线。建立影响线方程,当 $F=1$ 在 C 截面左侧时,取右侧为隔离体,如图 5-8d 所示。

$$\left.\begin{array}{l} \sum F_y=0,F_{QC}=-1 \\ \sum M_C=0,M_C=2a \end{array}\right\} \quad (0\leqslant x\leqslant 2a)$$

当 $F=1$ 在 C 截面右侧时,取左侧为隔离体,如图 5-8e 所示。

$$\left.\begin{array}{l} \sum F_y=0,F_{QC}=0 \\ \sum M_C=0,M_C=4a-x \end{array}\right\} \quad (2a\leqslant x\leqslant 4a)$$

根据影响线方程作影响线如图 5-8f、g 所示。

视频 5-1
多跨静定梁
的影响线

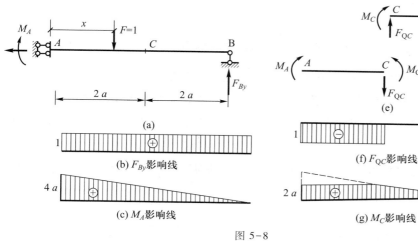

图 5-8

5.3   结点传递荷载下主梁的影响线

上面所讨论的影响线,都是考虑移动荷载 $F=1$ 直接作用于梁上的情况,故称为直接荷载作用下的影响线。但是,在实际工程中还会遇到移动荷载不直接作用在梁上的情况,如桥面体系、楼盖体系等,主梁之上有横梁,横梁之上又有小纵梁。荷载直接作用在小纵梁上,它对主梁的影响是通过横梁由结点传递到主梁上的,称这种荷载为间接荷载或结点传递荷载,如图 5-9 所示。

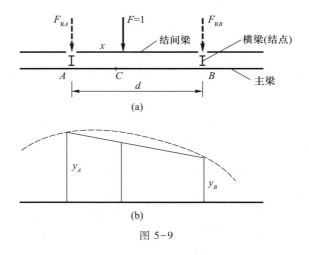

图 5-9

当梁上承受间接荷载时,绘制主梁上某位置、某量值的影响线,对照图 5-9a、b 讨论如下:

(1)移动荷载 $F=1$ 在纵梁上移动时,其支座反力分别为 $F_{RA}=\dfrac{d-x}{d}$ 和 $F_{RB}=\dfrac{x}{d}$,这两个反力作用在主梁上,作用位置不变,而数值在改变。

(2)移动荷载 $F=1$ 移动到结点位置时,这时的荷载就等于直接作用在主梁上,对主梁上某一位置、某量值 S 的影响量,即这些结点下影响线的竖标,用 y_A 和 y_B 表示。

根据叠加原理,当 $F=1$ 在两个结点之间移动时,对主梁上某位置、某量值 S 的影响量可用下式表示:

$$S=F_{RA}y_A+F_{RB}y_B=\frac{d-x}{d}y_A+\frac{x}{d}y_B \quad (0\leq x\leq d)$$

可见,当 $F=1$ 在纵梁上移动时,量值 S 的影响线竖标呈直线变化。

因此,绘制间接荷载作用下主梁的影响线时,可先绘主梁直接承受 $F=1$ 的影响线,然后由各结点引竖线与所绘的影响线相交得出交点,再将相邻两个交点之间分别连以直线(称为渡引线或修正线),即得该量值在间接荷载作用下的影响线。

例 5-3 试按静力法绘制图 5-10a 所示主梁下列量值的影响线 M_A、F_{By}、F_{QC}、M_D。

解: 本例主梁受结点荷载作用,根据作图原理和作图方法,应按下述步骤绘制所求量值的影响线:

(1) 作出直接荷载作用下的梁的 M_A、F_{By}、F_{QC}、M_D 影响线。

(2) 作横梁在各量值影响线上的投影点并在各纵梁范围内连成直线,得到结点荷载作用下的影响线,如图 5-10b、c、d、e 所示。

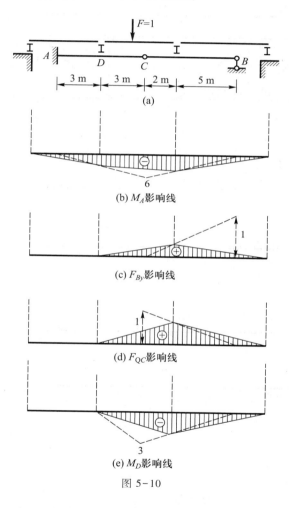

图 5-10

5.4 静定桁架的影响线

在实际工程中,桁架上的荷载一般是通过纵、横梁作用于结点上的。因此,有关间接荷载作用下梁的影响线的一些性质,对于桁架来说也是适用的,也就是说,桁架的内力影响线在任意两个相邻结点之间也是一条直线。

视频 5-3
静定桁架的
影响线

现以图 5-11a 所示桁架为例,说明桁架反力和内力影响线的绘制。

1. 反力影响线

对于单跨静定梁式桁架,其支座反力的计算与相应单跨梁相同,故两者的支座反力影响线也完全一样。无须赘述,如图 5-11b、c 所示

2. 内力影响线

用静力法作桁架内力的影响线时,首先需要根据平衡条件求出它的影响线方

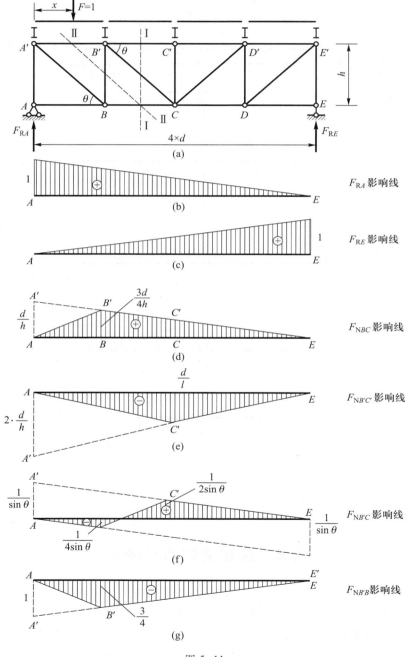

图 5-11

程。可利用已经学过的计算方法——结点法和截面法进行解算。

（1）下弦杆内力 F_{NBC}

采用截面 I - I 切开第二节间的三根杆件，以被切断的其余两杆的交点 B' 为矩心列出力矩平衡方程。不过，此时应考虑单位荷载的各个不同位置。

当 $F=1$ 在截面 I - I 所在的节间以左（即在结点 $A'B$ 之间）移动时，取右边部分为隔离体，考虑其平衡。由 $\sum M'_B=0$，得

$$F_{NBC}h=F_{RE}3d, \quad F_{NBC}=\frac{3d}{h}F_{RE}$$

上式表明 F_{NBC} 的影响线在 $A'B'$ 范围内可由 F_{RE} 的影响线乘以倍数 $\frac{3d}{h}$ 而得到。这样，便可绘出 F_{NBC} 的影响线的左直线，如图 5-11d 中实线 AB'。

当 $F=1$ 在截面 I - I 所在的节间以右（即在结点 $C'E'$ 之间）移动时，取左边部分为隔离体，考虑其平衡。由 $\sum M'_B=0$ 得

$$F_{NBC}h=F_{RA}d, \quad F_{NBC}=\frac{d}{h}F_{RA}$$

上式表明 F_{NBC} 的影响线在 $C'E'$ 范围内可由 F_{RA} 的影响线乘以倍数 $\frac{d}{h}$ 而得到。这样，便可绘出 F_{NBC} 的影响线的右直线，如图 5-11d 中实线 $C'E$。

当 $F=1$ 在节间 $B'C'$ 之间移动时，属于间接荷载作用问题，即将 $B'C'$ 连以直线。因此，F_{NBC} 的影响线如图 5-11d 中的实线所示。

（2）上弦杆内力 $F_{NB'C'}$

同样可作截面 I - I，以 C 点为矩心列出力矩平衡方程。此时应考虑 $F=1$ 的各个不同位置。

当 $F=1$ 在 $A'B'$ 之间移动时，取右边部分为隔离体，考虑其平衡。由 $\sum M_C=0$，得

$$F_{NB'C'}h+F_{RE}2d=0, \quad F_{NB'C'}=-\frac{2d}{h}F_{RE}$$

当 $F=1$ 在 $C'E'$ 之间移动时，取左边部分为隔离体，考虑其平衡。由 $\sum M_C=0$，得

$$-F_{NB'C'}h-F_{RA}2d=0, \quad F_{NB'C'}=-\frac{2d}{h}F_{RA}$$

按前所述分别以 F_{RE} 和 F_{RA} 的影响线乘以 $\left(-\frac{2d}{h}\right)$，便可绘出 $F_{NB'C'}$ 的影响线的左右直线，然后将被截的节间两端的竖标（即结点 B'，C' 的影响线竖标）顶点以直线相连，即得 $F_{NB'C'}$ 的影响线，如图 5-11e 所示。

（3）斜杆内力 $F_{NB'C}$

与上述方法相似，同样由截面 I - I 切开桁架左右两部分，考虑 $F=1$ 的各个不

同位置,分别取以左或以右部分为隔离体,由平衡条件 $\sum F_y = 0$,分别得

当 $F = 1$ 在 $A'B'$ 之间移动时

$$F_{NB'C} \sin \theta + F_{RE} = 0, \quad F_{NB'C} = -\frac{1}{\sin \theta} F_{RE}$$

当 $F = 1$ 在 $C'E'$ 之间移动时

$$F_{NB'C} \sin \theta - F_{RA} = 0, \quad F_{NB'C} = \frac{1}{\sin \theta} F_{RA}$$

因此,$F_{NB'C}$ 的影响线在 B' 左边取支座反力 F_{RE} 的影响线 $\left(-\frac{1}{\sin \theta} \right)$ 倍,而 C' 点的右边取支座反力 F_{RA} 的影响线 $\frac{1}{\sin \theta}$ 倍。在结点 $B'C'$ 之间按间接荷载作用原理连以直线。其影响线如图 5-11f 所示。

（4）竖杆内力 $F_{NB'B}$

作桁架竖杆的内力影响线,一般采用结点法比较方便。当 $F = 1$ 在任意位置时,取结点 B 为隔离体,利用平衡条件 $\sum F_y = 0$,得

$$F_{NB'B} = -F_{NA'B} \sin \theta$$

因此,只需将斜杆 $F_{NA'B}$ 的影响线放大 $(-\sin \theta)$ 倍即可得到竖杆 $F_{NB'B}$ 的影响线。而斜杆 $F_{NA'B}$ 的影响线的作法与 $F_{NB'C}$ 的影响线完全相似,可由截面法十分方便地作出,此处不再赘述。最后得到 $F_{NB'B}$ 的影响线如图 5-11g 所示。

必须指出,在绘制桁架内力影响线时,应注意荷载 $F = 1$ 是沿上弦移动（上承）还是沿下弦移动（下承）,因为在两种情况下所作出的影响线有时是不相同的,请读者考虑图 5-11a 所示桁架,当 $F = 1$ 沿下弦移动时,竖杆 $F_{NB'B}$ 的影响线有何变化。

5.5　机动法作静定梁的影响线

视频 5-4
机动法作静
定梁的影响
线

前述 5.2 小节中介绍了绘制影响线的静力法。用静力法绘制影响线可以确定影响线顶点及其他重要位置的竖标的数值,但建立影响线方程较麻烦,一般不能迅速确定影响线的形状特点和零点位置等。而在结构设计时,为了提供活荷载最不利位置的布局,常常要求不经计算就能迅速知道影响线的大致形状。此外,为了校核静力法绘得的影响线,要能够迅速判断出图形是否正确,因此常用机动法。

所谓机动法,是以虚位移原理为基础,假设单位移动荷载 $F = 1$ 在结构上某点不动,应用虚位移原理求出某位置的某量值,从而绘制出某量值的影响线。

下面应用机动法分别绘制简支梁、多跨静定梁在直接及间接荷载作用下的影响线。

1. 简支梁的影响线

（1）反力影响线

以图 5-12a 所示简支梁 AB 为例，绘制反力 F_{RA} 的影响线。

为了求出反力 F_{RA}，应将与它相应的约束解除，代之以支座反力 F_{RA}，使结构转化为具有一个自由度的机构，如图 5-12b 所示。若在 A 点沿 F_{RA} 正方向给予微小的单位虚位移 $\delta_A=1$，在 $F=1$ 作用点处的虚位移为 δ_F。那么，根据虚位移原理，可列出虚功方程

$$F_{RA}\delta_A-F\delta_F=0$$

$$F_{RA}=\frac{F\delta_F}{\delta_A}=\delta_F$$

上式表明，单位荷载 $F=1$ 作用于梁上任意位置时，反力 F_{RA} 恰好等于虚位移图上荷载点的竖标。根据影响线的定义，这个虚位移就是反力 F_{RA} 的影响线。位移图在梁轴线（基线）以上为正号，以下为负号，如图 5-12c 所示。

综上所述，欲绘制某量值 S 的影响线，只需将与 S 相应的约束解除，使结构成为具有一个自由度的机构，然后沿着 S 的正方向给予单位虚位移，由此得到的虚位移图即代表 S 的影响线。这种绘制影响线的方法称为机动法。

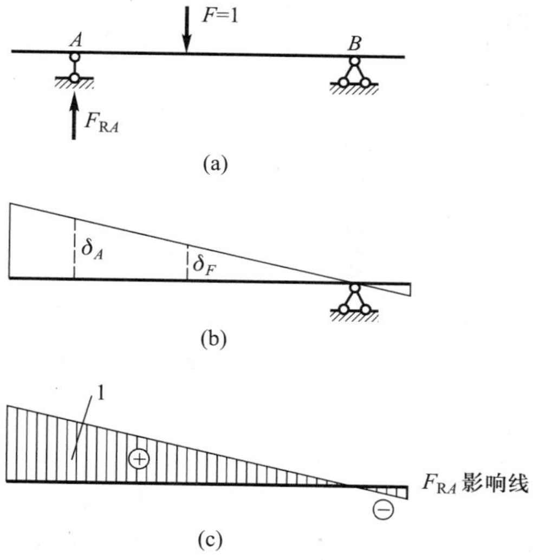

图 5-12

（2）弯矩影响线

利用上面介绍的机动法再来讨论简支梁的内力影响线。如图 5-13a 所示简支梁，要求用机动法绘制截面 C 的弯矩影响线。为此，首先应将与 M_C 相应的约束解除，即在 C 截面处刚结改为铰结，并以一对大小等于 M_C 的力矩代替原有联系中的作用力。然后，使 AC、CB 沿 M_C 的正方向发生单位虚位移 $\alpha+\beta=1$，如图 5-13b 所示。根据虚位移原理建立虚功方程

$$M_C(\alpha+\beta)-F\delta_F=0$$

$$M_C = \frac{F\delta_F}{\alpha+\beta} = \delta_F$$

上式表明,由此得到的虚位移图即为 M_C 的影响线,如图 5-13c 所示。

（3）剪力影响线

绘制图 5-13a 所示简支梁截面 C 的剪力影响线。在截面 C 处解除与 F_{QC} 相应的约束,即在 C 处插入一个滑动铰并以 F_{QC} 代替原有约束中的作用,如图 5-13d 所示。然后沿 F_{QC} 的正向发生单位虚位移,即 $C_1C_2=1$。由于组成滑动铰的两根等长链杆和两侧的刚片在机构运动中必定保持为平行四边形,因此在虚位移图中 AC_1 与 C_2B 必定是平行的。根据虚位移原理建立虚功方程为

$$F_{QC}(CC_1+CC_2) - F\delta_F = 0$$

$$F_{QC} = \frac{F\delta_F}{CC_1+CC_2} = \delta_F$$

上式表明,由此得到的虚位移图即为 F_{QC} 的影响线,如图 5-13e 所示。影响线顶点两边的竖标可由几何关系确定为 $\frac{a}{l}$ 与 $\frac{b}{l}$。

根据上面的讨论,机动法绘制影响线的要点小结如下:

1）解除与某反力（内力）相应的约束,代以约束力,形成一个机构;

2）使所得体系沿约束力的正方向发生单位虚位移,得到的虚位移图即代表某反力（内力）的影响线:

3）虚位移图在基线以上,影响线为正;在基线以下,影响线为负。

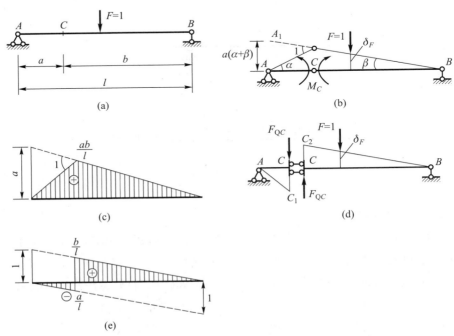

图 5-13

2. 多跨静定梁的影响线

用机动法作多跨静定梁的影响线,其基本原理、基本方法和步骤与单跨静定梁相同。需要注意以下几点:

(1) 多跨静定梁是由若干静定梁组合起来的梁系,在各梁之间往往有基本部分与附属部分的关系,基本部分移动时带动附属部分,而附属部分移动时基本部分静止不动。

(2) 当 $F=1$ 在基本部分移动时,对附属部分的量值没有影响;而当 $F=1$ 在附属部分上移动时,对基本部分的量值有影响。

(3) 多跨静定梁反力、内力的影响线一般由若干段折线组成。

如图 5-14a 所示的多跨静定梁由 AB、$CDEF$(均为基本部分)与 BC、FG(均为

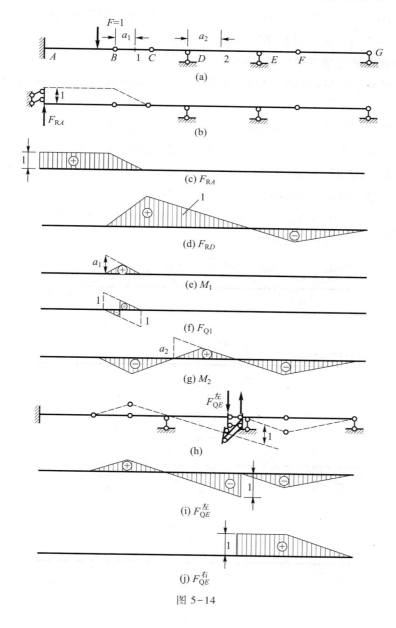

图 5-14

附属部分）四根梁组成。作 F_{RA} 影响线时，解除 F_{RA} 的约束，代以约束力，这时固定支座转换成滑移支座。当给以正向单位虚位移时，由于滑移支座的约束性质，梁 AB 只能平移向上，并且带动附属部分的梁 BC，由于 C 点位于右边的基本部分上，而静止不动，C 点以右所有的纵距都为零，则 F_{RA} 的影响线如图 5-14c 所示。它由四段组成（C 点以右的两段与基线重合），这四段是当 A 支座向上取单位虚位移时荷载移动线的位移图，就是影响线。

求作附属部分梁 BC 跨中截面 1 的弯矩与剪力影响线，解除相应约束，梁 BC 在截面 1 处由铰或两根平行链杆联系两边的梁段。当截面 1 处给以相应的虚位移（单位转角 α 与相对线位移 Δ）时，由于梁 BC 两边皆为基本部分，在虚位移图中静止不动，即保持基线位置，这时荷载移动线的虚位移图只有梁 BC 中两段，就是影响线，如图 5-14e、f 所示。其他图形读者自行验证。

3. 间接荷载作用下的主梁影响线

根据机动法绘制影响线的原理和方法，间接荷载作用下主梁影响线的绘制步骤如下：

（1）先绘制主梁在直接荷载作用下的影响线并用虚线表示；

（2）由各结点引竖线与虚线相交，相邻交点之间连以直线，修正原虚线。修正后的虚位移图即为间接荷载作用下主梁的影响线。

依据上述步骤，利用机动法可十分方便地绘制主梁在间接荷载作用下的影响线，如图 5-15a、c 所示体系，主梁承受间接荷载作用，F_{QC}、M_D 的影响线分别如图 5-15b、d 所示。请读者自行验证。

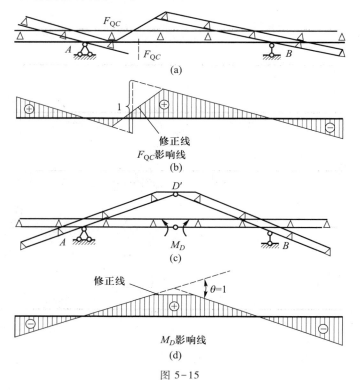

图 5-15

5.6　影响量的计算

影响线是用于移动荷载作用下结构分析的一项基本工具。应用影响线可以确定实际的移动荷载对结构上某量值的最不利影响。因此,在掌握了影响线的绘制方法后,本节将进一步讨论利用影响线计算各种荷载作用下的影响量。

所谓影响量是指实际荷载作用于固定位置时,对某一指定处某一量值所产生的影响值。

在实际工程中最常见的移动荷载有集中荷载和均布荷载两种,本节就这两种荷载作用下的影响量计算进行讨论。

1. 集中荷载作用下影响线的计算

图 5-16a 所示一简支梁,受到一组平行的集中荷载 $F_1,F_2,\cdots,F_n$ 的作用,现求荷载系移动到某一位置时,截面 C 的剪力 F_{QC} 的量值。

根据影响线的定义可知, F_i 在截面 C 产生的剪力为 F_iy_i ,于是由叠加原理可知,简支梁在力系 $F_1,F_2,\cdots,F_n$ 共同作用下,在截面 C 产生的剪力等于各个力单独作用产生剪力的和。为了使计算公式具有一般性,用 Z 表示计算量值的影响量,则

$$Z = F_1y_1 + F_2y_2 + \cdots + F_ny_n = \sum_{i=1}^{n} F_iy_i \qquad (5-7)$$

应用式(5-7)时, F_i 与单位力 $F=1$ 方向一致时,取正号,反之取负号; y_i 按影响线中的实际符号取用。

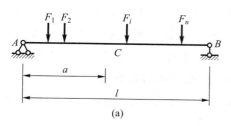

F_{QC}影响线

(a)　　　　　　　(b)

图 5-16

2. 分布荷载作用下影响量的计算

设简支梁上有分布荷载 q 作用时,求 F_{QC} 的影响量,如图 5-17a 所示。首先绘出剪力 F_{QC} 的影响线,如图 5-17b 所示,然后取微段 $\mathrm{d}x$,其上荷载 $q\mathrm{d}x$ 可看成一集中荷载,它产生的影响量是 $yq\mathrm{d}x$,其中 y 为影响线上 x 处的竖标。那么 mn 区间内的均布荷载对 F_{QC} 的总影响量为

$$Z = \int_m^n yq\mathrm{d}x = q\int_m^n y\mathrm{d}x = q\Omega_{mn} \qquad (5-8)$$

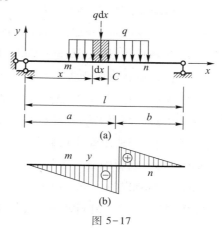

图 5-17

式中,Ω_{mn} 为 m 与 n 之间的影响线与基线之间的面积。

应用式(5-8)时,规定 q 与 $F=1$ 方向一致为正,反之为负。若所受荷载范围内影响线的面积有正有负,如图 5-17b 所示,则在计算面积时应取代数和。

例 5-4   试利用图 5-18a 所示简支梁的 F_{QC} 影响线求 F_{QC} 值。

解:(1)作 F_{QC} 影响线如图 5-18b 所示,并算出有关竖标值。

(2)求 F_{QC} 值。按叠加原理可得

$$F_{QC} = F_D y_D + q\Omega = \left[20 \times 10^3 \times 0.4 + 10 \times 10^3 \times \left(\frac{0.6+0.2}{2} \times 2 - \frac{0.2+0.4}{2} \times 1 \right) \right] \text{ N}$$

$$= 13 \times 10^3 \text{ N} = 13 \text{ kN}$$

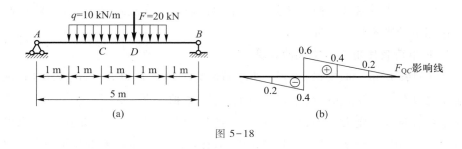

图 5-18

5.7   最不利荷载位置的确定

在结构设计中,需要求出量值 Z 的最大值(包括最大正值 Z_{max} 和最大负值 Z_{min},后者也称为最小值)作为设计依据,而要解决这个问题,就必须先确定使其发生最大值的移动荷载的作用位置,这一位置称之为最不利荷载位置。当最不利荷载位置确定后,某量值的最大值就可十分方便地求得。

1. 移动集中荷载系相应于三角形影响线的最不利荷载位置

以三角形影响线为例,讨论最不利荷载位置的确定方法,可以推广应用于多边形影响线。

(1)移动荷载为单个集中力

如图 5-19a 所示结构的三角形影响线(图 5-19b),由直观判断,当 F 位于三角形顶点时,影响量为最大,此位置即荷载 F 的最不利位置。

(2)移动荷载为两个集中力

如图 5-19c 所示,此时也只需比较将 F_1 与 F_2 分别作用于三角形顶点时集中荷载系所引起的两个影响量,取其中大者所对应的荷载系的位置即为最不利荷载位置。很显然,当两个集中荷载中有一个位于三角形顶点,另一个荷载位于直线坡度较缓的一边,则影响量是大的。

(3)移动荷载为一组集中力

图 5-19d 表示一组间距不变的移动集中荷载和某一量值 Z 的影响线,下面研

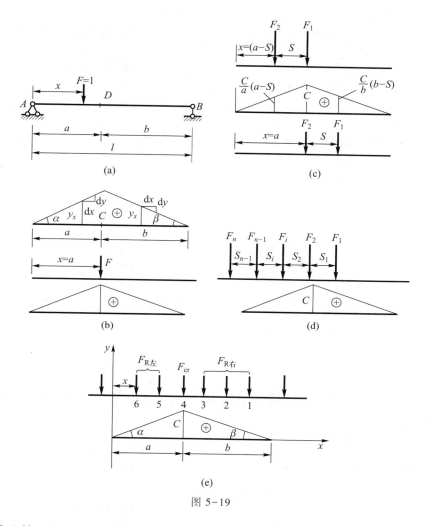

图 5-19

究在什么情况下,荷载位置是最不利的,亦即荷载处于什么位置时,Z 将达到最大值 Z_{max}。

由前可知,要产生最大影响量必须有一个集中荷载移至三角形影响线的顶点。因此,可将各个集中荷载依次置于影响线的顶点,分别算出影响量,比较其中最大(或最小)者所对应的荷载位置即为最不利荷载位置。这种方法对于荷载系中荷载数量不多的情况是可行的。若荷载数量较多,则计算烦琐,不宜采用。下面介绍另一种方法。

在荷载数量较多时,由上述分析可以得到两个结论:①在最不利荷载位置时一定有一个集中荷载位于影响线顶点位置;②并不是每一个集中荷载位于影响线顶点位置时都是最不利位置。

由结论②必须找出其中哪几个荷载居顶点位置时可能产生最大影响量的情况,然后再计算出相应的影响量(称为极值),比较各极值,其最大(或最小)者即为最大(或最小)影响量,从而确定出最不利荷载位置。这样,其他的不可能产生最大或最小影响量的荷载,就不必计算出影响量,从而减少工作量。

现研究使影响量产生极值的条件,从高等数学中可知:函数的极值,或发生在 $\dfrac{\mathrm{d}z}{\mathrm{d}x}=0$ 处,或发生在 $\dfrac{\mathrm{d}z}{\mathrm{d}x}$ 变号的尖点处。由于静定结构影响线是荷载位置坐标 x 的一次函数,因此不存在 $\dfrac{\mathrm{d}z}{\mathrm{d}x}=0$ 的条件,而使得 $\dfrac{\mathrm{d}z}{\mathrm{d}x}$ 在尖点处变号是产生影响量极值的必要与充分条件,如图 5-20 所示。只有当荷载系中某一个集中力从影响线顶点的一边移到另一边时,$\dfrac{\mathrm{d}z}{\mathrm{d}x}$ 才有可能变号。

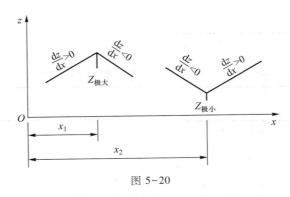

图 5-20

例如图 5-19e 所示,该荷载中的 F_4 在影响线顶点之左,F_3 在影响线顶点之右,则影响量为

$$Z = F_6 y_6 + F_5 y_5 + F_4 y_4 + F_3 y_3 + F_2 y_2 + F_1 y_1$$

令荷载系向右移动一个微小距离,则影响量有一个增量为

$$\mathrm{d}z = F_6 y_6 + F_5 y_5 + F_4 y_4 - F_3 y_3 - F_2 y_2 - F_1 y_1$$
$$= \left[(F_6 + F_5 + F_4) \tan \alpha \right] - \left[(F_3 + F_2 + F_1) \tan \beta \right] \mathrm{d}x$$

因此 $$\dfrac{\mathrm{d}z}{\mathrm{d}x} = (F_6 + F_5 + F_4) F_6 - (F_3 + F_2 + F_1) \tan \beta$$

式中,$\tan \alpha$,$\tan \beta$ 是常量,可见要使这个导数改变符号,只有荷载系中一个荷载超过影响线的顶才有可能。假定这个荷载就是 F_4,由 F_{cr} 表示并称为临界荷载。

若将 F_{cr} 以左影响线上的各荷载用合力 $F_{R左}$ 表示,右边影响线上各荷载合力用 $F_{R右}$ 表示,并且以 $\tan \alpha = \dfrac{c}{a}$,$\tan \beta = \dfrac{c}{b}$ 代入极值条件的不等式,则

$$\left. \begin{array}{l} \text{当 } F_{cr} \text{ 在顶点左边} \quad \dfrac{F_{R左} + F_{cr}}{a} \geqslant \dfrac{F_{R右}}{b} \\[3mm] \text{当 } F_{cr} \text{ 在顶点右边} \quad \dfrac{F_{R左}}{a} \leqslant \dfrac{F_{cr} + F_{R右}}{b} \end{array} \right\} \tag{5-9}$$

这就是确定一组移动集中荷载在影响线顶点时,影响量有可能产生极值的条件,称为三角形影响线临界荷载的判别式。当荷载数目较多时,先按式(5-9)判别哪几个荷载满足这个条件(即为临界荷载),然后将符合这个条件的那几个荷载分

别置于影响线顶点,得到各个荷载的临界位置并计算出相应的影响量(即极值)。再比较这些极值,找出最大、最小值,对应产生最大、最小极值时的荷载位置即最不利荷载位置。

必须指出:判别式(5-9)是假定荷载自左向右移动而得到的,如自右向左移动时,也将得到同样的判别式,故它与实际荷载移动的方向无关。

例 5-5 设有一简支梁 AB,跨度为 16 m,受一组集中移动荷载作用,如图 5-21a 所示,试求截面 C 的最大弯矩。图中长度单位为 m,力的单位为 kN。

解:确定最不利荷载位置,求解最大影响量。

(1)作 M_C 影响线。如图 5-21b 所示。

(2)确定 F_{cr}。对应于影响线顶点的临界荷载的判别式为

$$\frac{F_{R左}+F_{cr}}{6\ \text{m}} \geq \frac{F_{R右}}{10\ \text{m}}, \qquad \frac{F_{R左}}{6\ \text{m}} \leq \frac{F_{cr}+F_{R右}}{10\ \text{m}}$$

然后依次将 F_1,F_2,F_3,F_4 假设为临界荷载 F_{cr},移至影响线顶点,计算左边影响线上的合力 $F_{R左}$ 及右边影响线上的合力 $F_{R右}$,检验以上判别式,满足该式时计算相应的影响量,不满足则不必计算。为了清晰,列表 5-1 计算。

由表可见,只有 F_1,F_3 满足判别式,为临界荷载,于是将 F_1 和 F_3 分别置于影响线顶点得到荷载临界位置,如图 5-21b、c 所示,计算出相应的极值为

$$Z_1 = M_{C1} = \sum_{i=1}^{2} F_i y_i = 4.5 \times 3.75\ \text{kN} \cdot \text{m} + 2 \times 1.25\ \text{kN} \cdot \text{m} = 19.375\ \text{kN} \cdot \text{m}$$

$$Z_2 = M_{C2} = \sum_{i=1}^{4} F_i y_i = 4.5 \times 0.38\ \text{kN} \cdot \text{m} + 2 \times 1.68\ \text{kN} \cdot \text{m} +$$

$$7 \times 3.75\ \text{kN} \cdot \text{m} + 3 \times 1.25\ \text{kN} \cdot \text{m} = 35.47\ \text{kN} \cdot \text{m}$$

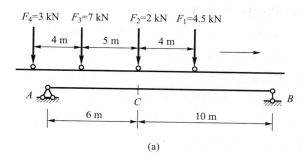

(a)

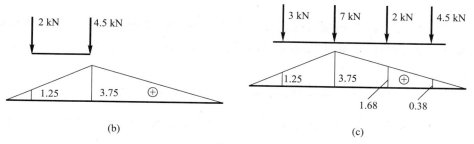

(b)　　　　　　　　　(c)

图 5-21

可见，Z_2 为 M_C 的最大值，对应产生 Z_2 时的荷载位置即为最不利荷载位置。此时 F_3 也称为最不利荷载，是荷载临界位置中产生影响量绝对值最大的一个。

表 5-1　临界荷载计算过程

$F_{R左}$	F_{cr}	$F_{R右}$
$F_2 = 2$ kN	$F_1 = 4.5$ kN $\dfrac{6.5 \text{ kN}}{6 \text{ m}} > \dfrac{0}{10 \text{ m}}$ $\dfrac{2 \text{ kN}}{6 \text{ m}} < \dfrac{4.5 \text{ kN}}{10 \text{ m}}$	0 满足
$F_3 = 7$ kN	$F_2 = 2$ kN $\dfrac{9 \text{ kN}}{6 \text{ m}} > \dfrac{4.5 \text{ kN}}{10 \text{ m}}$ $\dfrac{7 \text{ kN}}{6 \text{ m}} > \dfrac{6.5 \text{ kN}}{10 \text{ m}}$	$F_1 = 4.5$ kN 不满足
$F_4 = 3$ kN	$F_3 = 7$ kN $\dfrac{10 \text{ kN}}{6 \text{ m}} > \dfrac{6.5 \text{ kN}}{10 \text{ m}}$ $\dfrac{3 \text{ kN}}{6 \text{ m}} < \dfrac{13.5 \text{ kN}}{10 \text{ m}}$	$F_1 + F_2 = 6.5$ kN 满足
0	$F_4 = 3$ kN $\dfrac{3 \text{ kN}}{6 \text{ m}} < \dfrac{9 \text{ kN}}{10 \text{ m}}$ $\dfrac{0}{6 \text{ m}} < \dfrac{12 \text{ kN}}{10 \text{ m}}$	$F_2 + F_3 = 9$ kN 不满足

2. 一段均布荷载的最不利布置

码头的水平车、滑道上托船的平板车，轮数较多，轮距较小，工程上往往把这种移动荷载折算成一段均布的等效移动荷载处理，以简化计算。

设有一段均布移动荷载 q 作用于一简支梁上，荷载长度为 s，如图 5-22a 所示，要确定移动荷载对梁上任一截面弯矩的最不利位置。

首先绘出该量值的影响线，如图 5-22b 所示。以 x 坐标表示荷载作用位置，然后由式(5-7)计算该位置时的影响量。

$$Z = q\Omega_{mn}$$

式中，q 为常量，影响量随着荷载长度范围内影响线面积 Ω_{mn} 而变化。当荷载向右有一微小位移 $\mathrm{d}x$ 时，则荷载段影响线的面积将减少 $y_m\mathrm{d}x$，增加 $y_n\mathrm{d}x$，因此影响量的增量为

$$\mathrm{d}z = -qy_m\mathrm{d}x + qy_n\mathrm{d}x = q(y_n - y_m)\mathrm{d}x$$

要使影响量有最大值，必须满足极值条件 $\dfrac{\mathrm{d}z}{\mathrm{d}x} = 0$，即 $y_n = y_m$ 时荷载位置是最不利位置，如图 5-22c 所示。此时，荷载线上的 m,n 点在影响线上的投影之间的连

线 mn 必须与影响线的基线 AB 平行。因此,具体求解时,可用图解法,即在影响线的底边由 A 点量取长度 s 得 C 点,再由 C 点作 AD 平行线,与 BD 交于 n 点,然后由 n 点作 AB 的平行线,与 AD 交于 m 点,此时即得到 $y_n = y_m$。从图上量出 y_m,y_n,即可得出荷载位置下影响线的面积 Ω_{mn},将 Ω_{mn} 乘以均布荷载集度 q 即得最大影响量。

必须指出:当影响线是正负相交的多边形或曲线形时,可按上述方法找出产生极值的影响量,此时必须比较若干个极大值中最大的一个,若干极小值中最小的一个(负值最大)才是最大最小影响量。

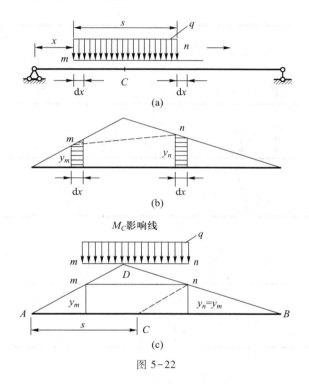

图 5-22

5.8 包 络 图

一般结构都是受到恒荷载和活荷载的共同作用,设计时必须考虑两者共同影响,求出各截面可能产生的最大、最小内力值,作为设计或检算的依据。如果将梁上各截面的最大、最小内力值按同一比例标在图上,分别连成曲线,则这种曲线图形称为内力包络图。

包络图是结构设计中的重要部分,在吊车梁、楼盖的连续梁和桥梁的设计中应用很多。本节介绍简支梁内力包络图的绘制方法。

包络图表示梁在已知恒荷载和活荷载共同作用下各截面可能产生的内力的极限范围。不论活载处于何种位置,恒荷载和活荷载所产生的内力都不会超过这一范围。现以工程中常用的简支吊车梁内力包络图为例,介绍简支梁内力包络图的绘制方法。

图示 5-23b 所示简支吊车梁,其上承受两台桥式吊车的荷载,如图 5-23a 所示。由于吊车梁上活载的影响一般比恒载(梁自重)大得多,为了简化计算,在作内力包络图时,可略去恒载的影响。

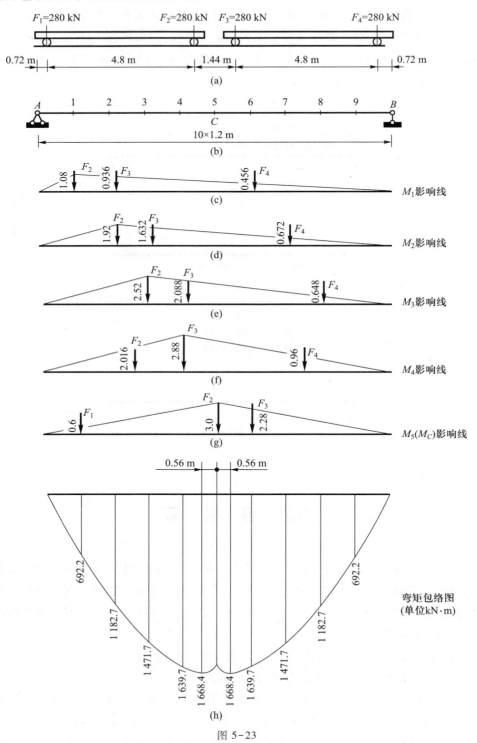

图 5-23

先绘制梁的弯矩包络图。一般将梁分成若干等份(通常为十等份),对每一等分点所在截面均按照 5.7 节所述方法,利用影响线求出它们的最大值。图 5-23c～g 依次绘出了这些分点截面上的弯矩影响线及其相应的最不利荷载位置。由于对称性只需计算梁的左半部分即可。将这些分点的最大弯矩求出后,在梁上按同一比例用竖标标出并连成曲线,就得到该梁的弯矩包络图,如图 5-23h 所示。

同理,可作出吊车梁的剪力包络图。各分点截面的剪力影响线及 F_{Qmax} 相应的最不利荷载位置如图 5-24b～g 所示。由于每一截面都将产生相应的最大剪力和最小剪力,故剪力包络图有两个曲线,如图 5-24h 所示。

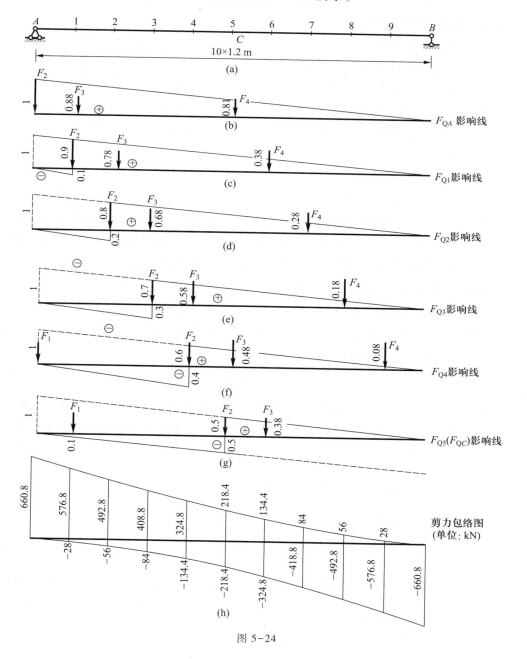

图 5-24

5.9　简支梁的绝对最大弯矩

　　简支梁的绝对最大弯矩是指在移动的集中荷载系作用下,发生在简支梁某截面而比其他任一截面的最大弯矩都大的弯矩,它是结构构件截面设计的重要依据。它的确定与四个可变条件有关,即与截面位置的变化和荷载位置的变化有关。也就是说,求绝对最大弯矩,不仅要知道产生绝对弯矩的所在截面,还要知道相应于此截面的最不利荷载的位置。

　　在解决上述问题时,自然会想到,把各个截面的最大弯矩求出来,然后再加以比较。这个方法对于间接荷载作用下的简支梁是可行的,因为这时梁的绝对最大弯矩恒发生在某一结点处,故只需针对少数几个截面用 5.7 节所述方法求得其最大弯矩,加以比较后,便可得出梁的绝对最大弯矩。而对于直接荷载作用下的简支梁,这个方法是行不通的,因为梁的截面有无限多个,无法一一加以比较。因此,必须寻求其他可行的途径。

　　从 5.7 节知道,在一组移动集中荷载作用下简支梁的任一截面发生最大弯矩时,其相应荷载的最不利位置总会出现其中某一荷载正好位于该截面上的情况。由此可知,对于简支梁的绝对最大弯矩必然发生在移动荷载中某一力所在的截面。因此,可依次指定每一个荷载为最不利荷载,求出该荷载移动到达什么位置时,与之重合的梁截面的弯矩为最大,然后比较出绝对最大弯矩。由于移动荷载的数目是有限的,该方法要比前一个方法简洁和精确。

　　如图 5-25 所示简支梁承受一组间距不变的移动集中荷载系的作用。假设 F_i 为最不利荷载。现求出移动到什么位置时,其所在截面发生最大弯矩。用 x 表示 F_i 与 A 支座的距离。则 F_i 所在截面的弯矩为

$$M_i(x) = F_{RA}x - F_1 S_1 = F_{RA}x - M_i^{左} \tag{a}$$

式中,$M_i^{左}$ 为 F_i 左边的所有作用力对截面 i 产生的弯矩。若用 F_R 表示梁上移动荷载系的合力,用 d 表示合力 F_R 与最不利荷载 F_i 之间的距离,由梁的整体平衡条件

$$\sum M_B = 0, \quad F_{RA} = \frac{1}{l}F_R(l-x-d) \tag{b}$$

将式(b)代入式(a),则

$$M_i(x) = \frac{F_R}{l}(l-x-d)x - M_i^{左}$$

　　当荷载移动时,梁上荷载数目没有增减,则 F_R 和 $M_i^{左}$ 均为常数。为了求 M_i 的最大值,可由 $\dfrac{dM_i}{dx}=0$,得

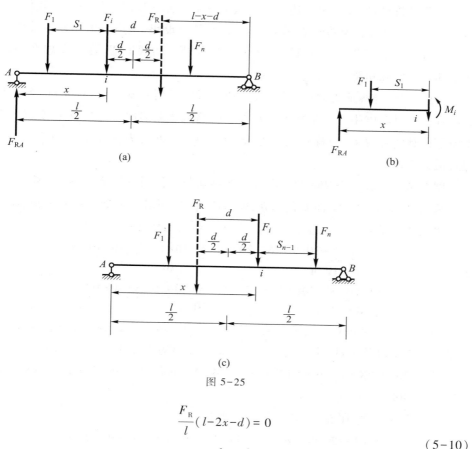

图 5-25

$$\frac{F_R}{l}(l-2x-d) = 0$$

$$x = \frac{l}{2} - \frac{d}{2} \tag{5-10}$$

上式表示使弯矩 $M_i(x)$ 为最大值时 F_i 的位置（即临界截面位置），也表示了 F_i 所在截面弯矩为最大值时，梁上荷载的合力 F_R 与 F_i 分别处在梁的中点两边对称位置。于是可得出结论：任何一个假设的最不利荷载（也称临界荷载）F_i 作用点处截面内的最大弯矩，发生在当跨度中点恰好平分 F_i 与合力 F_R 之间的距离处。

根据以上结论，可以定出临界截面位置，此时最大弯矩为

$$M_{max} = F_R\left(\frac{l}{2} - \frac{d}{2}\right)\frac{1}{l} - M_i^{左} \tag{5-11}$$

应用上面公式时，应注意以下几点：

（1）式（5-10）是当 F_R 在 F_i 之右时导得的，若 F_R 在 F_i 之左时，d 要用"–"值代入。

（2）在式（5-10）中，F_R 是梁上实有荷载的合力，在排放 F_R 位置时，若梁上有新的荷载进入或离开时，需要重新计算合力的数值和位置。

（3）由于最不利荷载（临界荷载）可能不止一个，因此需要试算，应将荷载系中的每一个荷载都假设为 F_i 来确定临界截面位置并求出相应的弯矩值，即极值。比较这些极值中最大者就是所求的绝对最大弯矩，其对应的截面就是最危险截面。

若荷载数目较多时,用上述试算方法仍然是十分麻烦的。经验告诉我们,简支梁的绝对最大弯矩总是发生在梁的中点附近,故可设想,使梁的中点发生最大弯矩的临界荷载也就是发生绝对最大弯矩的临界荷载。实践证明,这种设想在一般情况下都是与实际相符的。

因此,实际计算简支梁绝对最大弯矩时,可按下列步骤进行:首先,按 5.7 所述方法判定使梁跨度中点发生最大弯矩的临界荷载 F_{cr},然后移动荷载组,使 F_{cr} 与梁上全部荷载的合力 F_R 对称布置于梁的中点,再算出此时 F_{cr} 所在截面的弯矩,即得绝对最大弯矩。

例 5-6 试求图 5-26a 所示简支梁在移动荷载作用下的绝对最大弯矩。

解:(1) 作梁中点截面 C 的弯矩 M_C 的影响线,并找出其相应的临界荷载。

将轮 2 置于截面 C 的左、右两侧(图 5-26b),由判别式(5-9)有

$$\frac{30\times10^3\ N+30\times10^3\ N}{10\ m}>\frac{20\times10^3\ N+10\times10^3\ N+10\times10^3\ N}{10\ m}$$

$$\frac{30\times10^3\ N}{10\ m}<\frac{30\times10^3\ N+20\times10^3\ N+10\times10^3\ N+10\times10^3\ N}{10\ m}$$

因其他轮在截面 C 时都不满足判别式(5-9),故轮 2 即为使梁中点截面 C 发生最大弯矩的临界荷载,也就是发生绝对最大弯矩的临界荷载。可求得

$$M_{C\max}=30\times4\ kN\cdot m+30\times5\ kN\cdot m+20\times4\ kN\cdot m+10\times3\ kN\cdot m+10\times2\ kN\cdot m$$
$$=400\ kN\cdot m$$

(2) 设合力 F_R 距轮 5 的距离为 x',则有

$$F_R x'=(10\times2+20\times4+30\times6+30\times8)\times10^3\ N\cdot m=520\times10^3\ N\cdot m$$

$$x'=\frac{520\times10^3\ N\cdot m}{100\times10^3\ N}=5.2\ m$$

得

$$\alpha=0.8$$

使轮 2 与合力外对称于梁的中点,代入式(5-20)得

故

$$F_{Ay}=\frac{100\times10^3\times9.6}{20}\ N=48\times10^3\ N=48\ kN$$

$$x=\frac{20-0.8}{2}\ m=9.6\ m$$

(3) 将上述数值代入式(5-11)求绝对最大弯矩为

$$M_{\max}=F_{Ay}x-M_i=48\times10^3\times9.6\ N\cdot m-30\times10^3\times2\ N\cdot m$$
$$=400.8\times10^3\ N\cdot m=400.8\ kN\cdot m$$

比跨中截面最大弯矩只大了 0.2%。所以,在工程实际中,经常用跨中最大弯矩近似代替绝对最大弯矩。

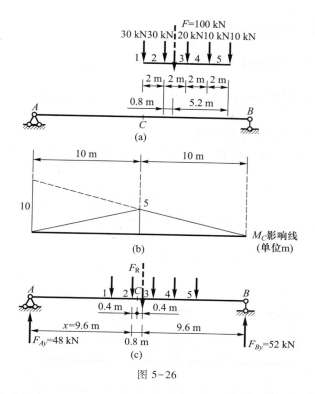

图 5-26

例 5-7　试求图 5-27a 所示吊车梁的绝对最大弯矩。梁上承受两台桥式吊车荷载,已知吊车轮压为 $F_1 = F_2 = F_3 = F_4 = 280$ kN。

解: 首先求出使跨中截面 C 发生最大弯矩的临界荷载。M_C 的影响线如图 5-27b 所示。按判别式(5-9)可知,F_1、F_2、F_3 和 F_4 都是临界荷载。显然,只有 F_2 或 F_3 作用在截面 C 处时才可能产生最大的 $M_{C\max}$。当 F_2 作用在截面 C 处时,如图 5-27 a 所示,M_C 的最大值为

$$M_{C\max} = 280 \times (0.6 + 3 + 2.28) \text{ kN} \cdot \text{m} = 1\ 646.4 \text{ kN} \cdot \text{m}$$

同理,可求得 F_3 作用在截面 C 处时产生的最大弯矩值,由对称性可知,它也等于 $1\ 646.4$ kN · m。

因此,F_2 和 F_3 都有可能是产生绝对最大弯矩的临界荷载。由于对称,按两种情况所求得的结果将是相同的,故只需考虑一种。现以 F_2 为例来计算绝对最大弯矩。为此,使 F_2 与梁上荷载的合力 F_R 对称于梁的中点布置。此时,应注意到将出现两种可能的极值情况:

(1)梁上有四个荷载的情况,如图 5-27c 所示。这时,F_2 在合力 F_R 的左方,有

$$F_R = 280 \times 4 \text{ kN} = 1\ 120 \text{ kN}$$

$$d = \frac{1.44}{2} \text{ m} = 0.72 \text{ m}$$

$$x = \frac{12 - 0.72}{2} \text{ m} = 5.64 \text{ m}$$

由此可求得 F_2 作用处截面的弯矩为

$$M_i = \frac{F_R}{l}(l-x-d)x - M = \frac{F_R}{l}x^2 - M$$

$$= \frac{1\,120}{12} \times 5.64^2 \text{ kN} \cdot \text{m} - 280 \times 4.8 \text{ kN} \cdot \text{m} = 1\,625 \text{ kN} \cdot \text{m}$$

它比 $M_{C\max}$ 小，显然不是绝对最大弯矩。

（2）梁上只有三个荷载的情况，如图 5-27d 所示。此时，F_2 在合力 F_R 的右方，有

$$F_R = 280 \times 3 \text{ kN} = 840 \text{ kN}$$

$$d = \frac{280 \times 4.8 - 280 \times 1.44}{840} \text{ m} = 1.12 \text{ m}$$

$$x = \frac{12 + 1.12}{2} \text{ m} = 6.56 \text{ m}$$

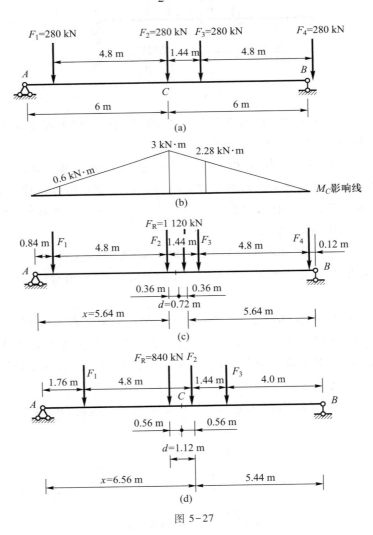

图 5-27

据此可求得

$$M_{\max}=M_i=\frac{F_\text{R}}{l}x^2-M=\frac{840}{12}\times 6.56^2\ \text{kN}\cdot\text{m}-280\times 4.8\ \text{kN}\cdot\text{m}=1\ 668.4\ \text{kN}\cdot\text{m}$$

故该吊车梁的绝对最大弯矩为 1 668.4 kN·m。

思 考 题

5-1   图 5-4 的简支梁剪力影响线的左、右直线是平行的,在 C 点有突变,它们代表什么含义?

5-2   内力影响线、内力图和内力包络图有何区别?

5-3   为什么作桁架影响线要分为上承和下承?在什么情况下两种承载方式的影响线相同?

5-4   在什么情况下,简支梁在集中移动荷载作用下绝对最大弯矩发生在跨中截面处?

5-5   若移动荷载为集中力偶,能用影响线分析吗?

5-6   有突变的剪力影响线,能用临界荷载的判别式吗?

习 题

5-1   试用静力法作图示悬臂梁指定量值的影响线,并用机动法校核。

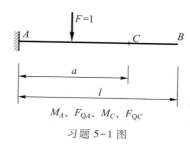

M_A、F_{QA}、M_C、F_{QC}

习题 5-1 图

5-2   试用静力法作图示伸臂梁指定量值的影响线,并用机动法校核。

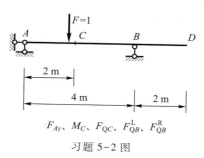

F_{Ay}、M_C、F_{QC}、F_{QB}^L、F_{QB}^R

习题 5-2 图

5-3　试用静力法作图示斜梁 F_{Ax}、F_{Ay}、F_{By}、M_C、F_{QC} 和 F_{NC} 的影响线,并用机动法校核。

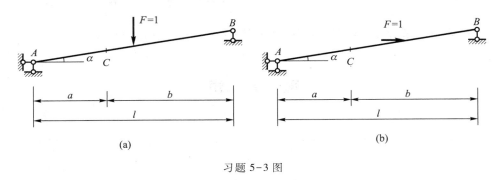

习题 5-3 图

5-4　试用静力法作图示结构中指定量值的影响线,$F=1$ 在 DE 上移动,并用机动法校核。

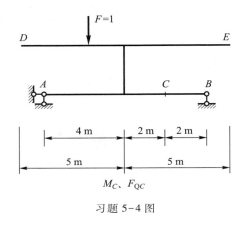

习题 5-4 图

5-5　试用静力法作图示结构中指定量值的影响线,$F=1$ 在 AE 上移动,并用机动法校核。

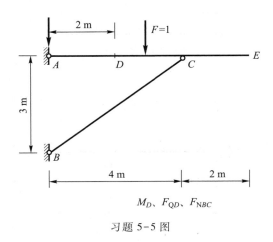

习题 5-5 图

5-6 试用机动法作图示结构中指定量值的影响线。

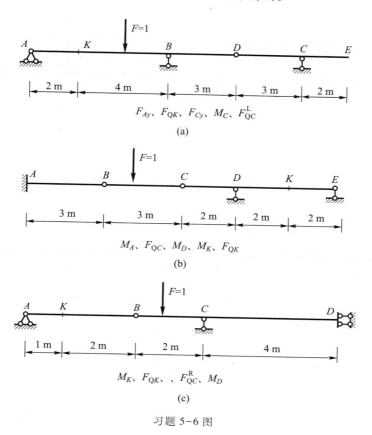

习题 5-6 图

5-7 试作主梁 F_{RB}、M_D、F_{QD}、F_{QC}^L、F_{QC}^R 的影响线。

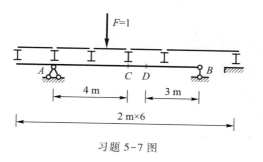

习题 5-7 图

5-8 试作主梁 F_{RA}、F_{RC}、M_A 的影响线。

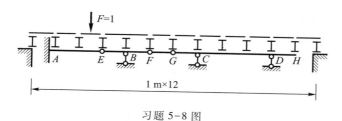

习题 5-8 图

5-9 试作图示桁架中指定内力的影响线,分别考虑 $F=1$ 上承和下承的情况。

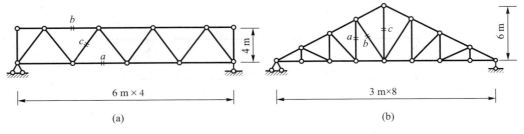

习题 5-9 图

5-10 试利用影响线,求下列结构在图示固定荷载作用下指定量值的大小。

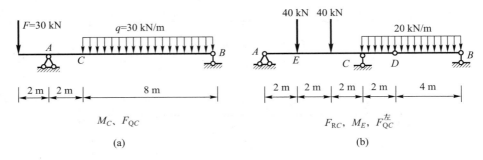

M_C、F_{QC}

F_{RC}, M_E, $F_{QC}^{左}$

(a)

(b)

习题 5-10 图

5-11 试绘制如习题 5-11 图 a 所示结构在荷载作用下的内力图;绘制图 b 中 F_{NCD} 的影响线,设图 b 受有与图 a 相同的外力,试计算其影响量,再将结果与图 a 的结果比较,是否相等? 为什么?

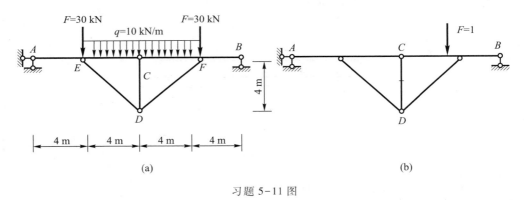

习题 5-11 图

5-12 试求图示简支梁在移动荷载作用下截面 C 的最大弯矩、最大正剪力和最大负剪力。

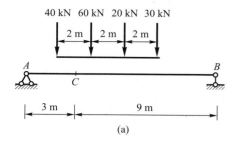

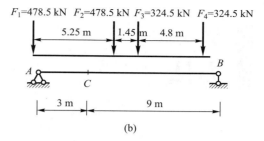

习题 5-12 图

5-13　试求出车队荷载在影响线 S 上的最不利位置和 S 的绝对最大值。

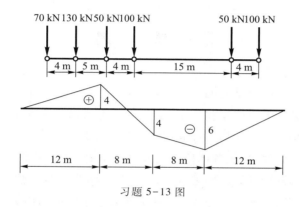

习题 5-13 图

5-14　两台吊车如图所示,试求吊车梁的 M_C、F_{QC} 的荷载最不利位置,并计算其最大值和最小值。

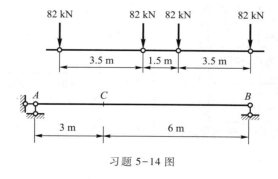

习题 5-14 图

5-15　求图示体系中梁 CQ 的绝对最大弯矩。

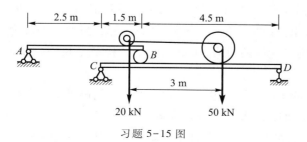

习题 5-15 图

第6章
力法

6.1 概　　述

前面几章讨论了静定结构的计算,本章开始将讨论超静定结构的计算。超静定结构是指在荷载等外来因素作用下,支座约束力或内力不能单独由静力平衡条件完全确定的结构。工程结构中普遍存在着超静定的结构形式,如图 6-1a 所示的水闸结构。在分析设计时,按各部位相互之间的连接、传力方式、结构构造的不同,可分成单个结构形式的计算简图进行计算。图 6-1b 所示的超静定刚架,是水闸中的启闭支架;图 6-1c 所示的连续梁,是启闭纵梁。这些结构内力都不能仅用平衡条件求得。

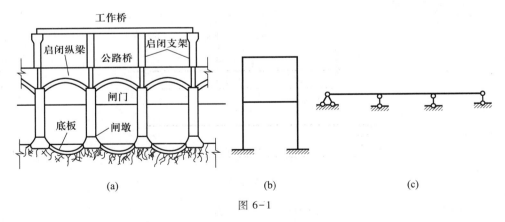

图 6-1

如图 6-2a 所示的连续梁,其竖向约束力只用静力平衡条件无法确定,因此也就不能进一步求出其内力。图 6-2c 所示的加劲梁,虽然它的反力可由静力平衡条件求得,但不能确定杆件的内力,所以这两个结构都是超静定结构,它们的内力是超静定的。

从几何组成的角度分析上述两个结构,可知它们都具有多余约束。如将图 6-2a中支座 B 切断,或将图 6-2c 中杆 BD 切断,两结构仍然是几何不变的,如图 6-2b、d所示。所以,上述两杆代表的约束对保持体系的几何不变性来说,不是必要的,称为

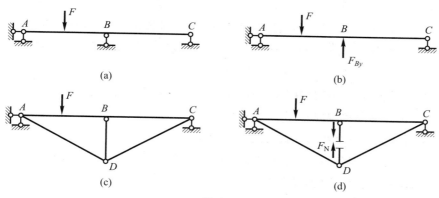

图 6-2

多余约束。因此,超静定结构是有多余约束的几何不变体系。超静定结构在合理地去掉多余约束后,就变为静定结构。

超静定结构有超静定的梁、刚架、拱、桁架、组合结构等形式。如图 6-3a 为超静定梁,图 6-3b 为超静定刚架,图 6-3c 为超静定拱,图 6-3d 是超静定桁架,图 6-3e、f 为超静定组合结构,也分别称为构架和铰结排架。

超静定结构的求解方法很多,根据计算途径的不同,从根本上来讲只有两种,即力法和位移法。力法是以多余未知力作为基本未知量的求解方法,位移法是以某些结点位移作为基本未知量的求解方法。

除了以上两种方法以外,其他的方法都是由这两种方法演变而来的。例如力

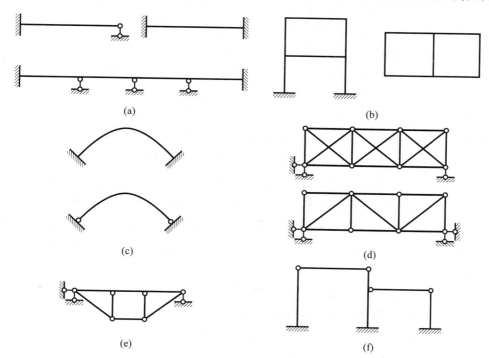

图 6-3

矩分配法是位移法的变体、混合法是力法和位移法的联合应用等。由于电子计算机的应用日益普及,发展了结构的矩阵分析法,因所取的基本未知量不同,又分为矩阵力法和矩阵位移法。无论采用何种方法,超静定问题的求解都要同时考虑结构的"平衡""几何""物理"三个方面的条件。

(1) 平衡条件:结构的整体及任何一部分的受力都满足平衡方程。

(2) 几何条件:结构的变形和位移符合支承约束条件。

(3) 物理条件:变形和位移之间的物理关系。

本章首先介绍超静定结构的基本解法——力法,力法以多余未知力为基本未知量,将超静定结构转化为静定结构,根据变形条件建立力法基本方程并求解。

6.2　超静定次数的确定

超静定结构的几何特征是具有多余约束的几何不变体系,超静定结构上多余约束的个数称就为超静定次数。在力学分析中就需要补充同样数目的平衡方程,才能使问题得以求解。

一个超静定结构在去掉 n 个多余约束后变成静定结构,则这个结构是 n 次超静定。多余约束中的约束力,称为多余未知力。本章用力法计算超静定结构时,必须首先确定多余约束或多余未知力的数目,即先确定超静定次数。

确定超静定次数,常采用解除约束法。即解除结构中的多余约束,使它成为几何不变无多余约束的静定结构,被解除的约束个数即为超静定次数。例如图 6-4a 所示的连续梁,在三根竖向链杆中任意解除一根,便成为无多余约束的几何不变体系,如图 6-4b 所示。解除的链杆相当于一个约束,因此,该体系为一次超静定结构。但是,必须注意,水平链杆是不能解除的,否则体系就成为几何可变性体系。为保持体系几何不变性,水平链杆是绝对必须的约束。此外,解除约束可以有多种方式。在图 6-4a 中,如将 B 处切断插入一个铰,如图 6-4c 所示,也可成为无多余约束的几何不变体系。又如图 6-4d 所示的刚架,在 A 处解除一个单铰,相当于解除两个约束,又在 B 处切断,相当于解除三个约束,共解除了五个约束,成为图 6-4e 所示无多余约束的几何不变体系。因此,该刚架为五次超静定结构。图 6-4f 也是一种解除约束的方式。对于同一个超静定结构,可以采取不同的方式去掉多余约束,而得到不同的静定结构,但去掉多余约束的数目总是相同的。

归纳起来,解除约束确定超静定次数的常用做法有如下几种:

(1) 切断一根链杆(或支座链杆),等于解除一个约束;

(2) 切断一单铰或铰支座,等于解除两个约束;

(3) 切断一受弯杆或固定支座,等于解除三个约束;

(4) 切断受弯杆或固定支座后插入一铰,等于解除一个约束。

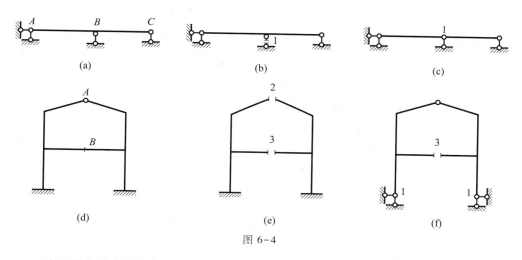

图 6-4

对于具有较多封闭框格的结构,按框格数目确定超静定次数比较方便。一个封闭框格是三次超静定,若有 n 个封闭框格时,其超静定次数即等于 $3n$。如图 6-5a 所示刚架结构的超静定次数为 $3×7$ 次 $=21$ 次。当结构上有若干个单铰时,设单铰数目为 h,则超静定次数为 $3n-h$。如图 6-5b 所示结构超静定次数为 16。在确定封闭框格数目时,应注意由地基本身围成的框格不应计算在内,也就是地基应作为一个开口的刚片。如图 6-5c 所示结构,其封闭框数应为 3 而不是 4。

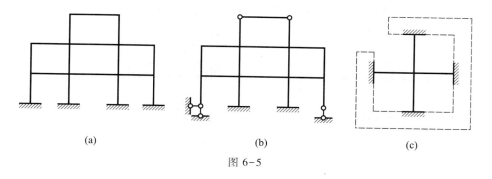

图 6-5

当然,也可用前面介绍的计算自由度 W 公式来确定超静定次数,显然,对几何不变体系有超静定次数 $=-W$。

6.3　力法的基本原理

6.3.1　力法的基本思路

超静定结构与静定结构的基本区别在于前者有多余约束存在。而静定结构的内力和位移计算的方法我们已经掌握,如果能用某种方法先求出超静定结构的多余未知力,使之转变成静定结构来计算,自然成为分析超静定结构内力的一条途

视频 6-1
力法的基本
原理

径。这就是力法的基本思路。

先用一个简单例子来阐明力法的基本概念。设有图 6-6a 所示的一端固定另一端铰支的梁,它是具有一个多余约束的超静定结构。如果以右支座链杆作为多余约束(此处的约束力为 F_1,称为多余未知力),则在去掉该约束,并以 F_1 代替多余未知力后,成为如图 6-6b 所示的同时受荷载 q 和多余未知力 F_1 作用的静定结构。将原超静定结构去掉多余约束后得到的静定结构称为基本结构。基本结构同时受原有荷载和多余未知力的体系称为基本体系。显然,基本体系与原结构所满足的平衡方程完全相同。作用在基本体系上的原有荷载 q 是已知的,而多余未知力 F_1 是未知的。因此,只要能设法先求出 F_1,则原结构的计算问题即可在静定的基本体系上来解决,故称多余未知力 F_1 为基本未知量。显然,如果单从平衡条件来考虑,则 F_1 可取任何数值,这时基本体系都可以维持平衡,但相应的反力、内力和位移就会有不同之值,因而 B 点就可能发生大小和方向各不相同的竖向位移。为了确定 F_1 还必须考虑位移条件,注意到原结构的支座 B 处,由于受竖向支座链杆约束,所以 B 点的竖向位移应为零。因此,只有当 F_1 的数值恰与原结构右支座

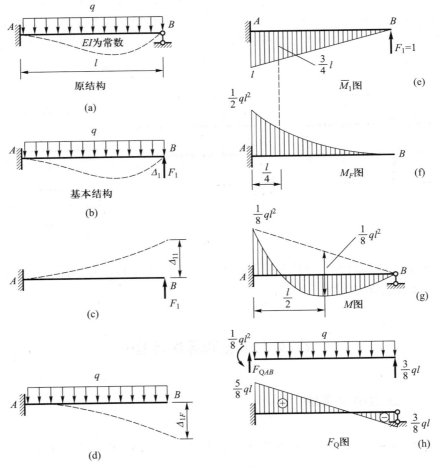

图 6-6

链杆上实际发生的约束力相等时,才能使基本体系在原有荷载 q 和多余未知力 F_1 共同作用下 B 点的竖向位移(即沿 F_1 方向的位移)Δ_1 等于零。即

$$\Delta_1 = 0$$

这就是用来确定 F_1 的位移条件,或称为变形条件。即基本体系在原有荷载和多余未知力共同作用下,沿多余未知力方向上的位移应与原结构中相应的位移相等。即基本体系与原结构不仅受力状态相同,而且变形状态也相同。于是,便可以用静定基本体系的计算代替原超静定结构的计算。由上述可见,为了唯一确定超静定结构的约束力和内力,必须同时考虑静力平衡条件和几何位移条件。即在超静定结构中,同时满足静力平衡条件和位移条件的解答才是唯一的。应该指出,在位移条件的建立中包含着对材料物理条件的要求。因此,必须认识到确定超静定结构的内力是以平衡、几何、物理三方面条件为依据的。

令 Δ_{11} 及 Δ_{1F} 分别表示多余未知力 F_1 及荷载 q 单独作用于基本体系时 B 点沿 F_1 方向的位移,如图 6-6c、d 所示,其符号都以沿设定的 F_1 方向者为正。根据叠加原理应有

$$\Delta_1 = \Delta_{11} + \Delta_{1F}$$

再令 δ_{11} 表示 F_1 为单位力 $F_1 = 1$ 时,B 点沿 F_1 所产生的位移,则 $\Delta_{11} = \delta_{11}F_1$,于是上式可写为

$$\delta_{11}F_1 + \Delta_{1F} = 0 \tag{6-1}$$

由于 δ_{11} 和 Δ_{1F} 都是静定结构在已知外力作用下的位移,均可按第 4 章所述计算位移的方法求得,于是多余未知力即可由式(6-1)确定。这里采用图乘法计算 δ_{11} 及 Δ_{1F},分别绘出 $F_1 = 1$ 和荷载 q 单独作用在基本体系上时的单位弯矩 $\overline{M}_1$ 图(图 6-6e)和荷载弯矩 M_F 图(图 6-6f),然后求得

$$\delta_{11} = \frac{1}{EI} \times \frac{l^2}{2} \times \frac{2l}{3} = \frac{l^3}{3EI}$$

$$\Delta_{1F} = -\frac{1}{EI}\left(\frac{1}{3} \times l \times \frac{ql^2}{2}\right) \times \frac{3l}{4} = -\frac{ql^4}{8EI}$$

所以由式(6-1)有

$$F_1 = -\frac{\Delta_{1F}}{\delta_{11}} = \frac{ql^4}{8EI} \times \frac{3EI}{l^3} = \frac{3}{8}ql$$

多余未知力 F_1 求得后,就和计算悬臂梁一样,完全可用静力平衡条件确定其约束力和内力,也可利用前面已作出的弯矩 $\overline{M}_1$ 和 M_F 图,用下面的叠加公式计算任一截面的弯矩为

$$M = \overline{M}_1 F_1 + M_F$$

例如 A 端的弯矩为

$$M_{AB} = lF_1 - \frac{ql^3}{2} = \frac{3}{8}ql^3 - \frac{1}{2}ql^3 = -\frac{1}{8}ql^3$$

剪力图可以根据弯矩图作出,如图 6-6g、h 所示。

　　上述计算超静定结构的方法就是以多余未知力作为基本未知量,以解除多余约束后剩下的静定结构作为基本体系,根据解除约束处的位移条件建立力法的基本方程,求出多余未知力,然后利用叠加原理计算内力,作内力图。该方法以多余未知力为基本未知量,故称为力法。力法是计算超静定结构的基本方法之一,可用来分析各种类型的超静定结构。

6.3.2　力法的典型方程

视频 6-2
力法基本未知量、基本体系和典型方程讨论

　　以上我们用一个一次超静定结构说明了力法的基本思路。可以看出,用力法解一般超静定结构的关键在于根据位移条件建立力法补充方程以求解多余未知力。对于多次超静定结构,其计算原理是完全相同的,下面对多次超静定结构的情形作进一步的说明。

　　图 6-7a 所示,刚架是三次超静定结构,若将固定支座 B 处约束解除,并以相应的多余未知力 F_1、F_2、F_3 代替其作用,则得图 6-7b 所示的 A 端固定的悬臂刚架基本体系。在原结构中,由于 B 端为固定端,无水平线位移、竖向线位移和角位移。因此,在三个多余未知力 F_1、F_2、F_3 和外荷载 F 共同作用下的基本体系上,也必须保证同样的位移条件,即 B 点沿 F_1 方向的位移(竖向位移)Δ_1、沿 F_2 方向的位移(水平位移)Δ_2 和 F_3 方向的位移(角位移)Δ_3 都应等于零,即

$$\Delta_1 = 0, \quad \Delta_2 = 0, \quad \Delta_3 = 0$$

每一方向的位移,都是 F_1、F_2、F_3 和外荷载 F 共同作用下产生的。若 δ_{11}、δ_{21} 和 δ_{31} 表示当 $F_1 = 1$ 单独作用在基本体系上时,B 点沿 F_1、F_2 和 F_3 方向的位移,如图 6-7c 所示;δ_{12}、δ_{22} 和 δ_{32} 表示当 $F_2 = 1$ 单独作用在基本体系上时,B 点沿 F_1、F_2、F_3 方向的位移,如图 6-7d 所示;δ_{13}、δ_{23} 为 δ_{33} 表示当 $F_3 = 1$ 单独作用在基本体系上时,B 点沿 F_1、F_2、F_3 方向的位移,如图 6-7e 所示。再用 Δ_{1F}、Δ_{2F}、Δ_{3F} 表示当外荷载单独作用在基本体系上时,B 点沿 F_1、F_2、F_3 方向的位移,如图 6-7f 所示。根据叠加原理,位移条件可写为

$$\left.\begin{array}{l} \Delta_1 = \delta_{11}F_1 + \delta_{12}F_2 + \delta_{13}F_3 + \Delta_{1F} = 0 \\ \Delta_2 = \delta_{21}F_1 + \delta_{22}F_2 + \delta_{23}F_3 + \Delta_{2F} = 0 \\ \Delta_3 = \delta_{31}F_1 + \delta_{32}F_2 + \delta_{33}F_3 + \Delta_{3F} = 0 \end{array}\right\} \tag{6-2}$$

写成矩阵形式为

$$\begin{bmatrix} \delta_{11} & \delta_{12} & \delta_{13} \\ \delta_{21} & \delta_{22} & \delta_{23} \\ \delta_{31} & \delta_{32} & \delta_{33} \end{bmatrix} \begin{bmatrix} F_1 \\ F_2 \\ F_3 \end{bmatrix} + \begin{bmatrix} \Delta_{1F} \\ \Delta_{2F} \\ \Delta_{3F} \end{bmatrix} = \begin{bmatrix} 0 \\ 0 \\ 0 \end{bmatrix}$$

或简写为

$$\Delta_{xx} F + \Delta_F = 0$$

式中,

$$\Delta_{xx} = \begin{bmatrix} \delta_{11} & \delta_{12} & \delta_{13} \\ \delta_{21} & \delta_{22} & \delta_{23} \\ \delta_{31} & \delta_{32} & \delta_{33} \end{bmatrix}$$

称为柔度矩阵,即力法方程中的系数矩阵;

$$F = \begin{bmatrix} F_1 \\ F_2 \\ F_3 \end{bmatrix} = \begin{bmatrix} F_1 & F_2 & F_3 \end{bmatrix}^{\mathrm{T}}$$

称为基本未知量列阵;

$$\Delta_F = \begin{bmatrix} \Delta_{1F} \\ \Delta_{2F} \\ \Delta_{3F} \end{bmatrix} = \begin{bmatrix} \Delta_{1F} & \Delta_{2F} & \Delta_{3F} \end{bmatrix}^{\mathrm{T}}$$

称为自由项列阵。

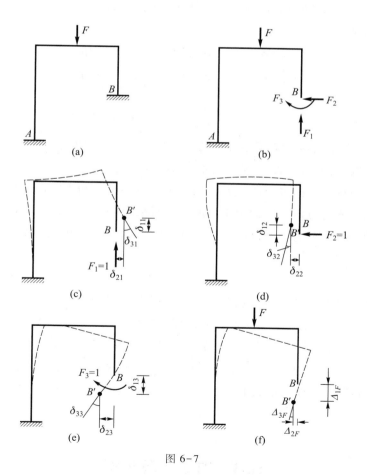

图 6-7

这就是根据位移条件建立的求解多余未知力 F_1、F_2、F_3 的方程组。这组方程的物理意义是:在基本体系中,由于全部多余未知力和已知荷载的作用,在解除多余约束处(现为 B 点)的位移应与原结构中相应的位移相等。上述方程中各系数和自由项都为基本体系的位移,可根据第 4 章求位移的方法求得。求得系数后由基本方程解出多余未知力 F_1、F_2、F_3,再按照分析静定结构的方法利用叠加原理求出原结构的支座反力和内力。例如弯矩为

$$M = \overline{M}_1 F_1 + \overline{M}_2 F_2 + \overline{M}_3 F_3 + M_F$$

对于 n 次超静定结构来说,共有 n 个多余未知力,而每一个多余未知力对应着一个多余约束,也就对应着一个已知的位移条件,故可按 n 个位移条件建立 n 个方程。当已知多余未知力作用处的位移为零时,则力法典型方程可写为

$$\left.\begin{aligned}
\delta_{11} F_1 + \delta_{12} F_2 + \cdots + \delta_{1i} F_i + \cdots + \delta_{1n} F_n + \Delta_{1F} = 0 \\
\cdots\cdots\cdots\cdots \\
\delta_{i1} F_1 + \delta_{i2} F_2 + \cdots + \delta_{ii} F_i + \cdots + \delta_{in} F_n + \Delta_{iF} = 0 \\
\cdots\cdots\cdots\cdots \\
\delta_{n1} F_1 + \delta_{n2} F_2 + \cdots + \delta_{ni} F_i + \cdots + \delta_{nn} F_n + \Delta_{nF} = 0
\end{aligned}\right\} \quad (6-3)$$

写成矩阵形式为

$$\begin{bmatrix} \delta_{11} & \delta_{12} & \cdots & \delta_{1n} \\ \delta_{21} & \delta_{22} & \cdots & \delta_{2n} \\ \cdots & \cdots & \cdots & \cdots \\ \delta_{n1} & \delta_{n2} & \cdots & \delta_{nn} \end{bmatrix} \begin{bmatrix} F_1 \\ F_2 \\ \cdots \\ F_n \end{bmatrix} + \begin{bmatrix} \Delta_{1F} \\ \Delta_{2F} \\ \cdots \\ \Delta_{nF} \end{bmatrix} = \begin{bmatrix} 0 \\ 0 \\ \cdots \\ 0 \end{bmatrix}$$

方程(6-3)就是 n 次超静定结构的力法典型方程。柔度矩阵主对角线的系数 δ_{ii} 称为主系数,其余的系数 δ_{ik} 称为副系数,Δ_{iF} 则称为自由项。所有系数和自由项都是基本体系中在去掉多余约束处沿相应于某一多余未知力方向的位移,并规定与所设多余未知力方向一致的为正。所以主系数总是正的,且不会等于零。而副系数和自由项则可能为正、为负或为零。根据位移互等定理可以得知,副系数有互等关系,即

$$\delta_{ik} = \delta_{ki} \quad (i \neq k)$$

求得系数和自由项后,解力法方程组,即可求得多余未知力,然后可根据静力平衡条件或叠加原理,计算各截面内力,绘制内力图。

如上所述,力法典型方程中的每个系数都是基本结构在单位多余约束力作用下的位移。显然,结构的刚度愈小,这些位移的数值愈大,因此这些系数又称为柔度系数;力法典型方程表示位移条件,故又称为结构的柔度方程;力法又称为柔度法。

6.4   力法计算举例

根据前述力法的基本思路,可将力法的计算步骤归纳如下:

（1）确定超静定次数，解除多余约束，选择基本体系；

（2）根据位移条件建立力法典型方程；

（3）在基本体系上作单位内力图及荷载内力图，按位移公式计算系数和自由项；

（4）求解典型方程，得多余未知力；

（5）根据叠加原理计算内力，作内力图并校核。

1. 用力法计算超静定刚架

例 6-1 试用力法计算图 6-8a 所示引水建筑物工作平台（垂直纸面取单位宽）的内力并绘制内力图。

视频 6-3
例 6-1

解：根据原结构图 6-8a 取图 6-8b 为计算简图，荷载按近似的均布外荷载考虑。

（1）选择基本未知量、基本体系。解除图 6-8b 所示刚架中 C、D 两支座链杆，得静定的悬臂刚架，故此结构有两个多余约束，为二次超静定刚架，此悬臂刚架即为力法的基本体系，两链杆约束力 F_1、F_2 为基本未知量，如图 6-8c 所示。

（2）建立典型方程。根据基本体系在解除约束 C、D 处的位移条件，建立典型方程：

$$\left. \begin{array}{l} \Delta_1 = 0, \quad \delta_{11}F_1 + \delta_{12}F_2 + \Delta_{1F} = 0 \\ \Delta_2 = 0, \quad \delta_{21}F_1 + \delta_{22}F_2 + \Delta_{2F} = 0 \end{array} \right\} \tag{a}$$

（3）求系数和自由项。本例可用图乘法计算系数 δ_{ik} 及自由项 Δ_{iF} 并略去剪力和轴力的影响。为此，需首先作出各单位弯矩 $\overline{M}_1$ 图及荷载弯矩 M_F 图。$\overline{M}_1$ 图由 $F_1 = 1$ 单独作用在基本体系上作出，如图 6-8d 所示，同理可作出 $\overline{M}_2$ 图，如图 6-8e 所示，M_F 图由荷载单独作用在基本体系上作出，如图 6-8f 所示，然后用图乘法得

$$\delta_{11} = \frac{l^3}{3EI_1} + \frac{l^3}{EI_2} = \frac{1}{EI_1}\left(\frac{l^3}{3} + \frac{l^3 EI_1}{EI_2} \right)$$

$$\delta_{22} = \frac{(2l)^3}{3EI_1} + \frac{2l \times 2l \times l}{EI_2} = \frac{1}{EI_1}\left(\frac{8l^3}{3} + 4l^3 \times \frac{EI_1}{EI_2} \right)$$

$$\delta_{12} = \frac{l \times 2l \times l}{3EI_1} + \frac{l^3}{6EI_1} + \frac{l \times 2l \times l}{EI_2} = \frac{1}{EI_1}\left(\frac{5l^3}{6} + 2l^3 \times \frac{EI_1}{EI_2} \right)$$

$$\Delta_{1F} = -\frac{1}{3EI_2} \times \frac{ql^2}{2} \times l \times l = -\frac{ql^4}{6EI_2}$$

$$\Delta_{2F} = -\frac{1}{3EI_2} \times \frac{ql^2}{2} \times l \times 2l = -\frac{ql^4}{3EI_2}$$

（4）求解多余未知力。将 δ_{ik} 及 Δ_{iF} 代入典型方程（a），则有

$$\left. \begin{array}{l} \dfrac{1}{EI_1}\left(\dfrac{l^3}{3} + \dfrac{l^3 EI_1}{EI_2} \right)F_1 + \dfrac{1}{EI_1}\left(\dfrac{5l^3}{6} + \dfrac{2l^3 EI_1}{EI_2} \right)F_2 - \dfrac{ql^4}{6EI_2} = 0 \\[4mm] \dfrac{1}{EI_1}\left(\dfrac{5l^3}{6} + \dfrac{2l^3 EI_1}{EI_2} \right)F_1 + \dfrac{1}{EI_1}\left(\dfrac{8l^3}{3} + \dfrac{4l^3 EI_1}{EI_2} \right)F_2 - \dfrac{ql^4}{3EI_2} = 0 \end{array} \right\} \tag{b}$$

上式两方程各乘以 EI_1，得

$$\left.\begin{array}{l}\left(\dfrac{l^3}{3}+\dfrac{l^3EI_1}{EI_2}\right)F_1+\left(\dfrac{5l^3}{6}+\dfrac{2l^3EI_1}{EI_2}\right)F_2-\dfrac{ql^4EI_1}{6EI_2}=0\\[4mm]\left(\dfrac{5l^3}{6}+\dfrac{2l^3EI_1}{EI_2}\right)F_1+\left(\dfrac{8l^3}{3}+\dfrac{4l^3EI_1}{EI_2}\right)F_2-\dfrac{ql^4EI_1}{3EI_2}=0\end{array}\right\}\qquad(c)$$

由此式可见，在荷载作用下，超静定结构的多余未知力及最终内力只与各杆刚度的相对值有关，而与各杆刚度的绝对值无关，计算时可以采用相对刚度。

设 $\dfrac{EI_1}{EI_2}=1$，则式（c）经化简后成为

$$\left.\begin{array}{l}8F_1+17F_2-ql=0\\17F_1+40F_2-2ql=0\end{array}\right\}\qquad(d)$$

解得 $\qquad\qquad\qquad\qquad F_1=0.194ql,\quad F_2=-0.032\,3ql$

（5）计算内力及绘制内力图。根据叠加原理，任一截面弯矩可按下式计算：

$$M=\overline{M}_1F_1+\overline{M}_2F_2+M_F$$

按此式计算原结构各杆件杆端弯矩为

杆 AB $\qquad M_{AB}=\dfrac{ql^2}{2}-l\times0.194ql-2l(-0.032\,3ql)=0.371ql^2$（左侧受拉）

$\qquad\qquad M_{BA}=0+l\times0.194ql-2l\times0.032\,3ql=0.129ql^2$（左侧受拉）

杆 BC $\qquad M_{BC}=M_{BA}=0.129ql^2$（下侧受拉）

$\qquad\qquad M_{CB}=l(-0.032\,3ql)=-0.032\,3ql^2$（上侧受拉）

杆 CD $\qquad M_{CD}=M_{CB}=-0.032\,3ql^2$（上侧受拉）

$\qquad\qquad M_{DC}=0$

最终弯矩图如图 6-8g 所示。

通常，根据已作出的弯矩图，取各杆件平衡，求杆端剪力，如图 6-9 所示，作剪力图。

杆 AB $\qquad \sum M_A=0,\quad F_{QBA}=0$

$\qquad\qquad \sum M_B=0,\quad F_{QAB}=[0.5ql^2+(0.371+0.129)ql^2]/l=ql$

杆 BC $\qquad \sum M_C=0,\quad F_{QBC}=-(0.129+0.032\,3)ql^2/l=-0.162ql$

$\qquad\qquad \sum M_B=0,\quad F_{QCB}=-0.162ql$

杆 CD $\qquad \sum M_D=0,\quad F_{QCD}=0.032\,3ql^2/l=0.032\,3ql$

$\qquad\qquad \sum M_C=0,\quad F_{QDC}=0.032\,3ql$

最终剪力图如图 6-8h 所示。

根据已作出的剪力图，取各结点平衡作轴力图，如图 6-9 所示。

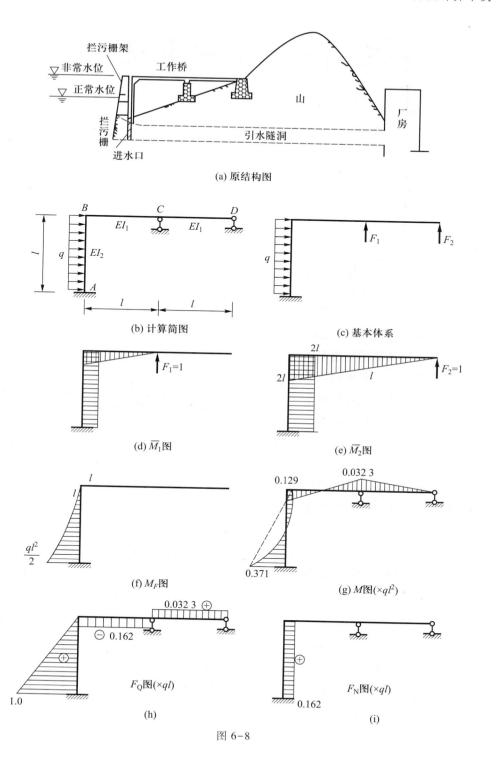

(a) 原结构图

(b) 计算简图

(c) 基本体系

(d) $\overline{M}_1$ 图

(e) $\overline{M}_2$ 图

(f) M_F 图

(g) M 图($\times ql^2$)

(h)

(i)

图 6-8

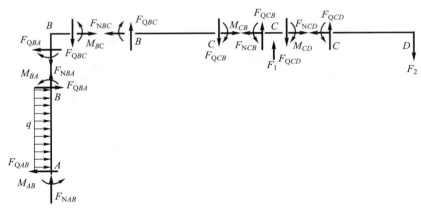

图 6-9

结点 B　　$\sum F_x = 0$,　$F_{NBC} = F_{QBA} = 0$

　　　　　$\sum F_y = 0$,　$F_{NBA} = -F_{QBC} = -(-0.162ql) = 0.162ql$

结点 C　$\sum F_x = 0$,　$F_{NCB} = F_{NCD} = F_{NBC} = 0$

由于各杆无轴向荷载,故各杆轴力分别为常量,最终轴力图如图 6-8i 所示。

2. 用力法计算超静定梁

例 6-2　试作图 6-10 所示两跨桥梁受均布荷载 q 作用下的弯矩图。

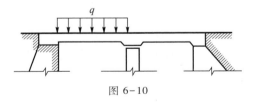

图 6-10

解:（1）建立基本体系。图示两跨桥梁的计算简图 6-11a 是二次超静定连续梁,用解除约束法,解除支座 C 的链杆约束和支座 A 的抗弯约束（即把固定端切开后代以一个单铰）。基本体系为单悬臂的简支梁。在基本体系上作用多余未知力 F_1、F_2 和外荷载 q,如图 6-11b 所示。

（2）建立典型方程。基本体系在 F_1、F_2 及 q 共同作用下,在解除约束处的位移条件应与原结构相同。即固定端 A 处没有转角,支座 C 处没有竖向位移,$\Delta_1 = 0$, $\Delta_2 = 0$。故典型方程为

$$\left. \begin{array}{ll} \Delta_1 = 0, & \delta_{11}F_1 + \delta_{12}F_2 + \Delta_{1F} = 0 \\ \Delta_2 = 0, & \delta_{21}F_1 + \delta_{22}F_2 + \Delta_{2F} = 0 \end{array} \right\} \tag{a}$$

（3）计算系数与自由项。作出基本体系在 F_1、F_2 及 q 分别作用下的单位弯矩图和荷载弯矩图,如图 6-11c、d、e 所示。用图乘法求得

$$\delta_{11} = \sum \int \frac{\overline{M_1}^2}{EI} \mathrm{d}x = \frac{1}{EI_1}\left(\frac{1}{2} \times 1 \times l \times \frac{2}{3}\right) = \frac{l}{3EI_1}$$

$$\delta_{22} = \sum \int \frac{\overline{M_2}^2}{EI} \mathrm{d}x = \frac{1}{EI_1}\left(\frac{1}{2} \times l \times l \times \frac{2}{3}l\right) + \frac{1}{EI_2}\left(\frac{l}{2} \times l \times \frac{2}{3}l\right) = \frac{l^3}{3EI_2}\left(\frac{I_2}{I_1} + 1\right) = \frac{l^3}{3EI_1}\left(\frac{I_1}{I_2} + 1\right)$$

$$\delta_{12}=\delta_{21}=\sum\int\frac{\overline{M}_1\overline{M}_2}{EI}\mathrm{d}x=\frac{1}{EI_1}\left(\frac{1}{2}\times1\times l\times\frac{l}{3}\right)=\frac{l^2}{6EI_1}$$

$$\Delta_{1F}=\sum\int\frac{\overline{M}_1M_F}{EI}\mathrm{d}x=\frac{1}{EI_1}\left(\frac{2}{3}\times\frac{ql^2}{8}\times l\times\frac{1}{2}\right)=\frac{ql^3}{24EI_1}$$

$$\Delta_{2F}=\sum\int\frac{\overline{M}_2M_F}{EI}\mathrm{d}x=\frac{1}{EI_1}\left(\frac{2}{3}\times\frac{ql^2}{8}\times l\times\frac{l}{2}\right)=\frac{ql^4}{24EI_1}$$

将系数与自由项代入式（a），整理后得

$$\left.\begin{array}{l}\dfrac{1}{3EI_1}F_1+\dfrac{l}{6EI_1}F_2+\dfrac{ql^2}{24EI_1}=0\\[2mm]\dfrac{1}{6EI_1}F_1+\dfrac{l^2}{3EI_1}\left(\dfrac{I_1}{I_2}+1\right)F_2+\dfrac{ql^3}{24EI_1}=0\end{array}\right\}\qquad(\text{b})$$

（4）解典型方程，求基本未知量。设 $K=\dfrac{I_2}{I_1}$ 代入式（b）中，解得

$$F_1=-\frac{ql^2}{4}\frac{K+2}{3K+4},\qquad F_2=-\frac{ql}{4}\frac{K}{3K+4}$$

负号表示 F_1,F_2 的实际方向与图中假设的方向相反。

（5）作内力图。最终弯矩图 $M=\overline{M}_1F_1+\overline{M}_2F_2+M_F$。

利用叠加法绘弯矩图时先找出 A、B、C 三个控制点的数值：

$$M_{AB}=F_1=-\frac{ql^2}{4}\frac{K+2}{3K+4}$$

$$M_{BA}=M_{BC}=l\times F_2=-\frac{ql^2}{4}\frac{K}{3K+4}$$

$$M_{CB}=0$$

由于 AB 跨有均布荷载 q，弯矩图叠加后为抛物线；BC 跨无荷载，弯矩图为直线。最终 M 图如图 6-11f 所示。

（6）讨论。最终弯矩图随 $K=I_2/I_1$ 的变化而变化，即随着两跨梁的刚度比值 K 而变化。这里再一次说明在荷载作用下，弯矩图只与各杆刚度的相对比值有关，而与绝对值无关。

若 $K=0$，即 BC 跨的刚度相对 AB 跨的刚度小得多，极端情况为零，杆端弯矩的表达式为

$$M_{AB}=-\frac{ql^2}{8},\qquad M_{BA}=M_{BC}=M_{CB}=0$$

则弯矩图如图 6-11g 所示。从图中看出，BC 跨的弯矩全部为零，即原连续梁结构相当于一端固定、一端铰支的单跨超静定梁。

若 $K=\infty$，即 BC 跨的刚度相对 AB 跨的刚度大得多，极端情况为无穷刚。杆端弯矩的表达式为

$$M_{AB} = -\frac{ql^2}{12}, \quad M_{BA} = -\frac{ql^2}{12}, \quad M_{BC} = -\frac{ql^2}{12}, \quad M_{CB} = 0$$

则弯矩图,如图 6-11h 所示。从图中看出,AB 跨的弯矩相当于两端固定的单跨超静定梁,BC 跨起着固定端的作用。注意:BC 跨这时虽不变形,但有弯矩。

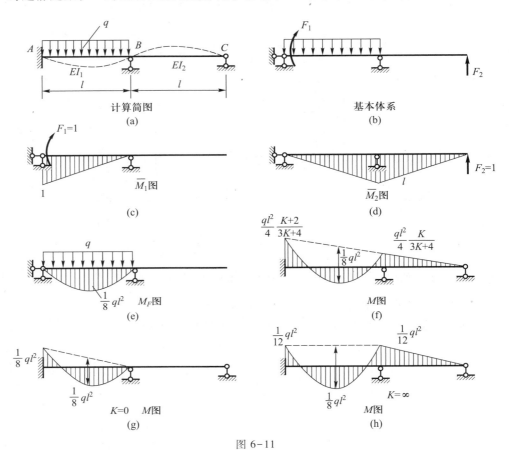

图 6-11

3. 用力法计算超静定桁架

例 6-3　试求图 6-12a 所示桁架的内力。

解:(1)选择基本体系。由解除约束法判定此桁架为一次超静定结构。解除一根内部桁杆,成为静定形式。切断杆 CD,取图 6-12b 为基本体系,则杆 CD 的内力 F_1 为基本未知量。

(2)建立典型方程:

$$\Delta_1 = 0, \quad \delta_{11}F_1 + \Delta_{1F} = 0$$

(3)计算系数与自由项。作 $\overline{F}_{N1}$ 与 F_{NF} 图,如图 6-12c、d 所示,则

$$\delta_{11} = \sum_1^6 \frac{\overline{F}_{N1}^2}{EA}l = 4 \times \frac{1 \times 1 \times a}{EA} + 2 \times \frac{(-\sqrt{2}) \times (-\sqrt{2}) \times \sqrt{2} \times a}{EA} = \frac{4(1+\sqrt{2})}{EA}a$$

(解除约束的杆 CD 应计算在内)

$$\Delta_{1F} = \sum_{1}^{6} \frac{\overline{F}_{N1} F_{NF}}{EA} \times l = 2 \times \frac{1 \times F}{EA} a + \frac{(-\sqrt{2}) \times (-\sqrt{2}F)}{EA} \sqrt{2} a = \frac{2(1+\sqrt{2})}{EA} Fa$$

（4）作内力图。求解典型方程有

$$F_1 = -\frac{\Delta_{1F}}{\delta_{11}} = -\frac{2(1+\sqrt{2})Fa}{EA} \times \frac{EA}{4(1+\sqrt{2})a} = -\frac{F}{2}$$

最终内力按下式叠加计算：$F_N = \overline{F}_{N1} F_1 + F_{NF}$，可得出最终轴力图如图 6-12e 所示。

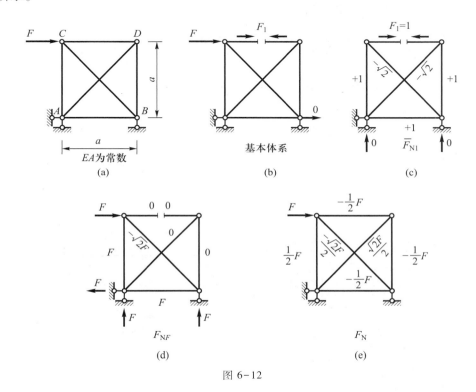

图 6-12

4. 用力法计算超静定组合结构

组合结构或称构架，多用于临时建筑物（如施工便桥、模板支撑）和厂房行车梁等之中。它的桁架是为了加强梁的刚度，其作用等于在梁中间加上一些支座，以减少梁的内力，因而这种结构也叫加劲梁。

例 6-4　求图 6-13a 超静定组合结构（加劲梁）的内力。

解：此为一次超静定结构，计算简图如 6-13b 所示，将下面的水平拉杆切开作为基本体系，如图 6-13c 所示。对于组合结构，在计算系数和自由项时，受弯杆一般只计弯矩项，拉压杆只有轴力项，故需作出 $\overline{M}_1$，$\overline{F}_{N1}$，M_F 和 F_{NF} 图。为了节省篇幅，把弯矩与轴力数值绘注在同一图上，如图 6-13d、e 所示。可计算得到系数和自由项：

$$\delta_{11} = \sum \frac{\overline{F}_{N1}\overline{F}_{N1}l}{E_1 A_1} + \sum \frac{\overline{M}_1\overline{M}_1}{E_1 I_1}$$

$$= 2 \times \frac{1.12 \times 1.12 \times 2.24}{E_1 A_1} + \frac{1 \times 1 \times 2}{E_1 A_1} + 2 \times \frac{(-0.5)(-0.5) \times 1}{E_1 A_1} +$$

$$2 \times \frac{1}{3} \times 1 \times 1 \times 2 \times \frac{1}{E_2 I_2} + 1 \times 1 \times 2 \times \frac{1}{E_2 I_2} = \frac{8.12}{E_1 A_1} + \frac{3.33}{E_2 I_2}$$

$$\Delta_{1F} = \sum \frac{\overline{F}_{N1} F_{NF} l}{E_1 A_1} + \sum \frac{\overline{M}_1 M_F}{E_1 A_1}$$

$$= 0 - 2 \times \frac{1}{3} \times 10 \times 0.5 \times 1 \times \frac{1}{E_2 I_2} - 2 \times \frac{0.5+1}{2} \times 1 \times 10 \times \frac{1}{E_2 I_2} -$$

$$10 \times 1 \times 2 \times \frac{1}{E_2 I_2} = -\frac{38.33}{E_2 I_2}$$

$$F_1 = -\frac{\Delta_{1F}}{\delta_{11}} = \frac{\dfrac{38.33}{E_2 I_2}}{\dfrac{8.12}{E_1 A_1} + \dfrac{3.33}{E_2 I_2}} = \frac{38.33}{\dfrac{E_2 I_2}{E_1 A_1} \times 8.12 + 3.33}$$

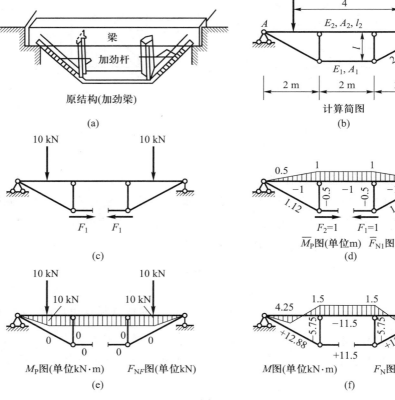

图 6-13

由上式可以看出,多余未知力与$\dfrac{E_2 I_2}{E_1 A_1}$的相对值有关,与它们的绝对值无关。若加

劲杆截面很小,$\dfrac{E_2 I_2}{E_1 A_1}$很大,则加劲杆起的作用很小。横梁弯矩接近跨度为 6 m 的简支

梁的弯矩,如图 6-13d 所示。相反,加劲杆截面很大,$\dfrac{E_2 I_2}{E_1 A_1}$很小,则加劲杆起的作用很

大,横梁弯矩接近刚性支座三跨连续梁的弯矩。例如,当$\dfrac{E_2 I_2}{E_1 A_1} = 1.026 \times 10^2$ 时,$F_1 \approx$

11.5 kN,横梁内力如图 6-13f 所示。横梁最大弯矩由于加劲杆的支承减少了 57.5%。

5. 用力法计算铰结排架

例 6-5 求图 6-14a 和 b 所示某码头仓库横向铰接排架在牛腿处受 $F_{\mathrm{T}} = 1$ kN
水平力时的内力并绘内力图。图中长度单位为 m。

解:(1)计算简图。柱顶上的屋架用预埋钢板焊接,在计算时往往略去由于焊
接而产生的抵抗转动的能力,将柱顶与屋架的连接假设为铰接。而柱脚深插入基
础并和基础浇在一起,故柱和基础的连接可视为固定支座。在水平力作用下可将
屋架假设为一根无变形的刚性链杆(即假设 $EA = \infty$)。牛腿只作为传递荷载之用,
可以略去厚度对柱子的加强作用。最后得计算简图,图 6-14c 所示为一铰结排架。

(2)基本体系与典型方程。此排架为二次超静定结构,解除两根水平链杆的
轴向约束,得两个变截面悬臂梁和一个常截面悬臂梁作为基本体系,如图 6-14d 所
示。则典型方程为

$$\left. \begin{array}{ll} \Delta_1 = 0, & \delta_{11} F_1 + \delta_{12} F_2 + \Delta_{1F} = 0 \\ \Delta_2 = 0, & \delta_{21} F_1 + \delta_{22} F_2 + \Delta_{2F} = 0 \end{array} \right\} \tag{a}$$

(3)计算系数 δ_{ki} 及自由项 Δ_{kF}。作单位弯矩 $\overline{M}_1$、$\overline{M}_2$ 图及荷载弯矩 M_F 图,如图
6-14e、f、g 所示。

对于变截面杆,图乘时必须分段进行。计算系数和自由项时采用相对刚
度。则

$$\delta_{11} = \delta_{22} = \frac{1}{3} \times 3.05^3 \times \frac{1}{0.245} + \left[\frac{1}{3} \times 3.05^2 \times 6.55 + \frac{1}{3} \times 9.6^2 \times 6.55 + 2 \times \frac{1}{6} \times 3.05 \times 9.6 \times 6.55 \right] / 1 +$$

$$\frac{1}{3} \times 9.6^3 / 1 = 619$$

$$\delta_{12} = \delta_{21} = -\frac{1}{3} \times 9.6^3 / 1 = -295$$

$$\Delta_{1F} = \left[\frac{1}{3} \times 3.05 \times 0.81^2 + \frac{1}{6} \times 2.24 \times 0.81^2 \right] \times \frac{1}{0.245} +$$

$$\left[\frac{1}{3} \times 3.05 \times 0.81 \times 6.55 + \frac{1}{3} \times 9.6 \times 7.36 \times 6.55 + \frac{1}{6} \times 3.05 \times 7.36 \times 6.55 + \frac{1}{6} \times 9.6 \times 0.81 \times 6.55 \right] / 1$$

$$= 196$$

$$\Delta_{2F} = 0$$

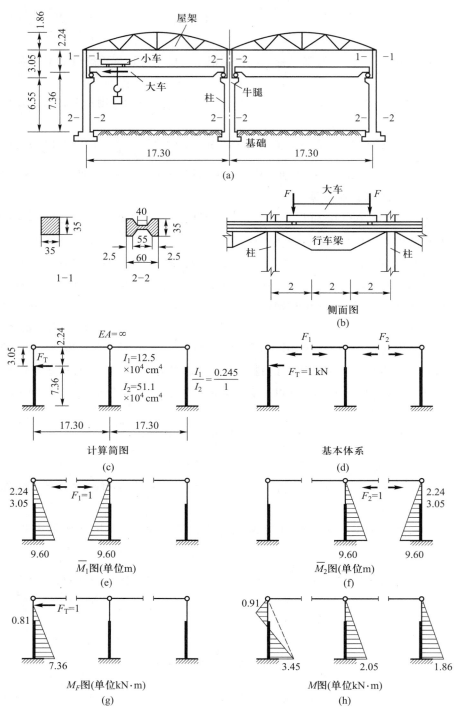

图 6-14

（4）求解多余未知力。将 $\delta_{11},\delta_{12},\delta_{21},\delta_{22},\Delta_{1P},\Delta_{2P}$ 代入典型方程（a）并求解

$$\left.\begin{array}{r}619F_1-295F_2+196=0\\-295F_1+619F_2+0=0\end{array}\right\}\qquad(b)$$

得

$$F_1=0.407\ \text{kN},\quad F_2=-0.194\ \text{kN}$$

（5）内力图。根据内力叠加公式得原结构弯矩图,如图 6-14h 所示。若排架承受其他荷载,其计算方法相同,不再赘述。

6.5　支座位移与温度改变时的内力计算

对于静定结构,当支座移动与温度变化时可产生位移,但不引起内力。超静定结构在支座移动和温度改变等外在因素作用下,由于有多余约束,变形受到了限制,因而会产生内力。这种非荷载产生的内力称为自内力。用力法计算自内力与荷载作用的情况之区别,仅在于典型方程中自由项的求法不同。下面通过例题说明计算过程并讨论它们与荷载作用情况下的不同点。

视频 6-6
支座移动时
的内力计算

6.5.1　支座移动时的计算

例 6-6　图 6-15a 所示为一等截面梁 *AB*,*A* 端为固定支座,*B* 端为滚轴支座。如果 *A* 支座转动 θ 角,*B* 支座下沉 *a* 距离,求梁中引起的内力。

解:此梁为一次超静定结构,切断 *B* 支座链杆得到基本体系,如图 6-15b 所示。注意,这里采用"切断"而不是"去掉",就像对待桁架或组合结构中的多余约束杆件那样。因此,典型方程即为多余约束切口处的相对位移等于零:

$$\delta_{11}F_1+\Delta_{1c}=0$$

其中,Δ_{1c} 表示基本体系因支座移动所产生的切口处沿 F_1 方向的相对位移。Δ_{1c} 可以根据基本体系的刚体运动用几何法确定,也可用虚功法按下式计算:

$$\Delta_{1c}=-\sum\overline{F}_{R_il}C_i\qquad(6-4)$$

系数 δ_{11} 的求法与荷载作用时相同,根据图 6-15c 单位弯矩 $\overline{M}_1$ 图求得

$$\delta_{11}=\frac{l^3}{3EI}$$

$\overline{F}_{RB1}=-1,\overline{F}_{RA1}=l$（注意 $\overline{F}_{Ril}$ 与支座移动同向为正）。

故　　　　　　　$\Delta_{1c}=-\overline{F}_{RB1}a-\overline{F}_{RA1}\theta=-(-1)a-(l)\theta=a-l\theta$

将上式代入典型方程,得

$$\frac{l^3}{3EI}F_1+a-l\theta=0$$

由此求得

$$F_1 = \frac{3EI}{l^2}\left(\theta - \frac{a}{l}\right)$$

因为支座移动不引起静定基本体系的内力,故结构最终内力全是由多余未知力 F_1 所引起的,弯矩叠加公式为

$$M = \overline{M}_1 F_1$$

弯矩图如图 6-15d $\left(\text{设 } \theta > \dfrac{a}{l}\right)$ 所示。

以上计算结果表明,超静定结构在支座移动作用下的内力与各杆刚度的绝对值有关(成正比),在相同材料条件下,截面尺寸愈大,内力愈大。计算中必须用刚度的绝对值。

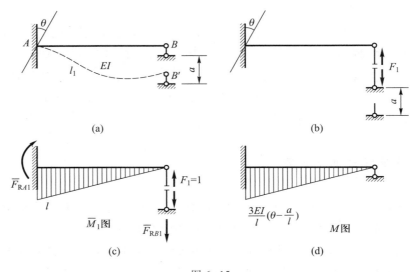

图 6-15

6.5.2   温度改变时的计算

视频 6-7
温度改变时
的内力计算

例 6-7   图 6-16a 所示刚架,设横梁上面温度升高 30℃,下面降低 10℃,竖柱均匀降低 10℃,线膨胀系数 $\alpha = 0.000\ 01/℃$,横梁高度为 $h = 0.8$ m,$EI_0 = 2 \times 10^5$ kN·m^2,$EI_0 / EI_1 = 2$。试作弯矩图。

解:取基本体系如图 6-16b 所示,典型方程为

$$\delta_{11} F_1 + \Delta_{1t} = 0$$

式中,Δ_{1t} 表示基本体系因温度改变所产生的沿 F_1 方向的位移,计算公式为

$$\Delta_{1t} = \sum \frac{\alpha(t_2 - t_1)}{h} A_{\overline{M}} + \sum \alpha t_0 A_{\overline{F}_N} \tag{6-5}$$

系数 δ_{11} 的求法与荷载作用时相同,根据单位弯矩 $\overline{M}_1$ 图,如图 6-16c 所示得

$$\delta_{11} = \frac{6 \times 10 \times 6}{EI_0} + 2\ \frac{6 \times 6/2 \times 4}{EI_1} = \frac{360}{EI_0} + \frac{144}{EI_1} = \frac{648}{EI_0}$$

计算 Δ_{1t} 时,先找出有关数值,即在竖柱中因 $\overline{F}_{N1}=0$,所以 $A_{\overline{F}_{N1}}=0$;温度均匀变化, $t=-10℃$, $t'=t_2-t_1=0$ 。在横梁中 $\overline{F}_{N1}=-1$, $\overline{M}_1=6$,故

$$A_{\overline{F}_{N1}}=-1\times10=-10, \quad A_{\overline{M}}=6\times10=60$$

梁上下有温差,设横梁上缘温度($\overline{M}_1$ 受拉纤维一侧)为 t_2 ,下缘为 t_1 ,故

$$t=\frac{t_1+t_2}{2}=\frac{-10℃+30℃}{2}=10℃$$

$$t'=t_2-t_1=30℃-(-10)℃=40℃$$

于是

$$\Delta_{1t}=-\alpha\times10\times10+\frac{\alpha\times40}{0.8}\times60=2\,900\alpha$$

将系数及自由项代入典型方程

$$\frac{648}{EI_0}F_1+2\,900\alpha=0$$

解得

$$F_1=-\frac{2\,900\alpha EI_0}{648}=-\frac{2\,900\times0.000\,01\times200\,000}{648}\text{ kN}=-8.95\text{ kN}$$

因为温度改变不引起静定基本体系的内力,故结构最终内力全是由多余未知力 F_1 引起的,弯矩叠加公式为

$$M=\overline{M}_1F_1$$

弯矩图如图 6-16d 所示。

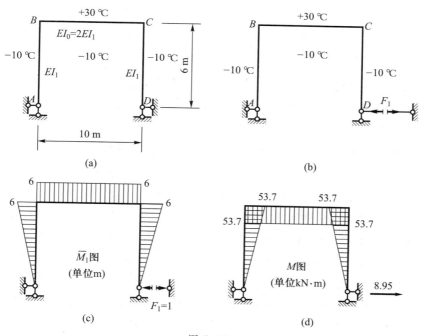

图 6-16

以上计算结果表明,超静定结构在温度改变作用下的内力与各杆刚度的绝对值有关(成正比),计算中必须用刚度的绝对值。在给定的变温条件下,截面尺寸愈大,内力也愈大。所以,为了改善结构在变温作用下的受力状态,加大截面尺寸并不是一个有效的途径。此外,当杆件有变温差时,弯矩图出现在降温边,即降温一边产生拉应力。因此,在钢筋混凝土结构中,要特别注意因降温可能出现裂缝的问题。

6.6　力法的简化计算

视频 6-8
结构的对称
性的利用

在工程中常有这样一类结构,它们不仅在轴线所构成的几何图形和支承情况方面是对称的,而且杆件截面的尺寸和材料性质也是对称的。这类结构叫作对称结构。如图 6-17a、b 所示的刚架就是两个对称结构。平分对称结构的中线称为对称轴。本节根据对称结构的特点来研究它的简化计算方法。

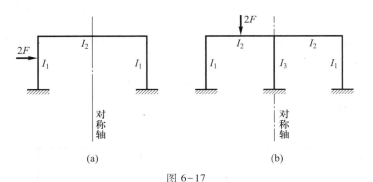

图 6-17

作用在对称结构上的荷载,有两种特殊的情况。如图 6-18 所示的对称刚架,若将其中的左部分或右部分绕对称轴转 180°,这时,左右两部分结构将重合。如果左右两部分上所受的荷载也重合,且具有相同的大小和方向,如图 6-18a、b 所示,则这种荷载叫作正对称荷载;如果左右两部分上所受的荷载虽然互相重合,且有相同的大小,但方向恰好相反,如图 6-18c、d 所示,则这种荷载叫作反对称荷载。结构所受的一般荷载总可以分解为正对称荷载和反对称荷载。例如图 6-17a 所示荷载可以分解为图 6-18a 和 c 所示的两部分。

下面先说明对称结构在正对称荷载作用下,内力和位移是正对称的,在反对称荷载作用下内力和位移是反对称的。以图 6-19a 所示结构为例,用力法计算时将刚架从 CD 的中点 K 处切开,并代以相应的多余未知力 F_1、F_2、F_3,见图 6-19b 所示对称的基本体系。因为原结构中杆 CD 是连续的,所以在 K 处左右两边的截面没有相对转动,也没有上下和左右的相对移动。据此位移条件,可写出力法典型方程如下:

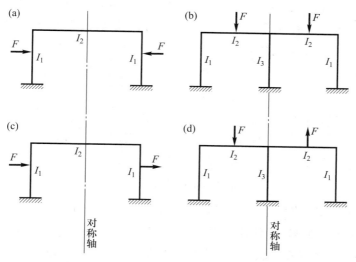

图 6-18 对称结构

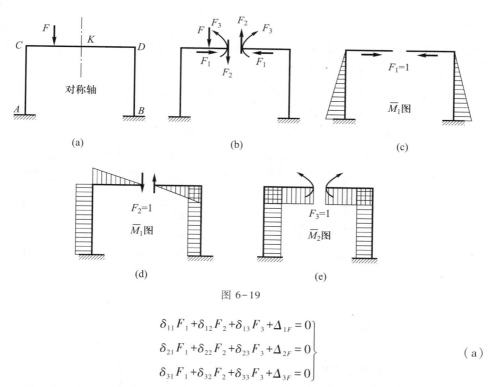

图 6-19

$$\left.\begin{array}{l}\delta_{11}F_1+\delta_{12}F_2+\delta_{13}F_3+\Delta_{1F}=0\\\delta_{21}F_1+\delta_{22}F_2+\delta_{23}F_3+\Delta_{2F}=0\\\delta_{31}F_1+\delta_{32}F_2+\delta_{33}F_3+\Delta_{3F}=0\end{array}\right\} \qquad (a)$$

以上方程组的第一式表示基本体系中切口两边截面沿水平方向的相对线位移应为零;第二式表示切口两边截面沿竖直方向的相对线位移应为零;第三式表示切口两边截面的相对转角应为零。典型方程的系数和自由项都代表基本体系中切口两边截面的相对位移,例如,δ_{31}表示在$\overline{F}_1=1$单独作用下,基本体系中切口两边截面的相对转角。

为了计算系数,分别绘出单位弯矩图,如图 6-19c、d、e 所示。因为 $\overline{F}_1$ 和 $\overline{F}_3$ 是对称力,所以 $\overline{M}_1$ 和 $\overline{M}_3$ 图都是对称图形。因为 $\overline{F}_2$ 是反对称力,所以 $\overline{M}_2$ 图是反对称图形。按这些图形来计算系数时,其结果显然有

$$\delta_{12} = \delta_{21} = 0$$
$$\delta_{23} = \delta_{32} = 0$$

故力法典型方程变为

$$\left.\begin{array}{l} \delta_{11}F_1 + \delta_{13}F_3 + \Delta_{1F} = 0 \\ \delta_{22}F_2 + \Delta_{2F} = 0 \\ \delta_{31}F_1 + \delta_{33}F_3 + \Delta_{3F} = 0 \end{array}\right\} \tag{b}$$

可见,方程被分成两组,一组只包含对称未知力 F_1 和 F_3,另一组只包含反对称未知力 F_2,可以分别解出,使计算得到简化。

下面就正对称荷载和反对称荷载两种情况作进一步的讨论。

(1)正对称荷载

以图 6-20a 所示荷载为例,此时基本体系的荷载弯矩图 M_F 是对称的,如图 6-20b 所示。由于 $\overline{M}_2$ 是反对称的,因此 $\Delta_{2F} = 0$。代入力法方程(b)的第二式,可知反对称未知力 $F_2 = 0$,只剩下对称未知力,在对称基本体系上承受对称的荷载及对称的多余未知力作用,故结构的受力状态和变形状态都是对称的,不会产生反对称的内力和位移。据此可得如下结论:对称结构在正对称荷载作用下,其内力和位移都是对称的。

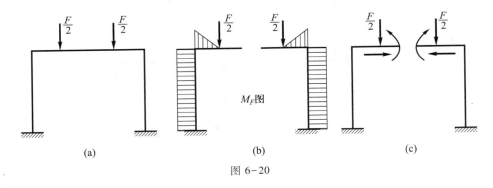

M_F图

(a)   (b)   (c)

图 6-20

(2)反对称荷载

以图 6-21a 所示荷载为例,此时基本体系的荷载弯矩图 M_F 是反对称的,如图 6-21b 所示。由于 $\overline{M}_1$ 和 $\overline{M}_3$ 是对称的,因此 $\Delta_{1F} = \Delta_{3F} = 0$。代入力法方程第一、三式,可知对称未知力 $F_1 = F_3 = 0$,只剩下反对称未知力。在对称基本体系上承受反对称的荷载及反对称的多余未知力作用,故结构的受力状态和变形状态都是反对称的,不会产生对称的内力和位移。据此可得如下结论:对称结构在反对称荷载作用下,其内力和位移都是反对称的。

综上所述,利用结构的对称性可使力法计算得到简化。其主要做法是:

(1)在一般荷载作用下,取对称基本体系(切开位于对称轴上的截面),选正对

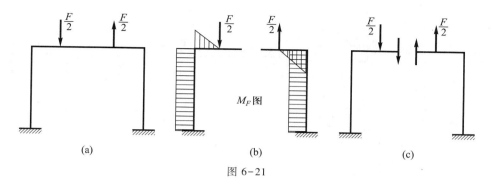

图 6-21

称及反对称基本未知量,可使力法方程中某些副系数为零,使计算简化。

（2）在正对称荷载下,取对称基本体系,只有正对称多余未知量,反对称多余未知量为零,如图 6-20c 所示;在反对称荷载下,取对称基本体系,只有反对称多余未知量,正对称多余未知量为零,如图 6-21c 所示。

（3）当结构承受一般荷载时,可分解为正对称荷载和反对称荷载分别计算,再将结果叠加,也可取对称的基本体系直接进行计算,两者各有利弊,可根据具体情况选择。

关于对称性的利用,还有一种方法——取半结构法,详见第 7 章。

例 6-8　试作图 6-22a 所示刚架的弯矩图。

解:因为该结构为对称结构,受到对称荷载作用,支座 A、C 处的约束力必对称（相等）。因此,取成组未知力 A、C 处的约束力 F_1,得基本体系和基本未知量,如图 6-22b 所示。其力法典型方程为

$$\Delta_1 = \delta_{11} F_1 + \Delta_{1F} = 0$$

式中,Δ_1 表示的是 A、C 两点竖向位移之和。由于基本体系是对称的,A、C 两点位移大小相等、方向相同,其和 $\Delta_1 = 0$ 等效于 A、C 两点的竖向位移分别为零。从而使基本体系在解除约束处的位移条件与原结构相同。

为了求系数和自由项,作出单位弯矩图和荷载弯矩图,如图 6-22c、d 所示。由图乘法求得

$$\delta_{11} = \frac{2}{EI}\left(\frac{1}{3}aaa\right) = \frac{2a^3}{3EI}$$

$$\Delta_{1F} = -\frac{2}{EI}\left(\frac{1}{4}a\,\frac{qa^2}{2}a\right) = -\frac{qa^4}{4EI}$$

代入方程解得

$$F_1 = -\frac{\Delta_{1F}}{\delta_{11}} = \frac{3}{8}qa$$

再根据叠加原理求作最终弯矩图,如图 6-22e 所示。

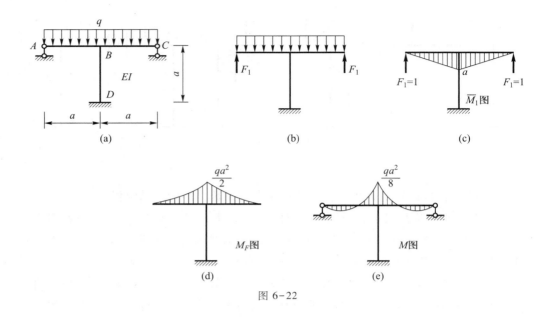

图 6-22

6.7　超 静 定 拱

拱也是土木工程中常见的一种结构形式,在建筑、桥梁、水利上都有广泛的使用。在前面静定结构中学习了静定三铰拱的内力计算方法,对拱结构的特性也有了一定的了解。除了三铰拱以外,其他拱都是超静定拱,常用有两铰拱和无铰拱两种形式。一般来说,无铰拱弯矩分布比较均匀,且构造简单,在工程中应用较多。例如钢筋混凝土拱桥和石拱桥,隧道的混凝土拱圈,房屋中的拱形屋架及门窗拱圈等。本节先讨论两铰拱的计算。

6.7.1　两铰拱

两铰拱是一次超静定结构,如图 6-23a 所示。用力法计算时,通常采用图 6-23b 所示的简支曲梁为基本结构。

根据原结构右支座处沿 F_1 方向的位移等于零这一条件,可建立典型方程:

$$\delta_{11}F_1 + \Delta_{1F} = 0$$

对于系数和自由项的计算,经验指出:在一般常用的两铰拱中,可略去剪力的影响;而考虑轴力的影响,只在 $f < l/3$ 的情况下,计算系数 δ_{11} 时方需加以考虑。因为拱为曲线杆件,故只能用积分法计算系数和自由项。据此可取

$$\delta_{11} = \int \frac{\overline{M}_1^2 \mathrm{d}s}{EI} + \int \frac{\overline{F}_{N1}^2 \mathrm{d}s}{EA}, \quad \Delta_{1F} = \int \frac{\overline{M}_1 M_F \mathrm{d}s}{EI}$$

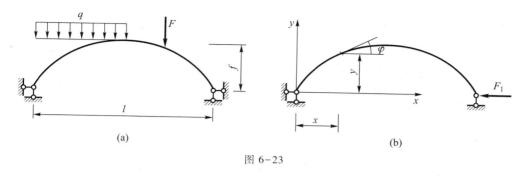

图 6-23

设弯矩以使拱内侧纤维受拉为正,轴力以使拱轴受压为正,则单位多余未知力 $F_1=1$ 所引起的弯矩和轴力可分别表示为

$$\overline{M}_1 = -y, \quad \overline{F}_{N1} = \cos \varphi$$

可得

$$F_1 = \frac{\displaystyle\int y M_F \frac{ds}{EI}}{\displaystyle\int y^2 \frac{ds}{EI} + \int \cos^2 \varphi \frac{ds}{EA} + \frac{l}{E_1 A_1}} \tag{6-6}$$

求得了推力 F_1,则其他内力就不难按叠加法求得,任一截面的内力计算与三铰拱是相似的:

$$\left.\begin{array}{l} M = M^0 - F_1 y \\ F_Q = F_Q^0 \cos \alpha - F_1 \sin \alpha \\ F_N = F_Q^0 \sin \alpha + F_1 \cos \alpha \end{array}\right\} \tag{6-7}$$

有时为了使两铰拱的水平推力不传给下部支承结构,可采用具有拉杆的两铰拱,如图 6-24a 所示。这种结构可取图 6-24b 所示基本结构用力法求解,以拉杆内力 F_1 作为多余未知力。它的计算方法和步骤与一般两铰拱是一样的,典型方程为

$$\delta_{11} F_1 + \Delta_{1F} = 0$$

但在计算系数 δ_{11} 时,除考虑拉杆的弯曲变形外,还需考虑拉杆的轴向变形,即

$$\delta_{11} = \int \frac{\overline{M}_1^2 ds}{EI} + \int \frac{\overline{F}_{N1}^2 ds}{EA} + \frac{l}{E_1 A_1}$$

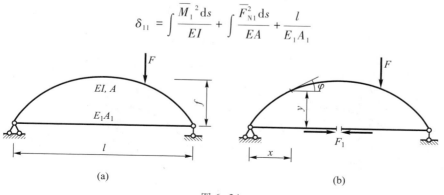

图 6-24

$$\Delta_{1P} = \int \frac{\overline{M}_1 M_F \mathrm{d}s}{EI}$$

式中$\dfrac{l}{E_1 A_1}$是拉杆在 $F_1 = 1$ 作用下的轴向变形。将 $\overline{M}_1 = -y$，$\overline{F}_{N1} = \cos \varphi$ 代入，可得

$$X_1 = \frac{\displaystyle\int y M_F \frac{\mathrm{d}s}{EI}}{\displaystyle\int y^2 \frac{\mathrm{d}s}{EI} + \int \cos^2 \varphi \frac{\mathrm{d}s}{EA} + \frac{l}{E_1 A_1}}$$

多余力 F_1 求得后，即可进一步计算拱的内力。当荷载为竖向作用时，拱中任一截面的内力可按式（6-7）计算。$E_1 A_1 \rightarrow \infty$ 时，拉杆拱的内力与两铰拱相同；$E_1 A_1 \rightarrow 0$ 时，$F_1 \rightarrow 0$，拉杆拱成为简支曲梁丧失拱的特征。由此可见，在设计拉杆两铰拱时，为了减小拱的弯矩，应适当加大拉杆的抗拉刚度。

6.7.2   无铰拱

在无铰拱中，由于拱趾处弯矩通常比其他截面的大，故截面常设计成由拱顶向拱趾逐渐增大的形式。但当拱高 $f < l/8$ 时，又可近似地按等截面进行计算。本节只讨论常见的对称无铰拱的计算。

无铰拱是三次超静定结构。对称无铰拱如图 6-25a 所示，在计算时为了简化计算应取对称的基本结构。

若从拱顶截开，取拱顶的弯矩 F_1、轴力 F_2 和剪力 F_3 为多余未知力（图 6-25b），弯矩 F_1 和轴力 F_2 是对称未知力，剪力 F_3 是反对称未知力，因此力法方程中的副系数

$$\delta_{13} = \delta_{31} = 0, \quad \delta_{23} = \delta_{32} = 0$$

但是 $\delta_{12} = \delta_{21} \neq 0$。于是力法方程简化为：

$$\left. \begin{array}{l} \delta_{11} F_1 + \delta_{12} F_2 + \Delta_{1F} = 0 \\ \delta_{21} F_1 + \delta_{22} F_2 + \Delta_{2F} = 0 \\ \delta_{33} F_3 + \Delta_{3F} = 0 \end{array} \right\} \tag{a}$$

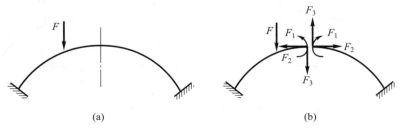

图 6-25

如果能使 $\delta_{12}=\delta_{21}=0$，则典型方程中的副系数全部为零，从而使方程进一步简化为三个独立的一元一次方程。

$$
\left.\begin{array}{l}
\delta_{11}F_1+\Delta_{1F}=0 \\
\delta_{22}F_2+\Delta_{2F}=0 \\
\delta_{33}F_3+\Delta_{3F}=0
\end{array}\right\}
\tag{b}
$$

为了使 $\delta_{12}=\delta_{21}=0$，这里可以利用"刚臂"的简化方法。下面说明如何利用刚臂达到上述简化的目的。

首先，设想把原来的无铰拱换成图 6-26a 所示的拱：即先在拱顶把无铰拱切开，在切口处沿竖向对称轴引出两根刚度为无穷大的杆件——刚臂，再在端部把两个刚臂重新刚性地连接起来。在任意荷载作用下，由于刚臂是绝对刚性的，不产生任何变形，所以两个刚臂之间没有任何相对位移（包括相对移动和相对转动），这就保证了此结构与原无铰拱的变形情况完全一致，即这个带刚臂的无铰拱与原来的无铰拱是等效的，可以互相代替。

将此带刚臂的无铰拱从刚臂下端的刚结处切开，并代以多余未知力 F_1、F_2 和 F_3，得到基本体系，如图 6-26b 所示，它是两个带刚臂的曲梁。

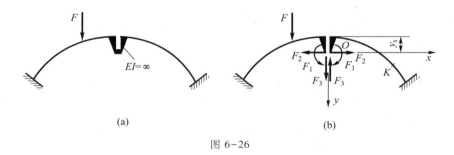

图 6-26

利用对称性，并适当延长刚臂的长度，可使副系数全部为零。现在需要确定刚臂的长度，可以刚臂端点 O 为坐标原点，并规定 x 轴向右为正，y 轴向下为正。要使副系数 $\delta_{12}=\delta_{21}=0$，可根据这个条件反过来推算 O 点的位置。为此，先写出副系数 $\delta_{12}=\delta_{21}=0$ 的算式如下：

$$
\delta_{12}=\delta_{21}=\int\frac{\overline{M}_1\overline{M}_2\mathrm{d}s}{EI}+\int\frac{\overline{F}_{N1}\overline{F}_{N2}\mathrm{d}s}{EA}+\int k\frac{\overline{F}_{Q1}\overline{F}_{Q2}\mathrm{d}s}{GA}\Bigg\}
\tag{c}
$$

其次，求各单位多余未知力作用下基本结构的内力表达式，当 $\overline{F}_1=1$、$\overline{F}_2=1$、$\overline{F}_3=1$ 分别作用时（图 6-27a、b、c），内力表达式为

$$
\left.\begin{array}{lll}
\overline{M}_1=1, & \overline{F}_{Q1}=0, & \overline{F}_{N1}=0 \\
\overline{M}_2=y, & \overline{F}_{Q2}=\sin\varphi, & \overline{F}_{N2}=\cos\varphi \\
\overline{M}_3=x, & \overline{F}_{Q3}=\cos\varphi, & \overline{F}_{N3}=-\sin\varphi
\end{array}\right\}
\tag{d}
$$

将式（d）代入式（c），可得

$$\delta_{12} = \delta_{21} = \int y \frac{\mathrm{d}s}{EI} = \int (y_1 - y_s) \frac{\mathrm{d}s}{EI} = \int y_1 \frac{\mathrm{d}s}{EI} - y_s \int \frac{\mathrm{d}s}{EI} \qquad (\mathrm{e})$$

令 $\delta_{12} = \delta_{21} = 0$，便可得到刚臂长度 y_s 为

$$y_s = \frac{\int y_1 \dfrac{\mathrm{d}s}{EI}}{\int \dfrac{\mathrm{d}s}{EI}} \qquad (6\text{-}8)$$

这个方法中的一个重要环节，就是根据式(6-8)来确定刚臂端点 O 的位置。为了形象理解这个公式，在图6-27中我们设想一个窄条面积，以拱的轴线作为它的轴线，以拱的截面抗弯刚度的倒数 $\dfrac{1}{EI}$ 作为它的截面宽度。这个设想的面积称为弹性面积。从弹性面积中取出微段 $\mathrm{d}s$，微段的面积为 $\dfrac{\mathrm{d}s}{EI}$。由于此图形的面积与结构的弹性性质 EI 有关，故称为弹性面积图，它的形心则称为弹性中心。由于 y 轴是对称轴，所以 x、y 是弹性面积的一对形心主轴。只要将刚臂端点引到弹性中心上，且将 F_2 和 F_3 置于主轴方向上，就可以使全部副系数等于零。这一方法也称为弹性中心法。

在计算位移 Δ_{iF} 和 δ_{ii} 时，通常可忽略轴向变形和剪切变形的影响，只考虑弯矩的影响；但计算 δ_{22} 时，有时需要考虑轴力的影响。因此，计算位移时通常采用下列算式：

$$\left. \begin{aligned} E\delta_{11} &= \int \overline{M}_1^2 \frac{\mathrm{d}s}{I} = \int \frac{\mathrm{d}s}{I} \\ E\delta_{22} &= \int \overline{M}_2^2 \frac{\mathrm{d}s}{I} + \int \overline{F}_{N2}^2 \frac{\mathrm{d}s}{A} = \int y^2 \frac{\mathrm{d}s}{I} + \int \cos^2\varphi \frac{\mathrm{d}s}{A} \\ E\delta_{33} &= \int \overline{M}_3^2 \frac{\mathrm{d}s}{I} = \int x^2 \frac{\mathrm{d}s}{I} \\ E\Delta_{1F} &= \int \overline{M}_1 M_F \frac{\mathrm{d}s}{I} = \int M_F \frac{\mathrm{d}s}{I} \\ E\Delta_{2F} &= \int \overline{M}_2 M_F \frac{\mathrm{d}s}{I} = \int y M_F \frac{\mathrm{d}s}{I} \\ E\Delta_{3F} &= \int \overline{M}_3 M_F \frac{\mathrm{d}s}{I} = \int x M_F \frac{\mathrm{d}s}{I} \end{aligned} \right\} \qquad (6\text{-}9)$$

根据实际经验，当 $f > l/8$ 时，δ_{22} 中的轴力项也可以忽略。

最后应指出，超静定拱(含两铰拱和无铰拱)多数是变截面的，又是曲杆，如果拱轴方程和截面变化规律已知，上式中求系数和自由项时常须用数值积分法分段求和计算。求得系数和自由项后，解得未知力，就可将无铰拱看作在荷载和多余未知力共同作用下的两根悬臂曲梁，任一截面的内力可按叠加法进行求解。

$$\left.\begin{array}{l} M = F_1 + F_2 y + F_3 x + M_F \\ F_Q = F_2 \sin\varphi + F_3 \cos\varphi + F_{QF} \\ F_N = F_2 \cos\varphi - F_3 \sin\varphi + F_{NF} \end{array}\right\} \qquad (6-10)$$

式中，M_F、F_{QF} 和 F_{NF} 分别是基本结构在荷载作用下该截面的弯矩、剪力和轴力。

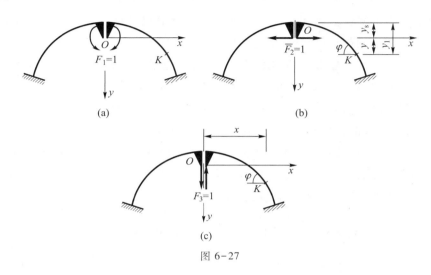

图 6-27

6.8 超静定结构的位移计算及最终内力图的校核

6.8.1 超静定结构的位移计算

超静定结构在内力及内力图求得后，还须计算其位移。计算超静定结构位移的目的是检验结构设计是否满足刚度要求，还可用来校核原结构最终弯矩图是否正确。

由力法计算超静定结构是根据在荷载及多余未知力共同作用下，基本结构的受力和位移与原结构完全一致这个条件来进行的。也就是说，在荷载及多余未知力作用下，基本结构的受力和位移与原结构是完全一致的。因此，求超静定结构位移时，完全可以用求基本结构的位移来代替。首先讨论在荷载作用下超静定结构的位移计算。

在前面静定结构位移的计算中介绍了单位荷载法计算结构位移的公式：

$$\Delta_{KF} = \sum \int \frac{\overline{F}_N F_{NF}}{EA} ds + \sum \int \frac{\lambda \overline{F}_Q F_{QF}}{GA} ds + \sum \int \frac{\overline{M} M_F}{EI} ds$$

对于超静定结构，只要求出多余未知力，将多余未知力也当作荷载与原荷载同时加在基本结构上，则静定的基本结构上的位移也就是原超静定结构的位移。因此上式对计算超静定结构的位移也是适用的。式中的 M_P、F_{QP} 和 F_{NP} 是基本结构由于外荷载和多余未知力共同作用下的内力(即原超静定结构的实际内力);$\overline{M}$、$\overline{F}_Q$ 和 $\overline{F}_N$ 为基本结构在所求位移 K 点处虚拟广义单位力作用所引起的虚拟状态的内力。

由于超静定结构的内力并不因所取的基本结构不同而不同,因此我们可以将其内力看作是按任意基本结构而求得的。这样,在计算超静定结构的位移时,也就可以将所虚拟的单位力施加于任一基本结构作为虚拟状态。为了使计算简化,则可选取单位内力图相对简单的基本结构。

上面具体给出了超静定结构由于荷载作用引起位移的计算;对由于温度改变、支座移动引起的位移计算在下面内容中介绍。因为基本结构是静定结构,温度改变和支座移动并不会产生内力,但会产生位移。因此,计算超静定结构在温度改变、支座移动引起的位移时,对于刚架往往只考虑弯矩影响,这一点与静定结构的位移计算也是一致的,除了考虑由于内力而产生的弹性变形所引起的位移,还要加上由于温度改变、支座移动引起的位移。具体公式如下。

(1)温度改变时,超静定结构的位移计算公式:

$$\Delta_K = \sum \int \frac{\overline{F}_N F_{NF}}{EA} \mathrm{d}s + \sum \int \frac{\lambda \overline{F}_Q F_{QF}}{GA} \mathrm{d}s + \sum \int \frac{\overline{M} M_F}{EI} \mathrm{d}s + \tag{6-11}$$
$$\sum \int \overline{M} \frac{\alpha \Delta_t}{h} \mathrm{d}s + \sum \int \overline{F}_N \alpha t_0 \mathrm{d}s$$

(2)支座移动时,超静定结构的位移计算公式:

$$\Delta_K = \sum \int \frac{\overline{F}_N F_{NF}}{EA} \mathrm{d}s + \sum \int \frac{\lambda \overline{F}_Q F_{QF}}{GA} \mathrm{d}s + \sum \int \frac{\overline{M} M_F}{EI} \mathrm{d}s - \sum \overline{F}_{RK} c \tag{6-12}$$

例 6-9   图 6-28a 所示刚架 A 支座发生转角 φ,求由于支座移动所引起的 B 点的水平位移。所有杆长为 l,EI 为常数。

解:支座移动时在超静定刚架的弯矩 M_P 图如图 6-28b 所示。作单位弯矩图时,选择两种基本结构:

(1)取简支刚架为基本结构,图 6-28c 所示为单位力作用下 $\overline{M}$ 图,由于基本体系中无支座移动,直接图乘 $\overline{M}$ 和 M_P 图即可。

$$\Delta_{BH} = \frac{1}{EI} \left[\frac{3}{4} i\varphi \times l \times \frac{1}{2} \times \frac{2l}{3} + \frac{3}{4} i\varphi \times l \times \frac{l}{2} \right] = \frac{5\varphi l}{8} (\rightarrow)$$

(2)取悬臂刚架为基本结构,则基本体系有支座移动,如图 6-28d 所示。

$$\Delta_{BH} = \frac{1}{EI} \left[-\frac{3}{4} i\varphi \times l \times \frac{l}{2} \right] - (-l \times \varphi) = \frac{5\varphi l}{8} (\rightarrow)$$

以上两种算法得到相同的结果。

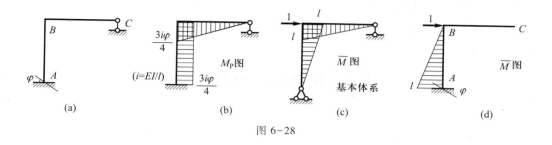

图 6-28

6.8.2 最终内力图的校核

最终内力图是结构设计的依据,必须保证其正确性。由于超静定结构计算的工作量大,计算过程难免发生差错,因此,有必要对超静定结构的最终内力图进行校核。校核的依据是:最终内力图应满足平衡条件和位移条件。

（1）平衡条件的校核（必要条件）

取结构的整体或任一部分作隔离体,校核其受力是否满足平衡条件。如不满足,则表明内力图有错误。例如图 6-29a 所示弯矩图,取结点 E 为隔离体（图 6-29b）,应有

$$\sum M_E = M_{ED} + M_{EB} + M_{EF} = 0$$

剪力图和轴力图校核:可取结点、杆件或结构的一部分为隔离体,考察是否满足平衡条件。

但是必须指出,单凭满足平衡条件 $\sum F_x = 0$,$\sum F_y = 0$ 还不能肯定最终内力图就是正确的。因为多余未知力的求得是根据变形条件,而不是根据力的平衡条件,即使多余未知力求错了,根据其绘出的弯矩图也可以是平衡的。因此平衡条件的校核,仅满足必要条件;位移条件的校核,才满足充分条件。

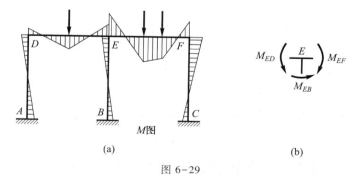

图 6-29

（2）位移条件的校核（充分条件）

从理论上讲,将所求得的多余未知力代回力法典型方程（位移方程）,若方程成立,则表明计算正确;若方程不成立,则表明计算有错。但这样作太烦锁,一般不用。在实用上,常采用以下方法进行校核:根据已求得的最终弯矩图,计算原结构

某一截面的位移,校核它是否与实际的已知变形情况相符(一般常选取位移为零处)。若相符,则表明该弯矩图正确;若不相符,则表明该弯矩图有错。

6.9 超静定结构的特性

因为超静定结构有多余约束,所以它具有不同于静定结构的重要特性。

(1)超静定结构在失去多余约束后,仍可以维持几何不变性

静定结构是几何不变且无多余约束的体系,它若失去任何一个约束,就成为几何可变体系,因而丧失承载能力。超静定结构则不同,它若失去多余约束,仍为几何不变体系,仍能维持几何不变,还具有一定的承载能力。因此,从抵抗突然破坏的防护能力来看,超静定结构比静定结构具有较大的安全保证。

(2)超静定结构的最大内力和位移小于静定结构

在同荷载、同跨度、同结构类型情况下,超静定结构的最大内力和位移一般小于静定结构的最大内力和位移。在局部荷载作用时,超静定结构内力影响范围比较大,内力分布比较均匀,内力峰值也较小。

(3)超静定结构的约束力和内力与杆件材料的弹性常数和截面尺寸有关

静定结构的约束力和内力取决于结构的平衡条件,与杆件材料的弹性常数和截面尺寸无关。在超静定结构计算中,要用到平衡条件、物理条件和位移条件。而位移又与杆件材料的弹性常数和截面尺寸有关。所以,超静定结构的内力与杆件材料的弹性常数和截面尺寸有关,即与杆件的刚度有关。在荷载作用下,内力与相对刚度有关。因此对于超静定结构,有时不必改变杆件的布置,只要调整各杆截面的大小,就会使结构的内力重新分布。

(4)温度改变、支座移动等因素会使超静定结构产生内力

在静定结构中,温度改变、支座移动、制造误差等因素都将引起结构的变形或位移。但是在变形或位移过程中没有受到额外的约束,故不引起内力。而在超静定结构中,温度改变、支座移动、制造误差等因素在变形和位移的过程中受到额外的约束,故要引起内力。这种不属于荷载引起的内力,通常称为初内力或自内力,这种内力与各杆件刚度的绝对值有关。各杆件刚度增大,则内力也增大。因此,对于温度改变、支座移动等因素来说,不能用增大结构截面尺寸的办法来减少内力。

6.10 等截面直杆的转角位移方程

视频6-9
等截面直杆
的转角位移
方程

单跨超静定梁的计算是位移法的基础。本节先研究单跨超静定梁在荷载及支座移动作用下的杆端内力的计算问题,这个问题可以用力法来解决。

为适应位移法研究的需要,将采用如下的符号规定。杆端转角 φ_A、φ_B 及垂直

杆轴线的相对线位移 Δ_{AB} 均以顺时针转为正;杆端弯矩 M_{AB}、M_{BA} 及杆端剪力 F_{QAB}、F_{QBA} 也均以顺时针转动为正,如图 6-30 中所示各量均为正方向。

（1）单跨超静定梁的固端弯矩和剪力

常见的单跨超静定梁有下列三种形式:两端固定梁,一端固定、另一端铰支的梁,一端固定、另一端滑移支承的梁。它们受到荷载作用产生的杆端内力可用

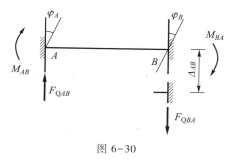

图 6-30

力法求解。现以图 6-31a 所示等截面两端固定梁受集中力作用的问题为例进行讨论。

该梁是一个三次超静定结构。取图 6-31b 所示的悬臂梁为基本体系,并以多余约束力 F_1、F_2、F_3 代替所去约束的作用。由于 F_3 对梁的弯矩没有影响,故可不予考虑。事实上,无轴向荷载作用时梁内无轴向力,而只根据沿 F_1 和 F_2 方向的位移条件来建立求解基本未知量 F_1 和 F_2 的方程。

在原结构中,B 点处不可能发生转角和竖向位移,按此位移条件可写出力法典型方程:

$$\delta_{11}F_1 + \delta_{12}F_2 + \Delta_{1F} = 0$$
$$\delta_{21}F_1 + \delta_{22}F_2 + \Delta_{2F} = 0$$

作出两个单位弯矩 $\overline{M}_1$、$\overline{M}_2$ 图如图 6-31c、d 所示,荷载弯矩 M_F 图如图 6-31e 所示,应用图乘法可算得

$$\delta_{11} = \frac{1}{EI} \times 1 \times 1 \times l = \frac{l}{EI}$$

$$\delta_{22} = \frac{1}{EI} \times \frac{l}{3} \times l \times l = \frac{l^3}{3EI}$$

$$\delta_{12} = \delta_{21} = \frac{1}{EI} \times \frac{1}{2} \times 1 \times l \times l = \frac{l^2}{2EI}$$

$$\Delta_{1F} = \frac{1}{EI} \times \frac{Fa^2}{2} \times 1 = \frac{Fa^2}{2EI}$$

$$\Delta_{2F} = \frac{1}{EI} \times \frac{Fa^2}{2}\left(b + \frac{2}{3}a\right) = \frac{Fa^2}{6EI}(3b + 2a)$$

将以上系数和自由项代入方程,并消去 $\frac{1}{EI}$,得

$$lF_1 + \frac{l^2}{2}F_2 + \frac{Fa^2}{2} = 0$$

$$\frac{l^2}{2}F_1 + \frac{l^3}{3}F_2 + \frac{Fa^2}{6}(3b + 2a) = 0$$

解联立方程组,得

$$F_1 = \frac{Fa^2 b}{l^2}, \quad F_2 = -\frac{Fa^2(l+2b)}{l^3}$$

因此,AB 梁 B 端的弯矩和剪力为

$$M_{BA} = \frac{Fa^2 b}{l^2}, \quad F_{QBA} = -\frac{Fa^2(l+2b)}{l^3}$$

由静力平衡条件可求得 A 端的弯矩和剪力为

$$M_{AB} = -\frac{Fab^2}{l^2}, \quad F_{QAB} = \frac{Fb^2(l+2a)}{l^3}$$

最终弯矩图和剪力图如图 6-31f、g 所示。

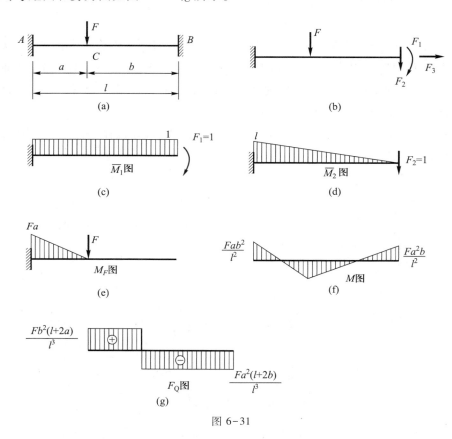

图 6-31

对于其他荷载及温度变化情况也可类似计算。另外两类梁可用力法直接计算,也可根据两端固定梁的杆端内力结果求得。

表 6-1 给出了几种常见荷载及温度变化作用下的杆端弯矩和剪力,称为固端弯矩和固端剪力。因为它们是只与荷载有关的常数,所以又叫作载常数。用 M_{AB}^F、M_{BA}^F 与 F_{QAB}^F、F_{QBA}^F 来表示。

表 6-1 等截面单跨超静定梁固端弯矩与固端剪力$\left(i_{AB} = \dfrac{EI}{l} \right)$

	简图	弯矩图	固端弯矩		固端剪力	
			M_{AB}^F	M_{BA}^F	F_{QAB}^F	F_{QBA}^F
1			$4i_{AB} = S_{AB}$	$2i_{AB}$	$-\dfrac{6i_{AB}}{l}$	$-\dfrac{6i_{AB}}{l}$
2			$-\dfrac{6i_{AB}}{l}$	$-\dfrac{6i_{AB}}{l}$	$\dfrac{12i_{AB}}{l^2}$	$\dfrac{12i_{AB}}{l^2}$
3			$3i_{AB} = S_{AB}$	0	$\dfrac{3i_{AB}}{l}$	$\dfrac{3i_{AB}}{l}$
4			$-\dfrac{3i_{AB}}{l}$	0	$-\dfrac{3i_{AB}}{l^2}$	$-\dfrac{3i_{AB}}{l^2}$
5			$i_{AB} = S_{AB}$	$-i_{AB}$	0	0
6			$-\dfrac{Fab^2}{l^2}$ $a=b$ $-\dfrac{Fl}{8}$	$\dfrac{Fa^2b}{l^2}$ $a=b$ $\dfrac{Fl}{8}$	$\dfrac{Fb^2}{l^2}\left(1+\dfrac{2a}{l}\right)$ $a=b$ $\dfrac{F}{2}$	$-\dfrac{Fa^2}{l^2}\left(1+\dfrac{2a}{l}\right)$ $a=b$ $-\dfrac{F}{2}$
7			$-\dfrac{ql^2}{12}$	$\dfrac{ql^2}{12}$	$\dfrac{ql}{2}$	$-\dfrac{ql}{2}$
8			$-\dfrac{q_0 l^2}{30}$	$\dfrac{q_0 l^2}{20}$	$\dfrac{3q_0 l}{20}$	$-\dfrac{7q_0 l}{20}$
9			$\dfrac{mb}{l^2}(2l-3a)$	$\dfrac{ma}{l^2}(2l-3b)$	$-\dfrac{6ab}{l^3}m$	$-\dfrac{6ab}{l^3}m$

	简图	弯矩图	固端弯矩		固端剪力	
			M_{AB}^{F}	M_{BA}^{F}	F_{QAB}^{F}	F_{QBA}^{F}
10			$-\dfrac{at'EI}{h}$	$\dfrac{at'EI}{h}$	0	0
11			$-\dfrac{Fb(l^2-b^2)}{2l^2}$　$a=b$　$-\dfrac{3Fl}{16}$	0	$\dfrac{Fb(3l^2-b^2)}{2l^3}$　$a=b$　$\dfrac{11F}{16}$	$-\dfrac{Fa^2(3l-a)}{2l^3}$　$a=b$　$-\dfrac{5F}{16}$
12			$-\dfrac{ql^2}{8}$	0	$\dfrac{5ql}{8}$	$-\dfrac{3ql}{8}$
13			$-\dfrac{q_0 l^2}{15}$	0	$\dfrac{2q_0 l}{5}$	$-\dfrac{q_0 l}{10}$
14			$-\dfrac{7q_0 l^2}{120}$	0	$\dfrac{9q_0 l}{40}$	$-\dfrac{11q_0 l}{40}$
15			$\dfrac{m(l^2-3b^2)}{2l^2}$	0	$-\dfrac{3m(l^2-b^2)}{2l^3}$	$-\dfrac{3m(l^2-b^2)}{2l^3}$
16			$-\dfrac{3at'EI}{2h}$	0	$\dfrac{3at'EI}{2hl}$	$\dfrac{3at'EI}{2hl}$
17			$-\dfrac{Fa(l+b)}{2l}$	$-\dfrac{Fa^2}{2l}$	F	0
18			$-\dfrac{ql^2}{3}$	$-\dfrac{ql^2}{6}$	ql	0

（2）单跨梁在支座移动作用下的杆端内力

单跨梁发生支座移动时带动梁端发生相同的杆端位移。对两端固定梁，与杆端内力有关的支座移动或杆端位移有两端的转角 φ_A、φ_B 及垂直杆轴线的相对位移 Δ_{AB}，如图 6-32 所示。单跨梁在支座移动作用下产生的杆端

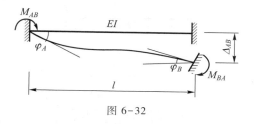

图 6-32

内力仍用力法求解。现以图 6-33a 所示两端固定梁在 φ_A 作用下的问题为例进行讨论。

同前一样取图 6-33b 所示的基本体系，写出力法典型方程为

$$\delta_{11}F_1 + \delta_{12}F_2 + \Delta_{1C} = 0$$
$$\delta_{21}F_1 + \delta_{22}F_2 + \Delta_{2C} = 0$$

由前已知

$$\delta_{11} = \frac{l}{EI}, \quad \delta_{22} = \frac{l^3}{3EI}, \quad \delta_{12} = \delta_{21} = \frac{l^2}{2EI}$$

Δ_{1C}、Δ_{2C} 分别为基本体系支座 A 转动 φ_A 以后，B 点沿 F_1 方向的转角和沿 F_2 方向的竖向位移，可按下式计算，即

$$\Delta_{1C} = -\overline{F}_{RA1}\Delta_{AC} = -(-1 \times \varphi_A) = \varphi_A$$
$$\Delta_{2C} = -\overline{F}_{RA2}\Delta_{AC} = -(-l \times \varphi_A) = l\varphi_A$$

将所有系数和自由项代入典型方程

$$\frac{l}{EI}F_1 + \frac{l^2}{2EI}F_2 + \varphi_A = 0$$

$$\frac{l^2}{2EI}F_1 + \frac{l^3}{3EI}F_2 + l\varphi_A = 0$$

解得

$$F_1 = \frac{2EI}{l}\varphi_A, \quad F_2 = -\frac{6EI}{l^2}\varphi_A$$

由静力平衡条件得

$$F_{QAB} = -\frac{6EI}{l^2}\varphi_A$$

$$M_{AB} = \frac{4EI}{l}\varphi_A$$

最终弯矩图和剪力图如图 6-33e、f 所示。

对于图 6-34a 所示等截面两端固定梁，当两支座在垂直于梁轴方向发生相对线位移 Δ_{AB}（可看作支座 A 向上发生竖向线位移 Δ_{AB} 或支座 B 向下发生竖向线位移 Δ_{AB}）时，同样可用力法计算并可作出其弯矩图和剪力图，如图 6-34b、c 所示。

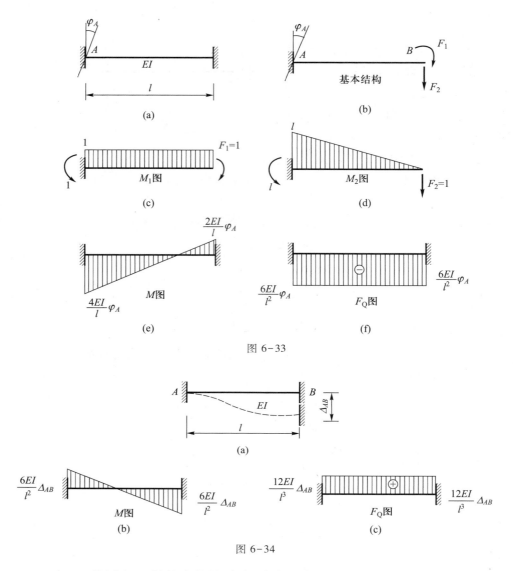

图 6-33

图 6-34

对于 A 端固定、B 端铰支的梁,与杆端内力有关的支座移动有 φ_A 和 $\Delta_{AB} = 0$ 而定的非独立变量。对于 A 端固定、B 端滑移支承的梁,与杆端内力有关的支座移动有 φ_A 和 φ_B,而 Δ_{AB} 是随 φ_A、φ_B 而定的非独立变量。以上两类梁同样可用力法计算或根据两端固定梁的结果导出。

在表 6-1 中也给出了单跨梁在支座移动作用下的杆端内力。表中所给均为单位杆端位移时的杆端弯矩和杆端剪力,称为劲度(刚度)系数。它们是只与杆长、杆截面尺寸和材料性质有关的常数,所以又叫形常数。表中还将 $\dfrac{EI}{l}$ 简记为 i_{AB},称为 AB 杆的线抗弯刚度,简称线刚度。

(3)等截面直杆的转角位移方程

单跨超静定梁受到荷载及支座移动共同作用时,其杆端内力可根据叠加原理,由表 6-1 中相应各栏的杆端内力值叠加而得。对于两端固定的等截面梁,其杆端

弯矩和剪力为

$$M_{AB} = 4i\varphi_A + 2i\varphi_B - 6i\frac{\Delta_{AB}}{l} + M_{AB}^F$$

$$M_{BA} = 2i\varphi_A + 4i\varphi_B - 6i\frac{\Delta_{AB}}{l} + M_{BA}^F$$

$$F_{QAB} = -\frac{6i}{l}\varphi_A - \frac{6i}{l}\varphi_B + \frac{12i}{l^2}\Delta_{AB} + F_{QAB}^F$$

$$F_{QBA} = -\frac{6i}{l}\varphi_A - \frac{6i}{l}\varphi_B + \frac{12i}{l^2}\Delta_{AB} + F_{QBA}^F$$

(6-13)

设某一结构中的任一杆件或杆段 AB(等截面直杆),在外因作用下发生变形后,其杆端转角为 φ_A、φ_B,相对位移为 Δ_{AB}(不计杆长变化),且有杆上荷载作用,如图 6-35 所示。这时杆端弯矩和剪力也可以用上式计算,故称上式为等截面直杆的转角位移方程。它反映了杆端位移及杆上荷载与杆端内力之间的关系。因此,在杆端位移已知的情况下,利用式(6-13)就可以算出给定荷载下的杆端内力。因为杆端位移与结构的结点位移有一定的关系,知道了结点位移,就可知道杆端位移,从而可确定杆端内力。这就是确定超静定结构内力的位移法,取结点位移为基本未知量的基本依据。另外两类等截面梁的转角位移方程叙述如下。

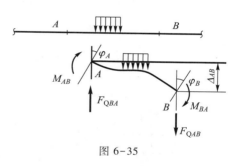

图 6-35

对于 A 端固定、B 端铰支的梁,其杆端弯矩为(杆端剪力表达式略)

$$M_{AB} = 3i\varphi_A - 3i\frac{\Delta_{AB}}{l} + M_{AB}^F$$

$$M_{BA} = 0$$

(6-14)

对于 A 端固定、B 端滑移支承的梁,其杆端弯矩为(杆端剪力表达式略)

$$M_{AB} = i\varphi_A + M_{AB}^F$$

$$M_{BA} = -i\varphi_A + M_{BA}^F$$

(6-15)

思 考 题

6-1 说明静定结构与超静定结构的区别。

6-2 用力法解超静定结构的思路是什么?什么是基本结构和基本未知量?为什么要首先计算基本未知量?基本结构与原结构有何异同?

6-3 在选取力法基本结构时应掌握什么原则?如何确定超静定次数?

6-4 力法典型方程的意义是什么?其系数和自由项的物理意义是什么?

6-5　为什么力法典型方程中主系数恒大于零,而副系数则可能为正值、负值或为零?

6-6　试比较在荷载作用下用力法计算超静定刚架、桁架、组合结构、排架的异同。

6-7　试述用力法求解超静定结构的步骤。

6-8　怎样利用结构的对称性简化计算?

6-9　为什么在温度改变、支座移动影响下,超静定结构的内力与杆 EI 的绝对值有关?

6-10　计算超静定结构的位移与静定结构的位移,两者有何异同?

6-11　计算超静定结构的位移时,为什么可以将所虚设的单位力施加于任一基本结构作为虚拟力状态?

6-12　计算超静定结构在荷载作用下的位移,与温度改变、支座移动影响下的位移有何不同?

6-13　为什么校核超静定结构的最终内力图时,除校核平衡条件外,还要校核位移条件?

习　　题

6-1　判断下列结构的超静定次数。

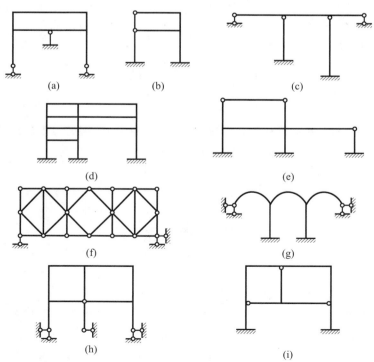

习题 6-1 图

6-2 图 a 所示结构,取图 b 为力法基本体系,列出其力法方程。

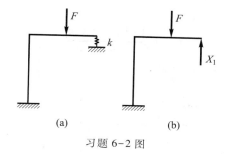

(a)   (b)

习题 6-2 图

6-3 用力法作图示结构的 M 图。

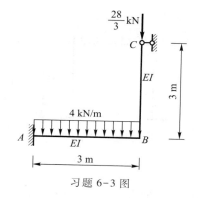

习题 6-3 图

6-4 用力法作图示排架的 M 图。已知 $A = 0.2 \text{ m}^2$,$I = 0.05 \text{ m}^4$,弹性模量为 E_0。

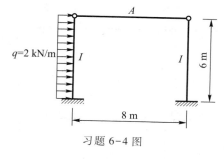

习题 6-4 图

6-5 用力法计算并作图示结构的 M 图。EI 为常数。

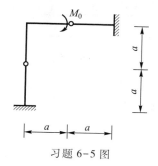

习题 6-5 图

6-6 用力法计算并作图示结构的 M 图。

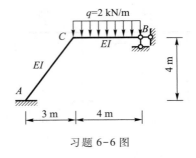

习题 6-6 图

6-7 用力法计算并作图示结构的 M 图。EI 为常数。

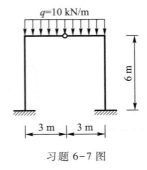

习题 6-7 图

6-8 用力法计算并作图示结构的 M 图。EI 为常数。

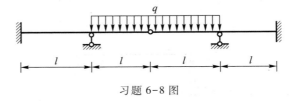

习题 6-8 图

6-9 用力法计算并作图示结构的 M 图。EI 为常数。

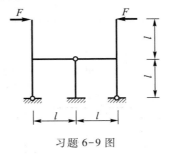

习题 6-9 图

6-10 用力法计算并作图示结构的弯矩图。

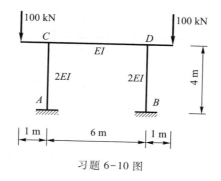

习题 6-10 图

6-11 已知 EI＝常数，用力法计算并作图示对称结构的 M 图。

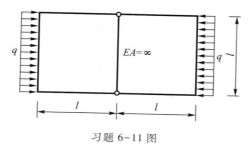

习题 6-11 图

6-12 用力法计算并作图示结构的 M 图。EI 为常数。

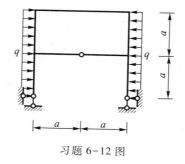

习题 6-12 图

6-13 用力法作图示结构的 M 图。EI 为常数。

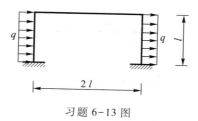

习题 6-13 图

6-14 用力法计算并作图示结构的 M 图。EI 为常数。

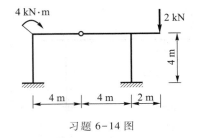

习题 6-14 图

6-15 用力法计算并作出图示结构的 M 图。EI 为常数。

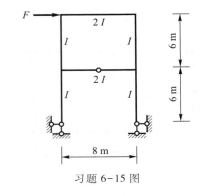

习题 6-15 图

6-16 用力法计算并作图示结构的 M 图。EI 为常数。

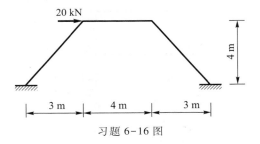

习题 6-16 图

6-17 利用对称性简化图示结构,建立力法基本结构(画上基本未知量)。E 为常数。

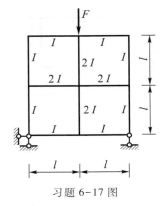

习题 6-17 图

6-18 用力法计算并作图示结构的 M 图。E 为常数。

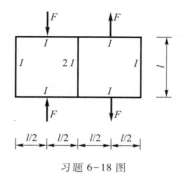

习题 6-18 图

6-19 已知 EA、EI 均为常数,用力法计算并作图示结构的 M 图。

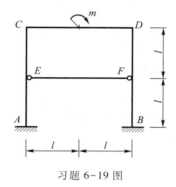

习题 6-19 图

6-20 用力法求图示桁架杆 AC 的轴力。各杆 EA 相同。

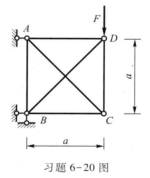

习题 6-20 图

6-21   用力法计算图示桁架中杆件 1、2、3、4 的内力。各杆 EA 为常数。

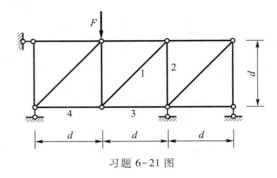

习题 6-21 图

6-22   图示结构支座 A 转动 θ,EI 为常数。用力法计算并作 M 图。

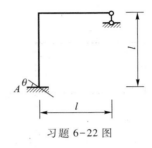

习题 6-22 图

6-23   图 a 所示结构 EI 为常数。取图 b 为力法基本结构,列出典型方程并求 Δ_{1c} 和 Δ_{2c}。

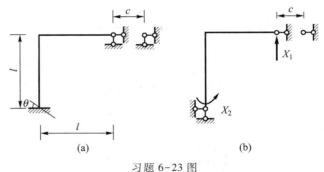

(a)   (b)

习题 6-23 图

6-24   用力法作图示结构的 M 图。EI 为常数,截面高度 h 均为 1m,$t=20℃$,$+t$ 为温度升高,$-t$ 为温度降低,线膨胀系数为 α。

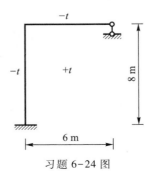

习题 6-24 图

6-25   用力法计算图示结构由于温度改变引起的 M 图。杆件横截面为矩形，高为 h，线膨胀系数为 α。

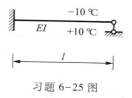

习题 6-25 图

6-26   用力法计算并作图示结构的 M 图。已知：$\alpha = 0.000\,01/℃$，各杆矩形截面高 $h = 0.3$ m，$EI = 2 \times 10^5$ kN·m²。

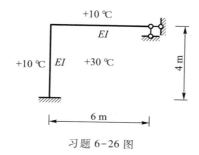

习题 6-26 图

6-27   已知 EI 为常数，用力法计算，并求解图示结构由于 AB 杆的制造误差（短 Δ）所产生的 M 图。

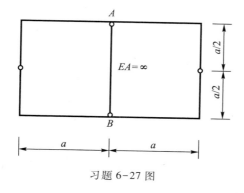

习题 6-27 图

6-28   用力法作图示梁的 M 图。EI 为常数，已知 B 支座的弹簧刚度为 k。

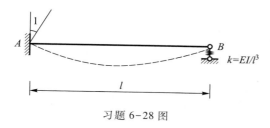

习题 6-28 图

6-29   用力法计算并作图示结构的 M 图。EI 为常数,$k = \dfrac{3EI}{5a^3}$。

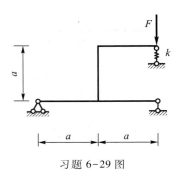

习题 6-29 图

第 7 章
位移法

7.1 概　　述

　　力法和位移法是分析超静定结构的两种基本方法。用力法计算超静定结构时是以多余约束力作为基本未知量的。当结构的超静定次数较低时用力法计算很方便。但是,由于钢筋混凝土结构的问世,出现了大量的高次超静定结构,若再用力法计算就显得十分烦琐,于是,在力法的基础上建立了另一种方法——位移法。力法出现较早,但结构分析的近代发展中位移法占有重要地位,如渐近法、近似法、矩阵位移法等均可由位移法演变而得到。

　　位移法与力法的主要区别是它们所选取的基本未知量不同。力法是将超静定结构转化为静定结构来计算的。力法以多余约束力作为基本未知量,利用平衡条件,通过对静定结构的计算建立位移条件,首先求出多余约束力,进而计算结构其他反力和内力。而位移法是取结点位移为基本未知量,通过平衡条件建立位移法方程,将这些位移求出后,利用位移和内力之间的关系,求出结构的内力。位移法未知量的个数与超静定次数无关,这就使得对一个超静定结构的力学计算,有时候用位移法要比力法计算简单得多,尤其对于一些超静定刚架。

7.2　位移法的基本原理

　　位移法以结构的结点位移为基本未知量,是将超静定结构拆成单跨梁(单根杆)体系来计算的,利用变形协调条件,通过对单跨超静定梁系的计算建立平衡条件,首先求出结点位移,进而计算结构内力。这就是位移法的基本思路。

　　现以两个简单例子来说明位移法的基本原理。先讨论图 7-1a 所示刚架结构。在荷载作用下,该刚架将发生如图中虚线所示的变形。若不计杆长的变化,刚结点 B 只有角位移(转角)而无线位移。设此转角为 φ_1(顺时针转),根据变形协调条件,与刚结点 B 相连的杆 AB 的 B 端和杆 BC 的 B 端也都发生相同的转角 φ_1。其

视频 7-1
转角挠度法

视频 7-2
位移法基本
原理(单节
点转动刚
架)

受力和变形状态与图 7-1b 所示的两个单跨超静定梁的情况相同。其中 AB 杆相当于两端固定梁在固定端 B 处发生转角 φ_1，BC 杆相当于 B 端固定，C 端铰支的单跨梁受原荷载 F 作用，且在固定端 B 处发生转角 φ_1，所不同的仅仅是在刚架中 φ_1 为荷载 F 所引起的，而在单跨梁系中 φ_1 与 F 同属外来因素作用于梁上。显然，如果 φ_1 已知，这些单跨梁的内力就可以根据上一章表 6-1 或转角位移方程来确定。

为了使原结构能转化为图 7-1b 所示的单跨梁系来计算，就在原结构结点片上加一个阻止结点转动（但不能阻止移动）的约束，叫做附加刚臂，并用符号▽表示，如图 7-1c 所示。这时，由于结点 B 既不能转动又不能移动，所以 AB 杆相当于两端固定梁，BC 杆则相当于一端固定一端铰支的单跨梁，再把原荷载以及转角 φ_1 作用上去。将 φ_1 作用到图 7-1c 结构上，就是强迫刚臂转动 φ_1 角度，并同时带动结点 B 转动 φ_1，可以把刚臂理解为一种特殊支座，将转动看作支座转动。经过以上

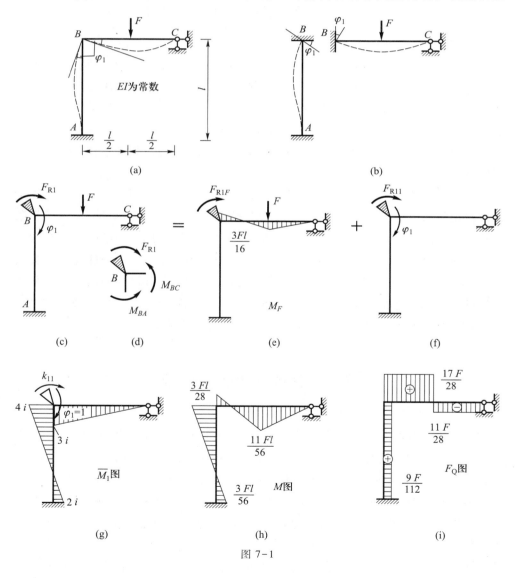

图 7-1

处理,图 7-1c 与图 7-1b 两状态完全一致。也就是说,图 7-1c 状态实现了将原结构离散为单跨梁系的目的。这就可以通过对图 7-1c 离散梁系的计算来代替对图 7-1a 原结构的计算。但计算图 7-1c 结构还存在两个问题:一是 φ_1 是未知的,二是结点 B 处有刚臂约束,这意味着有一约束反力矩作用,设其为 F_{R1}(与 φ_1 转向一致为正);而在原结构 B 结点处无此力作用,虽然任意设定一个 φ_1 值都能满足 B 结点处的变形协调条件,但在刚臂上的约束反力矩 F_{R1} 将会有不同数值。只有根据 $F_{R1}=0$ 的条件来选择 φ_1 的大小,才能使图 7-1c 的受力和变形状态完全与图 7-1a 原结构相同,这时,根据结点 B 的力矩平衡条件(如图 7-1d 所示)可得

$$F_{R1} = M_{BA} + M_{BC} = 0$$

由此可知,条件 $F_{R1}=0$ 的实质就是原结构在结点 B 的力矩平衡条件,由此条件求得 φ_1,就可以确定内力状态。因此,按位移法求解结构时,也必须同时考虑静力平衡条件和几何方面的变形协调条件。应该指出,在平衡条件的建立中需要用到材料的物理条件。因此,位移法求解超静定结构的内力,与力法一样,同样是以平衡、几何、物理三方面条件为依据的。结点位移(φ_1)称为位移法的基本未知量,加了附加约束(刚臂)的结构(即为单跨超静定梁系)为位移法的基本体系,用来确定 φ_1 的条件方程 $F_{R1}=0$ 即为位移法的典型方程。

下面具体讨论 φ_1 的求法。根据叠加原理,图 7-1c 可分解为图 7-1e 和 7-1f 所示两种情况来考虑。图 7-1e 中基本体系仅受荷载作用,通过对各单跨梁的计算(查表 6-1),可画出荷载弯矩图 M_F,再由结点 B 的力矩平衡条件,求出附加刚臂内的约束反力矩:

$$F_{R1F} = -\frac{3Fl}{16}$$

图 7-1f 中基本体系仅受 φ_1 的作用,刚臂内反力矩为 F_{R11}。由于 φ_1 尚为未知量,可以先设 $\varphi_1=1$ 求出刚臂反力矩 k_{11},如图 7-1g 所示。通过对图 7-1g 各单跨梁的计算,画出单位弯矩 $\overline{M}_1$ 图,再由结点 B 的力矩平衡条件求出 k_{11},即

$$k_{11} = 3i + 4i = 7i = \frac{7EI}{l}$$

则

$$F_{R11} = k_{11}\varphi_1$$

最后,由图 7-1e 和 7-1f 的叠加得到刚臂总反力矩,并令其等于零

$$F_{R1} = k_{11}\varphi_1 + F_{R1F} = 0$$

此即位移法典型方程,由此解得

$$\varphi_1 = -\frac{F_{R1F}}{k_{11}} = \frac{3Fl^2}{112EI}$$

结构最终内力也可由图 7-1e 和 7-1g 的叠加得到,例如各截面弯矩为

$$M = \overline{M}_1\varphi_1 + M_F$$

作出最终弯矩图,如图 7-1h 所示,进而可作出剪力图,如图 7-1i 所示。

下面再讨论图 7-2a 所示铰结排架，在荷载作用下结构发生如虚线所示变形。设柱子长度不变，结点无竖向位移，又因为 BC 杆的抗压刚度 $EA = \infty$，所以变形后 B、C 两点的水平线位移相等（变形协调条件），只有一个可以独立变化，用 Δ_1 表示（设指向右），为了获得按位移法计算的基本体系，可在结点 C 处加一个水平的附加链杆约束（支座），以阻止结点发生水平位移。这时，AB、CD 两杆都成为一端固定另一端铰支的单跨梁。将原来的荷载和结点位移 Δ_1 作用于基本体系如图 7-2b 上，则基本体系的变形和受力情况都将与原结构相同。如果能将 Δ_1 首先求出，则各杆的杆端内力便可由表 6-1 或转角位移方程求得。故 Δ_1 为基本未知量。Δ_1 的不同取值，虽然都能满足变形协调条件，但在附加链杆中的约束反力 F_{R1}（与 Δ_1 同向为正）将有不同数值。为了保证基本体系与原结构完全一致，必须按约束反力 $F_{R1} = 0$ 的条件来选定 Δ_1，事实上，选 BC 杆为脱离体，如图 7-2c 所示的剪力平衡条件为

$$F_{R1} = F_{QBA} + F_{QCD} = 0$$

可知，$F_{R1} = 0$ 的条件实质上就是截面的剪力平衡条件。

下面通过对基本体系的计算来建立位移法典型方程 $F_{R1} = 0$，并求出 Δ_1。先计算基本体系上仅受荷载作用，如图 7-2d 所示的荷载弯矩 M_F 图，再取 BC 杆为隔离体，根据剪力平衡条件求出附加链杆内的约束反力 F_{R1F}，如图 7-2e 所示。各杆端剪力可根据柱子的平衡条件求出：

$$F_{QBA} = -\frac{3}{8}ql, \quad F_{QCD} = 0$$

$$F_{R1F} = F_{QBA} + F_{QCD} = -\frac{3}{8}ql$$

再计算基本体系上仅受 Δ_1 作用，如图 7-2f 所示的单位弯矩 $\overline{M}_1$ 图，仍取 BC 杆为隔离体，根据剪力平衡条件求出附加链杆内的反力 k_{11}，如图 7-2g 所示。各杆端剪力可根据柱子的平衡求出：

$$F_{QBA} = F_{QCD} = \frac{3i}{l^2}$$

$$k_{11} = F_{QBA} + F_{QCD} = \frac{6i}{l^2}$$

由此可知基本体系上受 Δ_1 作用时，附加链杆约束反力为

$$F_{R11} = k_{11}\Delta_1 = \frac{6i}{l^2}\Delta_1$$

通过叠加即可求出附加链杆内总的约束反力，并令其等于零：

$$F_{R1} = F_{R11} + F_{R1F} = k_{11}\Delta_1 + F_{R1F} = 0$$

此即位移法典型方程，由此解得

$$\Delta_1 = -\frac{F_{R1F}}{k_{11}} = \frac{ql^3}{16i} = \frac{ql^4}{16EI}$$

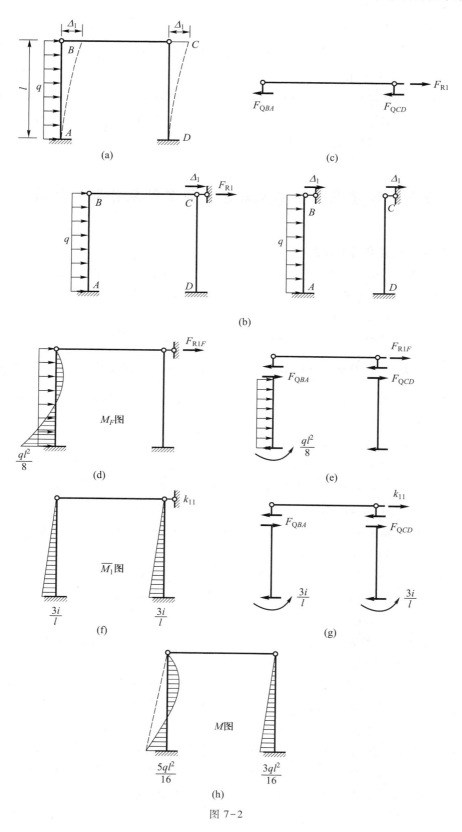

图 7-2

最终弯矩由叠加公式计算:

$$M = \overline{M}_1 \Delta_1 + M_F$$

弯矩图如图 7-2h 所示。

从以上两例可见,位移法的基本原理为:以结构的结点位移为基本未知量,取因附加约束而离散的单跨梁系为基本体系,根据附加约束处的约束力为零的条件建立典型方程,求解结点位移,进而通过叠加计算内力。

7.3 位移法的基本未知量、基本体系和典型方程

1. 基本假设和符号规定

视频 7-4
位移法基本
未知量、基
本体系和典
型方程讨论

在梁和刚架的计算中,位移法常采用如下基本假设:(1)不计轴向变形;(2)弯曲变形是微小的。根据假设可得:杆件变形后,杆长、杆端连线长度及其在原方向的投影长度均相等,即杆长不变。

采用的符号规定如下:杆端转角和杆端垂直于杆轴线的相对线位移 Δ(或以弦转角 $\beta = \dfrac{\Delta}{l}$ 表示)以及杆端弯矩和杆端剪力均以顺时针转向为正;结点转角和附加刚臂内的反力矩(习惯上)以顺时针转向为正;结点水平线位移和附加链杆内的反力(习惯上)以指向右为正。

2. 基本未知量和基本体系

位移法的基本未知量为结构的结点位移。一般而言,结点位移包括角位移和线位移。由于采用杆长不变假设,各结点线位移之间可能存在一定联系,可以独立变化的结点线位移一经确定,其他结点线位移也就可由它们来确定。如上节中图 7-2a 的例子,若 C 点水平位移为 Δ_1,则 B 点水平位移也等于 Δ_1,所以,那些独立的结点线位移才取为基本未知量。

基本未知量一经确定,位移法的基本体系也就随之确定了,只要在取为角位移未知量的结点处加阻止转角的附加刚臂,在取为线位移未知量的结点处加阻止线位移的附加链杆,就能得到位移法基本体系。

根据变形协调条件,结构中某刚结点的转角等于交于该结点各杆件的杆端转角。由转角位移方程可知,要计算杆端内力,需先求出该杆端转角。因此,刚结点的转角应取为基本未知量,结点角位移未知量的数目就等于刚结点的个数,与铰结点相联的各杆端转角与计算杆端弯矩无直接关系,不必作为基本未知量。如图 7-3a 所示刚架,刚结点 1、3、5 处的转角取为基本未知量(图 7-3b),而铰结点 2,4,8 处各杆端转角不取为基本未知量(不是独立的角位移)。又如图 7-4a 所示排架,柱子 62 应看做杆 67 和杆 62 在结点 6 处刚结,结点 6 成为由该刚结点和右侧的铰结合而成的组合结点,此处刚结点转角应取为未知量,而各柱子顶端的转角则不取为未知量。

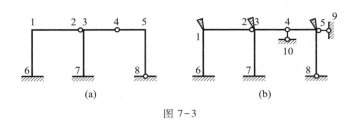

图 7-3

结点线位移未知量的数目等于结构独立结点线位移的个数。对于一般刚架，独立结点线位移的个数常可由观察判定。根据杆长不变假定，可以推知：在结构中，由两个已知不动点所引出的两杆相交的结点，也将是不动的。据此，则不难通过逐一考察各结点和支座处的位移情况，确定使所有结点成为不动点所需加入的链杆数目，即独立线位移数目。例如图 7-3a 所示刚架，考察结点 5，不难看出它是可以移动的。若加入一个附加链杆 59，如图 7-3b 所示，则因 8、9 为已知不动点，5 与 9 及 5 与 8 之间距离又都保持不变，故结点 5 就不可能发生任何线位移了。考虑结点 4，它可作上下移动，若加入链杆 4-10，则因 5 与 10 为已知不动点，5 与 4 及 10 与 4 之间距离不变，故结点 4 的线位移也被控制了。由 34 与 37 杆控制了结点 3 和 2（结点 2 和 3 实为一组合结点），由 21 与 61 杆控制了结点 1。由此可知，该刚架有两个独立结点线位移。再看图 7-4a 所示排架，按以上方法分析可知，需加入 58 和 79 两根附加链杆，如图 7-4b 所示，故有两个独立结点线位移。

根据上述对独立结点线位移个数的分析，可以推出如下确定刚架独立结点线位移数目的方法：把刚架的所有刚结点和固定支座都改为铰结点，使这样得到的铰结体系成为几何不变体系所需添加的最少链杆数，即等于原结构的独立结点线位移数，如图 7-5a 所示刚架，其铰结体系如图 7-5b 所示，加两根链杆（虚线所示）就成为几何不变体系，故独立结点线位移数目为 2。

通过以上的分析所建立的图 7-3a、图 7-4a 和图 7-5a 所示结构的位移法基本体系分别如图 7-3b、图 7-4b 和图 7-5c 所示。

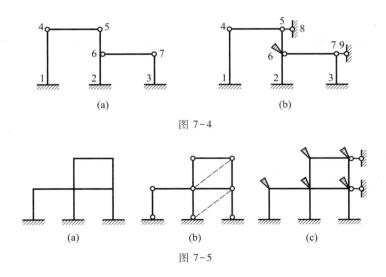

图 7-4

图 7-5

3. 典型方程

以图 7-6a 所示刚架为例进行讨论,该刚架有两个刚结点和一个独立结点线位移,共三个基本未知量 $\varphi_1, \varphi_2, \Delta_3$。基本体系如图 7-6b 所示,它在原荷载及未知结点位移共同作用下,在附加约束内产生约束力,设为 F_{R1}、F_{R2}、F_{R3},为使从基本体系求得的内力和位移与原结构一样,必须使附加约束内的约束力等于零,从而得到位移法的典型方程为

$$F_{R1} = 0, \quad F_{R2} = 0, \quad F_{R3} = 0 \tag{7-1a}$$

下面利用叠加原理,把基本体系中总约束力 F_{R1}、F_{R2}、F_{R3} 分解成几种情况分别计算。

（1）荷载单独作用——相应的约束力为 $F_{R1F}, F_{R2F}, F_{R3F}$,如图 7-6c 所示。

（2）单位转角 $\varphi_1 = 1$ 单独作用——相应的约束力 k_{11}, k_{21} 和 k_{31},如图 7-6d 所示。

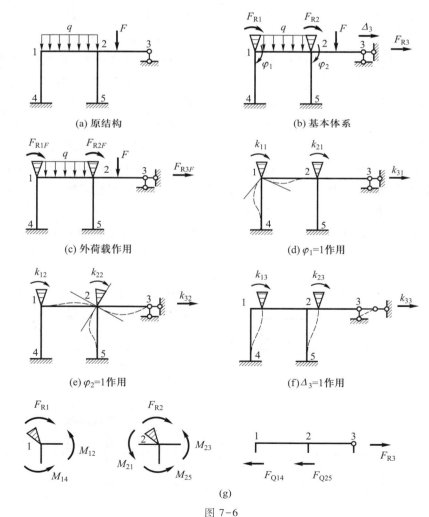

(a) 原结构　　　　　　　　(b) 基本体系

(c) 外荷载作用　　　　　　(d) $\varphi_1=1$ 作用

(e) $\varphi_2=1$ 作用　　　　　(f) $\Delta_3=1$ 作用

(g)

图 7-6

（3）单位转角 $\varphi_2 = 1$ 单独作用——相应的约束力 k_{12}, k_{22} 和 k_{32}，如图 7-6e 所示。

（4）单位线位移 $\Delta_3 = 1$ 单独作用——相应的约束力 k_{13}, k_{23} 和 k_{33}，如图 7-6f 所示。

叠加以上结果，并代入式（7-1a）得位移法典型方程为

$$\left.\begin{array}{l} k_{11}\varphi_1 + k_{12}\varphi_2 + k_{13}\Delta_3 + F_{R1F} = 0 \\ k_{21}\varphi_1 + k_{22}\varphi_2 + k_{23}\Delta_3 + F_{R2F} = 0 \\ k_{31}\varphi_1 + k_{32}\varphi_2 + k_{33}\Delta_3 + F_{R3F} = 0 \end{array}\right\} \qquad (7\text{-}1\mathrm{b})$$

方程中系数 k_{ki} 为附加约束 i 处的单位位移单独作用时，在附加约束 k 处所产生的约束力；自由项 F_{RkF} 为荷载单独作用时在附加约束 k 处产生的约束力。它们可根据各单位位移作用时的单位弯矩 $\overline{M}_i$ 图和荷载单独作用时的荷载弯矩 M_F 图，利用结点力矩平衡条件和截面剪力平衡条件求出系数，求解方程得到结点位移后，结构的最终弯矩可用如下叠加公式计算：

$$M = \overline{M}_1\varphi_1 + \overline{M}_2\varphi_2 + \overline{M}_3\Delta_3 + M_F$$

应该指出，根据上节讨论可知，位移法典型方程本质上是平衡方程，如图 7-6g 所示：

$$\left.\begin{array}{l} F_{R1} = 0, M_{14} + M_{12} = 0 \\ F_{R2} = 0, M_{21} + M_{23} + M_{25} = 0 \\ F_{R3} = 0, F_{Q14} + F_{Q25} = 0 \end{array}\right\}$$

上式中的杆端弯矩和剪力都可根据转角位移方程用基本未知量 $\varphi_1, \varphi_2, \Delta_3$ 及荷载来表示，然后将其代入上列各式，也可得到式（7-1b）的位移法典型方程。

对于具有 n 个基本未知量的问题，需要加入 n 个附加约束来建立基本体系，每个附加约束内的约束力都应等于零，从而得到 n 个平衡方程组成的位移法典型方程：

$$\left.\begin{array}{l} k_{11}z_1 + k_{12}z_2 + \cdots + k_{1n}z_n + F_{R1F} = 0 \\ k_{21}z_1 + k_{22}z_2 + \cdots + k_{2n}z_n + F_{R2F} = 0 \\ \cdots\cdots\cdots\cdots \\ k_{n1}z_1 + k_{n2}z_2 + \cdots + k_{nn}z_n + F_{RnF} = 0 \end{array}\right\} \qquad (7\text{-}2)$$

式中，z 表示基本未知量，可以是角位移 φ 或线位移 Δ。

写成矩阵形式为

$$K_{\delta\delta}Z + F_{R\delta F} = 0$$

式中，

$$K_{\delta\delta} = \begin{bmatrix} k_{11} & k_{12} & \cdots & k_{1n} \\ k_{21} & k_{22} & \cdots & k_{2n} \\ \cdots & \cdots & \cdots & \cdots \\ k_{n1} & k_{n2} & \cdots & k_{nn} \end{bmatrix}, \quad Z = \begin{bmatrix} z_1 \\ z_2 \\ \cdots \\ z_n \end{bmatrix}, \quad F_{R\delta F} = \begin{bmatrix} F_{R1F} \\ F_{R2F} \\ \cdots \\ F_{RnF} \end{bmatrix}$$

$K_{\delta\delta}$ 为结点劲度矩阵,$\mathbf{Z}$ 为位移法未知量列阵,$F_{R\delta F}$ 为自由项列阵。

在上述典型方程中,主对角线上的系数 k_{ii} 称为主系数恒大于零;其他系数 k_{ki} 称为副系数,根据反力互等定理得到 $k_{ki}=k_{ik}$,F_{RnF} 为自由项,副系数和自由项可能为正、负或零。系数行列式的值不等于零,保证由方程求得唯一解答。

方程组中每一方程的物理意义是:基本结构在荷载等外因和各结点位移的共同作用下,每一个附加约束中的附加反力矩或附加反力都应等于零。因此,实质上这正反映了原结构的静力平衡条件。由于每个系数都是单位位移所引起的附加约束的反力矩或反力,显然,结构的刚度越大,这些反力矩或反力就越大,故这些系数也称为结构的刚度系数,位移法典型方程也称为结构的刚度方程,位移法又称为刚度法。

7.4　位移法计算超静定结构举例

视频 7-5
例 7-1

例 7-1　试计算图 7-7a 所示刚架承受水平荷载作用下的内力并作内力图。设各杆 $EI=C$。

解:(1) 基本未知量及基本体系。以刚结点 B、C 的角位移 φ_1,φ_2 及独立水平线位移 Δ_3 作为基本未知量,基本体系如图 7-7b 所示。

(2) 典型方程。根据基本体系附加约束力为零的条件,可建立典型方程:

$$\left.\begin{array}{ll} F_{R1}=0, & k_{11}\varphi_1+k_{12}\varphi_2+k_{13}\Delta_3+F_{R1F}=0 \\ F_{R2}=0, & k_{21}\varphi_1+k_{22}\varphi_2+k_{23}\Delta_3+F_{R2F}=0 \\ F_{R3}=0, & k_{31}\varphi_1+k_{32}\varphi_2+k_{33}\Delta_3+F_{R3F}=0 \end{array}\right\} \qquad (a)$$

(3) 单位弯矩图和荷载弯矩图。为了计算系数 k_{ki} 和自由项 F_{RkF},先绘出单位弯矩 $\overline{M}_i$ 图和荷载弯矩 M_F 图,各杆件线刚度为 $i=\dfrac{EI}{l}$。

绘 $\overline{M}_i$,M_F 图时,根据两端约束情况,由表 6-1 图号 1,2,3,7 计算各杆杆端弯矩,将这些弯矩值绘在各杆端受拉纤维一侧(可结合观察弹性变形曲线帮助判断)标出纵矩,连以直线或曲线,绘出单位弯矩 $\overline{M}_1$,$\overline{M}_2$,$\overline{M}_3$ 图及荷载弯矩 M_F 图,如图 7-7c~f 所示。

(4) 系数和自由项。系数 k_{ki} 都是基本体系上附加约束处的约束力,该系数第二个下标表示产生约束力的因素,第一个下标表示约束力所在的处所方向,由相应的平衡条件求得。例如,k_{11}、k_{21}、k_{31} 由 $\overline{M}_1$ 图分别切取结点 B,C 及横梁 BD 部分作示力图,由平衡条件求得,计算结果如下:

$$k_{11}=8i, \quad k_{21}=2i, \quad k_{31}=-6i/l$$

$$k_{22}=7i, \quad k_{32}=0, \quad k_{33}=12i/l^2$$

$$F_{R1F}=ql^2/12, \quad F_{R2F}=0, \quad F_{R3F}=-ql/2$$

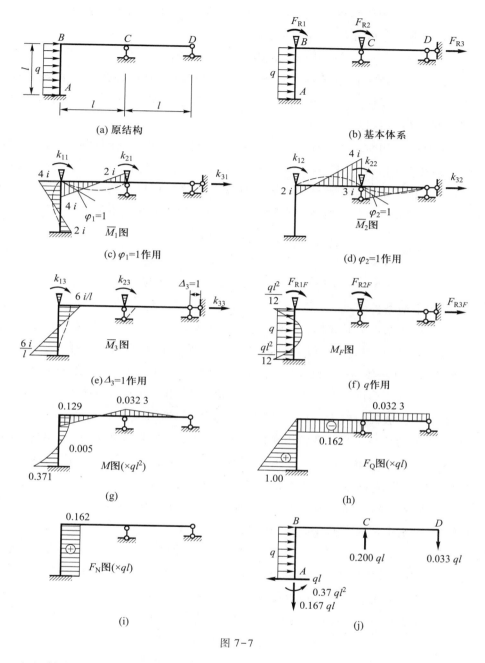

图 7-7

（5）结点位移。将求得的系数和自由项代入典型方程（a）

$$
\left.\begin{aligned}
8i\varphi_1 + 2i\varphi_2 - \frac{6i}{l}\Delta_3 + \frac{ql^2}{12} &= 0 \\
2i\varphi_1 + 7i\varphi_2 + 0 + 0 &= 0 \\
-\frac{6i}{l}\varphi_1 + 0 - \frac{12i}{l^3}\Delta_3 - \frac{ql}{2} &= 0
\end{aligned}\right\}
\qquad (\,\mathrm{b}\,)
$$

联立求解，得

$$\varphi_1 = 0.037\ 63ql^2/i, \qquad \varphi_2 = -0.010\ 75ql^2/i, \qquad \Delta_3 = 0.060\ 5ql^3/i$$

（6）最终内力和内力图。按弯矩叠加公式

$$M = \overline{M}_1\varphi_1 + \overline{M}_2\varphi_2 + \overline{M}_3\Delta_3 + M_F$$

计算各杆杆端弯矩，绘制最终弯矩图，如图 7-7g 所示；由各杆的平衡条件求出各杆杆端剪力，绘制剪力图，如图 7-7h 所示；由各结点平衡条件求出各杆杆端轴力，绘制轴力图，如图 7-7i 所示。

（7）校核。如前所述，超静定结构计算必须同时满足平衡条件和位移条件（或称变形协调条件）。在位移法中，位移条件在确定未知量过程中已经满足（例如刚结点的角位移等于汇交于此结点的各杆杆端角位移），所以主要校核平衡条件，校核方法与前相同。例如考察整体平衡条件，根据最终内力及荷载图 7-7j 所示，

$$\sum F_x = ql - ql = 0$$

$$\sum F_y = 0.200ql - 0.167ql - 0.033ql = 0$$

$$\sum M_A = 0.5ql^2 + 0.033ql \times 2l - 0.37ql^2 - 0.200ql \times l \approx 0$$

可见，整体平衡条件满足。

此外，取各结点为隔离体，局部平衡条件也满足。因此，计算无误。值得指出，本例所得的结果与用力法解得的相同，再一次说明了超静定结构解答的唯一性。

视频 7-6
例 7-2

例 7-2　计算图 7-8a 所示排架在结点水平荷载作用下的内力，绘制弯矩图。

解：（1）计算简图。左跨屋架采用平行弦桁架，用预埋钢筋与柱子焊牢并浇筑在一起，结点抗转能力较大，可视为刚结。右跨屋架采用抛物线桁架，结点抗转能力较小，可视为铰结。当荷载作用在柱子上时，这两个屋架都可简化为一刚度很大的杆件，即假设左杆 BD 的 $EI = \infty$，右杆 EG 的 $EA = \infty$，计算简图如图 7-8b 所示。设作用在结点 B、E 的水平荷载各为 60 kN 和 50 kN。

（2）基本未知量和基本体系。因为杆 BD 的 EI 和杆 EG 的 EA 均为 ∞，所以 BD 和 EG 分别不产生弯曲变形和轴向变形。当结构发生水平线位移时，结点 B 和 D 有相同的线位移而无角位移，结点 E 和 G 有相同的水平线位移，角位移不作为未知量，故该结构总共有两个线位移 Δ_1 和 Δ_2。

在结点 D、G 分别附加一链杆得基本体系，如图 7-8c 所示。

（3）典型方程。比较基本体系与原结构在附加链杆处的受力情况，得

$$F_{R1} = 0, \quad k_{11}\Delta_1 + k_{12}\Delta_2 + F_{R1F} = 0$$

$$F_{R2} = 0, \quad k_{21}\Delta_1 + k_{22}\Delta_2 + F_{R2F} = 0$$

（4）系数和自由项。$\Delta_1 = 1$ 及 $\Delta_2 = 1$ 分别产生的单位弯矩图如图 7-8d 及 7-8e 所示，因为荷载作用在结点上，所以基本体系的整个排架 $M_F = 0$。

系数 k_{11} 及 k_{21} 的计算，可由图 7-8 分别取出杆 AB、CD、DE、FG 为隔离体，如图 7-8g 所示，由杆 BD 及 EG 部分的平衡条件 $\sum F_x = 0$，得

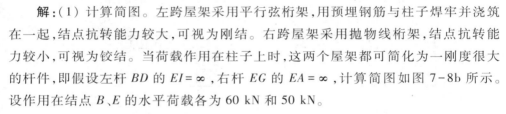

$$k_{11} = F_{QBA} + F_{QDC} - F_{QDE} = \frac{3EI}{128} + \frac{9EI}{128} - \left(-\frac{9EI}{64}\right) = \frac{15}{64}EI$$

$$k_{21} = k_{12} = F_{QED} = -\frac{9EI}{64}$$

系数 k_{22} 的计算,可由图 7-8e 分别取出杆 DE 及 FG 为隔离体,考虑平衡条件求出杆端剪力后,进而取出杆 EG 为隔离体,如图 7-8h 所示。由 EG 的平衡条件 $\sum F_x = 0$,得

$$k_{22} = F_{QED} + F_{QGF} = \frac{9EI}{64} + \frac{EI}{192} = \frac{7EI}{48}$$

自由项 F_{R1F} 及 F_{R2F} 的计算,令荷载单独作用在图 7-8c 上,因各杆端的 $M_F = 0$,故 $F_{QF} = 0$,取杆 BD、EG 部分为隔离体,由平衡条件得

$$F_{R1F} = -60 \text{ kN}, \quad F_{R2F} = -50 \text{ kN}$$

(5)结点位移。将上面求得的 k_{ij} 和 F_{RiF} 代入式(a)

$$\left.\begin{array}{r} \dfrac{15EI}{64}\Delta_1 - \dfrac{9EI}{64}\Delta_2 - 60 = 0 \\[3mm] -\dfrac{9EI}{64} + \dfrac{7EI}{48}\Delta_2 - 50 = 0 \end{array}\right\} \tag{c}$$

解得

$$\Delta_1 = \frac{1\,095}{EI}, \quad \Delta_2 = \frac{1\,400}{EI}$$

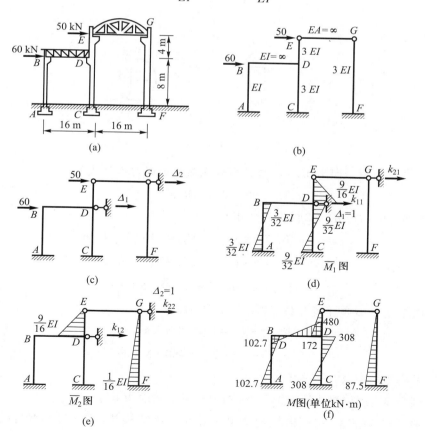

(a)

(b)

(c)

(d)

(e) $\overline{M}_2$图

(f) M图(单位kN·m)

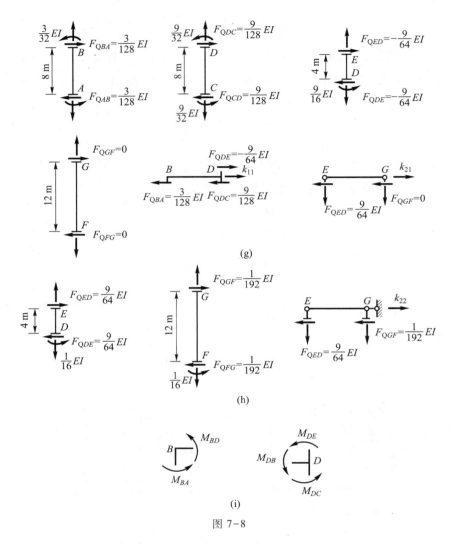

图 7-8

（6）弯矩图。因为 $M_F=0$，故计算任意截面最终弯矩公式为

$$M=\overline{M}_1\Delta_1+\overline{M}_2\Delta_2$$

杆件 AB、CD、DE、FG 的杆端弯矩为

$$M_{AB}=-102.7\ \text{kN}\cdot\text{m},\quad M_{BA}=-102.7\ \text{kN}\cdot\text{m}$$

$$M_{CD}=-308\ \text{kN}\cdot\text{m},\quad M_{DC}=-308\ \text{kN}\cdot\text{m}$$

$$M_{DE}=-172\ \text{kN}\cdot\text{m},\quad M_{FG}=-87.5\ \text{kN}\cdot\text{m}$$

由结点 B、D 的平衡条件，如图 7-8i 所示，得

$$M_{BD}=-M_{BA}=102.7\ \text{kN}\cdot\text{m}$$

$$M_{DB}=-M_{DC}-M_{DE}=480\ \text{kN}\cdot\text{m}$$

最终弯矩图，如图 7-8f 所示。

例 7-3　用位移法计算图 7-9a 的斜柱刚架并绘 M 图。

解:（1）确定基本未知量、建立基本体系。该结构基本未知量为角位移 $\varphi_B=$

φ_1，水平位移 $\Delta_C = \Delta_2$。在 B 点和 C 点附加上刚臂和链杆的约束成基本体系，如图 7-9b 所示。

（2）建立位移法典型方程。将结点位移及荷载同时施加在基本体系上，根据消除附加约束反力的条件得如下典型方程

$$F_{R1} = 0, \quad k_{11}\varphi_1 + k_{12}\Delta_2 + F_{R1F} = 0$$
$$F_{R2} = 0, \quad k_{21}\varphi_1 + k_{22}\Delta_2 + F_{R2F} = 0$$

（3）求系数、自由项（下列计算用各杆相对刚度，其值在杆旁圈内）。在基本体系上作单位弯矩 $\overline{M}_1$，$\overline{M}_2$ 图和荷载弯矩 M_F 图如图 7-9c、e、f 所示。

作 $\overline{M}_2$ 图时需注意杆件单元两端的相对线位移。当 C 点有一单位线位移 $\Delta_2 = 1$ 时，如图 7-9d 所示，根据斜柱位移的特点，B 点移到 B'' 点。BB'' 成为 AB 杆两端的相对线位移，即 $\Delta_{AB} = \overline{BB''}$，$\overline{BB''}$ 的水平投影为 $\overline{BB'}$，由于杆不伸长的假设，仍为 Δ_2，即 $\overline{BB'} = \Delta_2 = 1$。

因 $\triangle BB'B'' \backsim \triangle ADB$，则有下列几何关系：

$$\frac{BB''}{AB} = \frac{BB'}{BD} = \frac{B'B''}{AD}$$

即

$$\Delta_{BC} = \overline{B'B''} = 1, \quad \Delta_{AB} = \overline{BB''} = \sqrt{2}$$

根据杆 AB 与杆 BC 的角位移方程，可计算出它们在两端相对线位移情况下的杆端弯矩为

$$M_{AB} = M_{BA} = -6i_{AB}\frac{\Delta_{AB}}{l_{AB}} = -6 \times \frac{\sqrt{2}}{2} \times \frac{\sqrt{2}}{4\sqrt{2}} = -1.06$$

$$M_{BC} = 3i_{BC}\frac{\Delta_{BC}}{l_{BC}} = 3 \times 1 \times \frac{1}{4} = 0.75$$

单位弯矩图和荷载弯矩图绘出后，可分别在各自的弯矩图中求出系数与自由项。

由 $\overline{M}_1$ 图 B 结点力矩平衡，得

$$k_{11} = 3 + 2\sqrt{2} = 5.83$$

由 $\overline{M}_2$ 图 B 结点力矩平衡，得

$$k_{12} = k_{21} = 0.75 - 1.06 = -0.31$$

截取 BC 考察平衡，如图 7-9g 所示。由于 F_{RC} 和斜柱的轴力 F_{NBA} 未知，所以可对它们两者的延长线交点 m 列力矩方程 $\sum M_m = 0$，求 k_{22}。

$$k_{22} \times 4 - F_{QBA} \times 4\sqrt{2} - k_{12} - M_{BA} = 0$$

$$k_{22} = \frac{1}{4} \times \left(\frac{1.06 + 1.06}{4\sqrt{2}} \times 4\sqrt{2} - 0.31 + 1.06 \right) = 0.72$$

由 M_F 图 B 结点的平衡 $\sum M_B = 0$，得

$$F_{R1F} = -7.50$$

截取 BC 杆考察，如图 7-9h 所示，用求 k_{22} 的同样方法求得

$$F_{R2F} = -6.88$$

（4）求解未知量、绘制最后弯矩图。将系数、自由项代入典型方程求解得

$$\varphi_1 = 1.84, \quad \Delta_2 = 10.35$$

由 $M = \overline{M}_1\varphi_1 + \overline{M}_2\Delta_2 + M_F$ 的叠加原理绘最终弯矩图，如图 7-9i 所示。

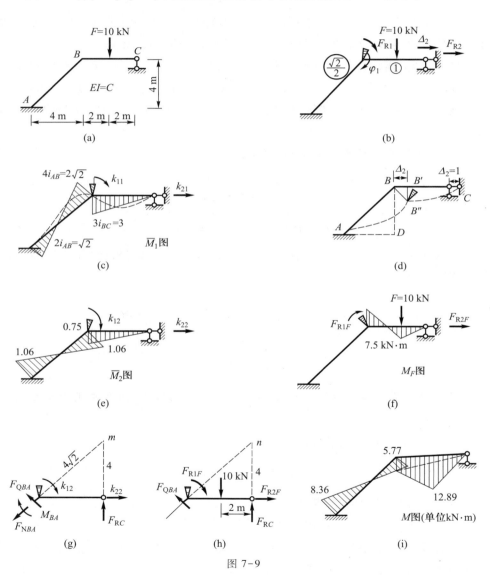

图 7-9

7.5　支座移动及温度改变时的计算

7.5.1　支座移动时的计算

视频 7-7
支座移动时
的内力计算

用位移法计算支座移动作用下的结构内力,基本未知量、基本结构、基本方程以及解题步骤都与荷载作用时一样,与荷载作用时的不同仅在于典型方程中自由项的计算。在支座移动时,自由项表示基本体系在支座移动单独作用下,附加约束处产生的约束力,记为 F_{Rkc}。具体计算过程通过下面的例题来说明。

例 7-4　计算图 7-10a 所示刚架当 A 支座下沉 Δ 时的内力,并绘制内力图,EI 为常数。

解:(1) 基本未知量和基本体系

该刚架基本未知量为结点 C 的转角 φ_1,基本体系如图 7-10b 所示。

(2) 建立典型方程:

$$F_{R1}=0, k_{11}\varphi_1+F_{R1C}=0$$

(3) 求系数和自由项,作出单位弯矩 $\overline{M}_1$ 图,如图 7-10c 所示;支座移动 Δ 作用在基本体系上的弯矩 M_C 图,如图 7-10d 所示。由 $\overline{M}_1$ 和 M_C 图求得$\left(i=\dfrac{EI}{l}\right)$

$$k_{11}=7i, \quad F_{R1C}=\frac{3i}{l}\Delta$$

将系数和自由项代入方程,求得

$$\varphi_1=-\frac{3}{7l}\Delta$$

(4) 按叠加公式计算弯矩:

$$M=\overline{M}_1\varphi_1+M_C$$

最终弯矩图如图 7-10e 所示,根据弯矩图可作剪力图,如图 7-10f 所示,再由剪力图作出轴力图,如图 7-10g 所示。

7.5.2　温度改变时的计算

视频 7-8
温度改变时
的内力计算

温度变化时的计算与荷载作用或支座移动时的计算原理相同,区别仅在于典型方程中的自由项不同,此时自由项是基本结构由于温度变化而引起的附加约束处的反力矩或反力,记为 F_{Rkt}。值得注意的是,温度变化时不能忽略杆件的轴向变形,这种轴向变形也会使结点产生已知位移,从而使杆端产生相对的横向位移,因此前述受弯直杆两端距离不变的假设不再适用。具体计算过程通过下面的例题来说明。

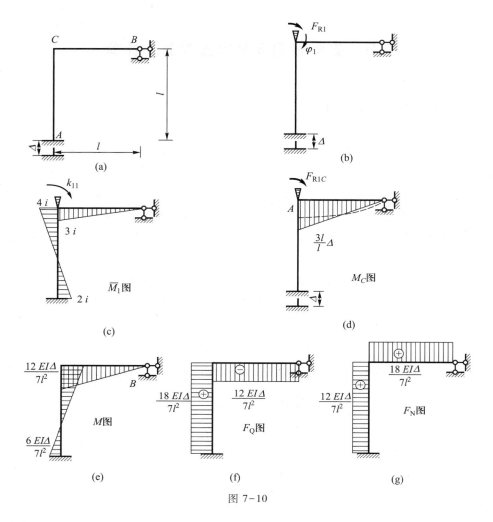

图 7-10

例 7-5   计算图 7-11a 所示刚架。当上侧温度增高 t_1,下侧增高 t_2,且 $t_2 > t_1$ 时,绘制刚架弯矩图。已知各杆线膨胀系数为 α,截面高度为 h,EI 为常数。

解:(1) 基本未知量与基本体系

该刚架无线位移,只有刚结点 1 的转角位移 φ_1 为基本未知量,基本体系如图 7-11b 所示。

(2) 典型方程

$$F_{R1} = 0, \quad k_{11}\varphi_1 + F_{R1t} = 0$$

式中,F_{R1t} 为变温作用下附加刚臂处的约束力。为了计算方便,把每一杆单元的温度变化分为均匀的增高 $t = \dfrac{t_1 + t_2}{2}$,由此引起基本体系上刚臂的约束力为 F'_{R1t};杆单元两侧的温度差 $t' = t_2 - t_1$,由此引起刚臂上的约束力为 F''_{R1t}。因此,上面典型方程可改写为

$$F_{R1} = 0, \quad k_{11}\varphi_1 + F'_{R1t} + F''_{R1t} = 0$$

（3）系数、自由项的计算。如图 7-11c 所示，可求得系数

$$k_{11} = 4\frac{EI}{l} + 4\frac{EI}{l} + 3\frac{EI}{l} = 11\frac{EI}{l}$$

自由项的计算，考虑以下两方面：

① 均匀温度改变引起的各杆固端弯矩。因均匀变温 t 只引起杆的伸缩，即轴向变形，由某些杆的伸缩就会引起其他杆两端的相对线位移，如图 7-11d 所示，进而得到杆两端的固端弯矩，弯矩图 M' 如图 7-11e 所示。

由杆 13 伸长得

$$\Delta_1 = \Delta_{12} = \Delta_{14} = \alpha t H$$

由杆 12 伸长得

$$\Delta_2 = \Delta_{13} = \alpha t H$$

由转角位移方程可得

$$M_{12}^F = 6\frac{EI}{l} \times \frac{\Delta_{12}}{l} = 6\frac{EI}{3} \times \frac{\Delta_{12}}{3} = 2EI\alpha t$$

$$M_{14}^F = -3\frac{EI}{l} \times \frac{\Delta_{14}}{l} = -3\frac{EI}{3} \times \frac{\Delta_{14}}{3} = -EI\alpha t$$

$$M_{13}^F = -6\frac{EI}{l} \times \frac{\Delta_{13}}{l} = -6\frac{EI}{3} \times \frac{\Delta_{13}}{3} = -2EI\alpha t$$

由结点 1 力矩平衡得

$$F'_{R1t} = -EI\alpha t$$

② 杆两侧温度差引起的各杆固端弯矩。各杆两侧的温度差 t' 只引起杆的弯曲变形，查表 6-1 即可得固端弯矩，弯矩图 M''_t 如图 7-11f 所示，固端弯矩数值为

$$M_{12}^F = -M_{21}^F = \frac{\alpha t' EI}{h}, \quad M_{14}^F = -\frac{3\alpha t' EI}{2h}$$

式中，h 为杆截面高度。

由结点 1 力矩平衡得

$$F''_{R1t} = -0.5\frac{\alpha t' EI}{h}$$

（4）求解未知量、绘出最终弯矩图。将系数与自由项代入典型方程解出 φ_1，本例中

$$t_1 = 5\,℃, \quad t_2 = 15\,℃, \quad h = 0.2 \text{ m}$$

则 $\varphi_1 = 9.55\alpha$。

最后由叠加原理 $M = \overline{M}_1\varphi_1 + M'_t + M''_t$ 得最终弯矩图，如图 7-11g 所示。

由例 7-4 与例 7-5 又一次看出，在支座移动、温度变化作用下，超静定结构的内力与杆件刚度的绝对值有关。

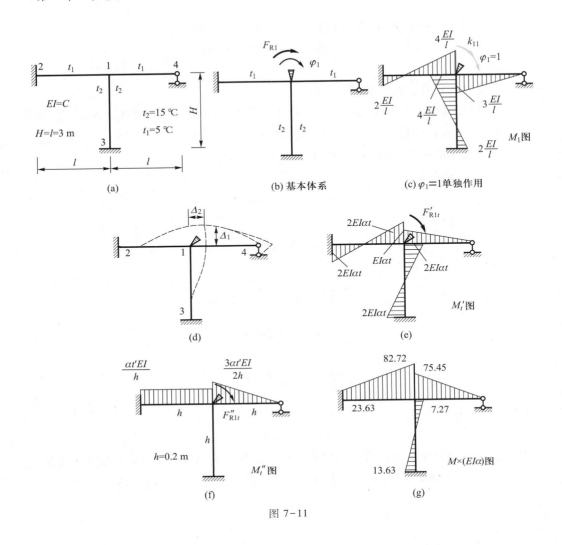

图 7-11

7.6　对称性利用

对称结构的性质及利用结构对称性简化计算在第 6 章力法中已经讨论过。用位移法解题时仍然可以应用结构的对称性简化计算。这里介绍半结构法。所谓半结构法,就是利用对称结构的性质,将计算简图加以改造,只须沿对称轴取一半结构进行计算。

（1）对称荷载情况

奇数跨对称结构受对称荷载时,如图 7-12a 所示刚架,在对称轴上的截面 D,E 可能发生对称的位移（竖向位移）,而不可能发生反对称的位移（水平位移与转角）。在 D,E 端取不能水平移动和转动,只能竖向移动的滑移支座,计算时所取半边结构如图 7-12b 所示。

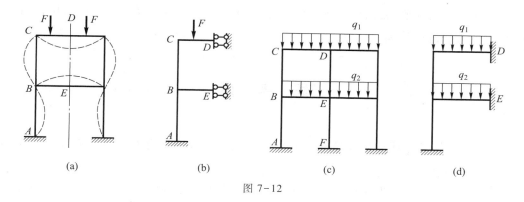

图 7-12

　　偶数跨对称结构受对称荷载时,如图 7-12c 所示刚架,在对称轴上的结点 D,E 没有水平位移和转角,柱 DE,EF 无弯曲变形,即弯矩为零,在略去其轴向变形的情况下,D,E 两点也无竖向位移。从而 D,E 相当于没有转角和线位移的固定端,计算时所取的半边结构如图 7-12d 所示。

　　(2)反对称荷载情况

　　奇数跨对称结构受反对称荷载时,如图 7-13a 所示刚架,在对称轴上的截面 D,E 不可能发生对称的位移(竖向位移),只可能发生反对称的位移(转角和水平位移),在 D,E 端取允许水平移动和转动,不允许竖向移动的滚轴支座。计算时所取半边结构如图 7-13b 所示。

　　偶数跨对称结构受反对称荷载时,如图 7-13c 所示的刚架,其对称轴上的结点 D,E 有水平位移和转角,没有竖向位移,中间柱 DEF 有弯曲变形,其抗弯刚度可理解为由两根惯性矩为 $I/2$ 的杆件组合而成,如图 7-13d 所示。计算时所取半边结构如图 7-13e 所示,中柱的抗弯刚度减半。

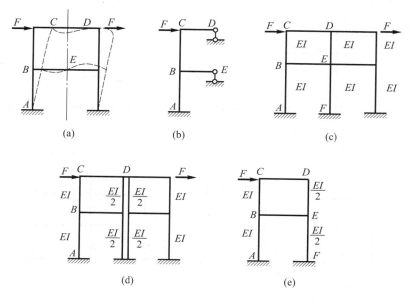

图 7-13

视频 7-10 位移法提升—有侧移斜杆刚架讨论

最后需要说明的是,对于所取的半边结构,不仅仅局限于位移法,可以用任何适宜的方法进行计算。

思 考 题

7-1　用位移法计算超静定刚架时,有哪两类基本未知量? 怎样确定两类基本未知量的数目?

7-2　什么是位移法的基本结构? 怎样建立基本结构? 试比较力法和位移法两种基本结构的异同。

7-3　什么是固端力? 什么是刚度方程? 什么是转角位移方程?

7-4　位移法典型方程中的系数和自由项的物理意义是什么? 怎样计算?

7-5　杆件铰结端的角位移和滑动支承端的线位移为什么不作为位移法的基本未知量? 如果把它们作为基本未知量,会出现什么情况?

7-6　在确定超静定刚架的基本未知量时,刚架中的静定部分应如何处理?

7-7　位移法中人为施加附加刚臂和附加链杆的目的是什么?

7-8　"因为位移法的典型方程是平衡方程,所以在位移法中只用平衡条件就可求解超静定结构内力,而没有考虑结构的变形条件。"这种说法正确吗?

习 题

7-1　判断下列结构用位移法计算时基本未知量的数目。

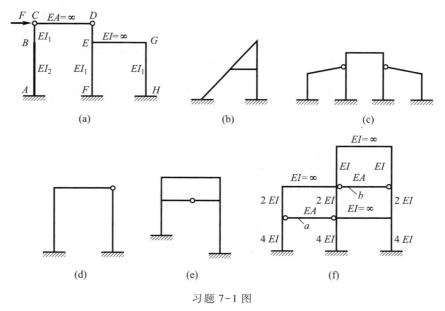

(a)   (b)   (c)

(d)   (e)   (f)

习题 7-1 图

7-2　用位移法计算图示结构并作 M 图。各杆线刚度均为 i,各杆长均为 l。

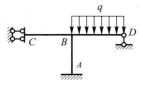

习题 7-2 图

7-3　用位移法计算图示结构并作 M 图。横梁刚度 $EA\rightarrow\infty$,两柱线刚度 i 相同。

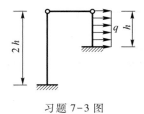

习题 7-3 图

7-4　用位移法计算图示结构并作 M 图。EA 为常数。

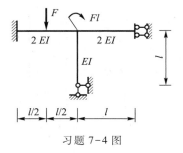

习题 7-4 图

7-5　用位移法计算图示结构并作 M 图。EI 为常数。

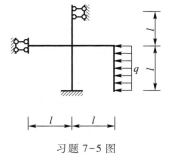

习题 7-5 图

7-6　用位移法计算图示结构并作 *M* 图,*EI* 为常数。

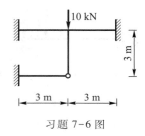

习题 7-6 图

7-7　用位移法计算图示结构并作 *M* 图。

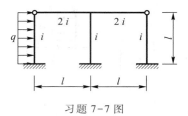

习题 7-7 图

7-8　用位移法计算图示结构并作 *M* 图,*E* 为常数。

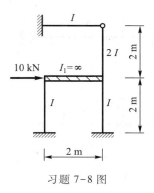

习题 7-8 图

7-9　用位移法计算图示结构并作 *M* 图。

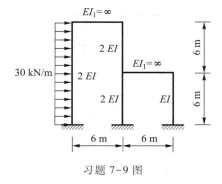

习题 7-9 图

7-10   用位移法计算图示结构并作 M 图。EI 为常数。

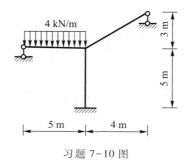

习题 7-10 图

7-11   用位移法计算图示结构并作 M 图。设各杆的 EI 相同。

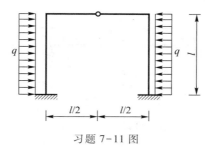

习题 7-11 图

7-12   用位移法作图示结构 M 图。并求 AB 杆的轴力，EI 为常数。

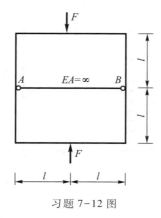

习题 7-12 图

7-13   用位移法作图示结构 M 图。EI 为常数。

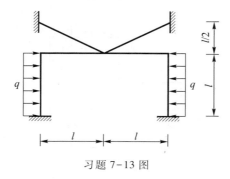

习题 7-13 图

7-14 用位移法作图示结构 M 图。EI 为常数。

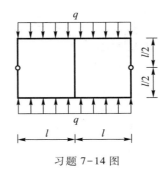

习题 7-14 图

7-15 用位移法计算图示结构并作 M 图。EI 为常数。

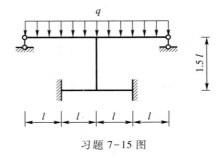

习题 7-15 图

7-16 用位移法计算图示结构并作 M 图。EI 为常数。

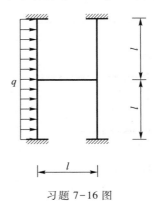

习题 7-16 图

7-17 用位移法计算图示结构并作 M 图。

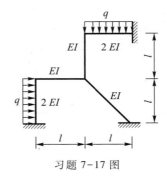

习题 7-17 图

7-18 用位移法计算图示结构并作 M 图,C 支座下沉 Δ,杆长为 l。

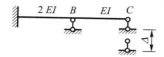

习题 7-18 图

7-19 用位移法计算图示结构并作 M 图。

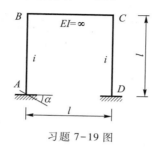

习题 7-19 图

7-20 图示对称刚架制造时 AB 杆件短了 Δ,用位移法作 M 图。EI 为常数。

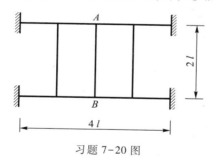

习题 7-20 图

7-21 图示结构 C 为弹性支座,弹簧刚度 $k=i/l^2$,用位移法计算,并作 M 图。

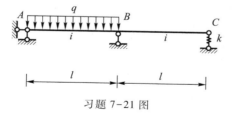

习题 7-21 图

7-22 用位移法计算图示结构并作 M 图。E 为常数。

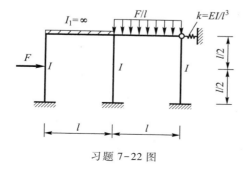

习题 7-22 图

7-23　用位移法计算图示结构并作 M 图。EI 为常数 $,k_0 = EI/l$。

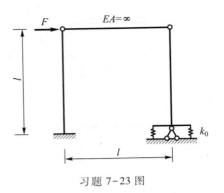

习题 7-23 图

第8章
力矩分配法

8.1 力矩分配法的基本概念和思路

力矩分配法是以位移法为基础的渐近法。力矩分配法不需建立和求解联立方程组,只需进行简单的连续运算,就能直接得到杆件的杆端弯矩,特别适用于连续梁和无侧移刚架的计算,是工程中很实用的一种方法。

下面从位移法出发,结合图 8-1a 所示单结点无侧移刚架,介绍力矩分配法的基本概念以及该方法使用的一些名词。

8.1.1 位移法求解单结点转动的刚架

图 8-1a 所示刚架用位移法求解时,基本未知量为 φ_K,基本体系、单位弯矩 $\overline{M}_K$ 图、荷载弯矩 M_P 图分别如图 8-1b、c、d 所示。建立典型方程为

$$k_{KK}\varphi_K + F_{RKF} = 0 \qquad (8-1)$$

式中系数和自由项可由 $\overline{M}_K$ 图、M_P 图中结点 K 的平衡求得

$$k_{KK} = 4i_{KA} + 3i_{KB} + i_{KC} + 3i_{KD} \qquad (8-2)$$

$$F_{RKF} = \frac{1}{8}ql^2 + \left(-\frac{3}{16}Fl\right) \qquad (8-3)$$

解方程(8-1)得

$$\varphi_K = -\frac{F_{RKF}}{k_{KK}} \qquad (8-4)$$

最终弯矩图由式(8-5)计算而得

$$M = M_F + \overline{M}_K \varphi_K \qquad (8-5)$$

视频 8-1
力矩分配法
的基本概念

8.1.2 杆端抗弯劲度、固端弯矩与结点不平衡力矩

现在引入杆端抗弯劲度、固端弯矩与结点不平衡力矩的概念,并对前述位移法

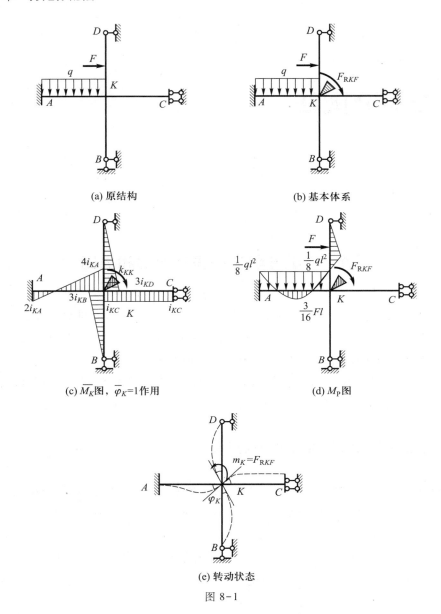

(a) 原结构   (b) 基本体系

(c) $\overline{M}_K$图，$\overline{\varphi}_K=1$作用   (d) M_P图

(e) 转动状态

图 8-1

公式用这些概念来表达。

     KI 杆 *K* 端的**抗弯劲度** S_{KI}表示 *K* 结点发生单位转角时，在 *K* 结点所需施加的力矩。查形常数表可得常见杆件的杆端抗弯劲度：

两端固定 *KI* 杆

$$S_{KI}=4i_{KI}$$

一端固定、一端简支 *KI* 杆

$$S_{KI}=3i_{KI}$$

一端固定、一端滑移支承 *KI* 杆

$$S_{KI}=i_{KI}$$

因此，式(8-2)可以写为

$$k_{KK} = 4i_{KA} + 3i_{KB} + i_{KC} + 3i_{KD} = S_{KA} + S_{KB} + S_{KC} + S_{KD} = \sum S_{KI} \qquad (8\text{-}6)$$

KI 杆 *K* 端的**固端弯矩** M_{KI}^F 表示当仅有荷载作用在基本体系上时(固定状态,图 8-1d),在各杆杆端产生的弯矩,一般通过查载常数表得,其符号对杆端而言以顺时针方向为正。

结点不平衡力矩 m_K 为结构上使 *K* 点转动的力矩,而 F_{RKF} 是阻止结点转动的刚臂反力矩,所以 m_K 数值等于 F_{RKF} 但是方向与 F_{RKF} 相反,即对结点而言以逆时针为正,其正向和意义如图 8-1e 所示,这样式(8-3)可以写成:

$$F_{RKF} = M_{KA}^F + M_{KB}^F + M_{KC}^F + M_{KD}^F = \sum M_{KI}^F = m_K \qquad (8\text{-}7)$$

而

$$\varphi_K = -\frac{F_{RKF}}{k_{KK}} = -\frac{m_K}{\sum S_{KI}} \qquad (8\text{-}8)$$

8.1.3 分配弯矩与分配系数

公式(8-5)中的弯矩为两部分的叠加,第一项是固定状态(图 8-1d, $\varphi_K = 0$)的弯矩,第二项 $\overline{M}_K \varphi_K$ 是转动状态(图 8-1e,结点 *K* 转动 φ_K)的弯矩。第一项对应的各个杆端弯矩就是固端弯矩 M_{KI}^F,现在计算第二项对应的转动状态的杆端弯矩。

根据图 8-1c,可得各杆的近端(即相应结点转动的一端)由于结点转动引起的弯矩:

$$M_{KA}^\mu = 4i_{KA} \times \varphi_K = -\frac{S_{KA}}{\sum S_{KI}} \times m_K$$

$$M_{KB}^\mu = 3i_{KB} \times \varphi_K = -\frac{S_{KB}}{\sum S_{KI}} \times m_K$$

$$M_{KC}^\mu = i_{KC} \times \varphi_K = -\frac{S_{KC}}{\sum S_{KI}} \times m_K$$

$$M_{KD}^\mu = 3i_{KD} \times \varphi_K = -\frac{S_{KD}}{\sum S_{KI}} \times m_K$$

一般地写成

$$M_{KI}^\mu = -\frac{S_{KI}}{\sum S_{KI}} \times m_K = -\mu_{KI} \times m_K \qquad (8\text{-}9)$$

$$\mu_{KI} = \frac{S_{KI}}{\sum S_{KI}} \qquad (8\text{-}10)$$

式中 M_{KI}^μ 称为**分配弯矩**,是因结点 *K* 在不平衡力矩 m_K 作用下转动 φ_K(转动状态),在 *KI* 杆 *K* 端(近端)产生的弯矩。其符号对杆端而言以顺时针转向为正;μ_{KI} 称为

分配系数,是将不平衡力矩分配给各杆近端的分配弯矩比值,显然 $\sum \mu_{KI}=1$。

由式(8-9)可知,分配弯矩等于不平衡力矩乘以分配系数再改变符号。负号表示不平衡力矩要与分配弯矩之和 $\sum M_{KI}^{\mu}$ 平衡。而式(8-10)表明,分配系数与外来作用无关,只与各杆的抗弯劲度有关。因此,在将结点 K 的不平衡力矩按照分配系数 μ_{KI} 的比例分配给汇交于该结点的各杆件近端的过程中,杆端抗弯劲度大的就多分配,杆端抗弯劲度小的就少分配,体现了"能者多劳"的原则。

另外,$\sum \mu_{KI}=1$ 的特性可供校核分配系数之用。

8.1.4　传递弯矩与传递系数

再计算远端(即相应于转动结点 K 的另一端——I 端)的弯矩:

$$M_{AK}^{c}=2i_{KA}\times\varphi_{K}=\frac{1}{2}M_{KA}^{\mu}$$
$$M_{BK}^{c}=0\times\varphi_{K}=0\cdot M_{KB}^{\mu}$$
$$M_{CK}^{c}=-i_{KC}\times\varphi_{K}=-M_{KC}^{\mu} \tag{8-11}$$
$$M_{DK}^{c}=0\times\varphi_{K}=0\times M_{KD}^{\mu}$$

一般地写成

$$M_{IK}^{c}=C_{KI}M_{KI}^{\mu} \tag{8-12}$$

式中 M_{IK}^{c} 称为**传递弯矩**,是因结点 K 在不平衡力矩 m_K 作用下转动 φ_K,在 KI 杆 I 端(远端)产生的弯矩,这里将其看成是近端获得弯矩后传递到远端的结果,其符号对杆端而言以顺时针转向为正。

C_{KI} 称为**传递系数**,它是传递弯矩与分配弯矩之比值。

由式(8-12)可知,传递弯矩等于分配弯矩乘以传递系数,而传递系数与外来作用无关,仅与远端的约束情况有关。从式(8-11)知:

$$\left.\begin{array}{l}\text{远端为固定支座时}\quad C_{KI}=\dfrac{1}{2}\\[2mm]\text{远端为铰支座时}\quad C_{KI}=0\\[2mm]\text{远端为滑移支座时}\quad C_{KI}=-1\end{array}\right\} \tag{8-13}$$

8.1.5　最终杆端弯矩

根据式(8-5),最终杆端弯矩等于各杆端固端弯矩与分配弯矩(近端)或传递弯矩(远端)之和。即

$$\left.\begin{array}{l}M_{KI}=M_{KI}^{F}+M_{KI}^{\mu}\\M_{IK}=M_{IK}^{F}+M_{IK}^{c}\end{array}\right\} \tag{8-14}$$

由上面计算过程可以看到,利用载常数表计算固端弯矩,由式(8-7)计算结点

不平衡力矩,由式(8-10)和式(8-13)分别计算分配系数和确定传递系数,然后就可以根据式(8-9)和式(8-12)计算各杆端的分配弯矩和传递弯矩,最后用式(8-14)叠加得到各杆的最终杆端弯矩。整个计算过程可以在表格中进行,比较方便,避免了位移法中作单位弯矩图、建立和求解典型方程。这就是力矩分配法的基本概念。

8.1.6　单结点转动力矩分配法的基本思路

虽然力矩分配法的公式(8-6)至式(8-14)都是从单结点位移法的求解过程中推导或者转换得到,但是力矩分配法的基本思路已经与位移法的基本思路不一样了。位移法引入了附加刚臂的基本体系后,利用刚臂施加附加反力矩实现了固定状态和转动状态,然后建立典型方程否定了刚臂的作用,保证了结点的平衡。力矩分配法用附加刚臂实现了固定状态(此状态与位移法一样,刚臂在结点上施加了反力矩 F_{RKF},如图 8-1b 所示),然后放松刚臂实现转动状态(对结点施加了不平衡力矩 $m_K = F_{RKF}$,如图 8-1e 所示),因为 m_K 与 F_{RKF} 数值相等方向相反,所以消去了刚臂的作用,保证了结点的平衡。而单结点转动状态的杆端弯矩计算公式是利用位移法推导的,并引入了近端分配弯矩和远端传递弯矩等概念。力矩分配法与位移法最终的弯矩都是由两个状态的弯矩叠加而得。

视频 8-2
力矩分配法
求解单结点
转动结构

8.1.7　多结点转动力矩分配法的基本思路

以上就一个结点转动的情况,介绍了力矩分配法的基本概念和思路,推导了单结点转动的分配弯矩、传递弯矩和最终杆端弯矩的计算公式。对于有多个结点转动的情况,同样可以利用这些公式和概念,但要结合逐次渐近的办法。下面以三跨连续梁为例,来阐述用力矩分配法解决多个结点转动结构的思路和具体计算过程。

图 8-2a 所示三跨连续梁在荷载 q 作用下,结点 1 和结点 2 分别产生转角 φ_1 和 φ_2(图 8-2b)。用位移法求解时,先用两个附加刚臂固定住结点 1 和结点 2,附加刚臂上的约束力矩 $F_{R1F} = m_1$ 和 $F_{R2F} = m_2$,$m_1 = M_{13}^F + M_{12}^F$ 和 $m_2 = M_{21}^F + M_{24}^F$ 分别为结点 1 和结点 2 的不平衡力矩,如图 8-2c 所示。

所以

$$F_{R1F} = m_1 = M_{13}^F + M_{12}^F = 0 - \frac{30 \times 4^2}{12} \text{ kN} \cdot \text{m} = -40.0 \text{ kN} \cdot \text{m}$$

$$F_{R2F} = m_2 = M_{21}^F + M_{24}^F = \frac{30 \times 4^2}{12} \text{ kN} \cdot \text{m} + 0 = 40.0 \text{ kN} \cdot \text{m}$$

位移法中建立和求解典型方程组的过程,就是同时消除所有的刚臂作用,并求出它们的实际转角 φ_1 和 φ_2。为了利用前面推导的单结点转动时直接计算杆端弯

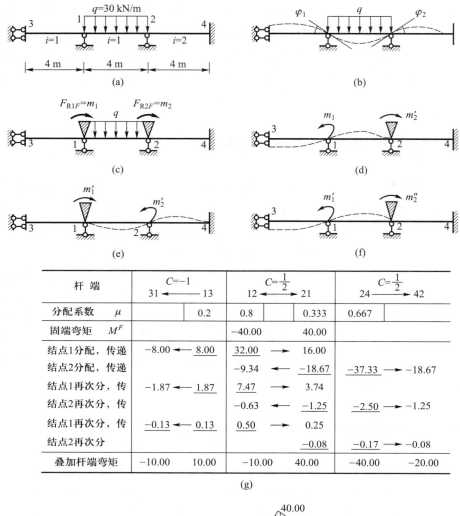

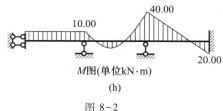

M图(单位kN·m)
(h)

图 8-2

矩的公式,多结点转动力矩分配法不能一次放松所有刚臂的作用,而是用逐个结点轮流放松的办法,逐步消去不平衡力矩,即逐步消去刚臂的作用。

首先放松刚臂 1,如图 8-2d 所示,结点 1 因不平衡力矩 m_1 的作用而转动,由于结点 2 仍被刚臂 2 锁住不动,因此可以用单结点转动的公式,求出在结点 1 各个近端产生的分配弯矩并传给远端,此时的远端 21 因为被刚臂 2 锁住,所以视作固端。这样可以由式(8-10)先求出交于结点 1 的各杆端分配系数:

$$\mu_{13} = \frac{1 \times 1}{1 \times 1 + 4 \times 1} = 0.2$$

$$\mu_{12}=\frac{4\times1}{1\times1+4\times1}=0.8$$

再由式(8-9)求得近端的分配弯矩:

$$M_{13}^{\mu}=-\mu_{13}m_1=-0.2\times(-40)\,\mathrm{kN\cdot m}=8.0\,\mathrm{kN\cdot m}$$

$$M_{12}^{\mu}=-\mu_{12}m_1=-0.8\times(-40)\,\mathrm{kN\cdot m}=32.0\,\mathrm{kN\cdot m}$$

由结点 3 和 2 的约束性质,用式(8-13)求得 $C_{13}=-1$,$C_{12}=\frac{1}{2}$,再用式(8-12)求得远端的传递弯矩:

$$M_{31}^{c}=-M_{13}^{\mu}=-8.0\,\mathrm{kN\cdot m}$$

$$M_{21}^{c}=\frac{1}{2}M_{12}^{\mu}=16.0\,\mathrm{kN\cdot m}$$

此时,结点 1 已达到平衡。但是结点 1 进行力矩分配时,杆端 21 获得传递弯矩 M_{21}^{c},结点 2 的不平衡力矩发生了变化,用 m_2' 表示变化后的不平衡力矩,显然

$$m_2'=m_2+M_{21}^{c}=40\,\mathrm{kN\cdot m}+16\,\mathrm{kN\cdot m}=56.0\,\mathrm{kN\cdot m}$$

为了消去结点 2 不平衡力矩 m_2',并且继续利用单结点转动的弯矩计算公式,就必须将结点 1 重新用刚臂 1 锁住,而将刚臂 2 放松(图 8-2e)。结点 2 因不平衡力矩 m_2' 作用而转动,在结点 2 各近端产生分配弯矩并传给远端,此时的远端 12 端因为被刚臂 1 锁住,视作固端,由式(8-10)求出交于结点 2 的各杆端分配系数:

$$\mu_{21}=\frac{4\times1}{4\times1+4\times2}=0.333$$

$$\mu_{24}=\frac{4\times2}{4\times1+4\times2}=0.667$$

近端的分配弯矩

$$M_{21}^{\mu}=-\mu_{21}\times m_2'=-0.333\times56.00\,\mathrm{kN\cdot m}=-18.67\,\mathrm{kN\cdot m}$$

$$M_{24}^{\mu}=-\mu_{24}\times m_2'=-0.667\times56.0\,\mathrm{kN\cdot m}=-37.33\,\mathrm{kN\cdot m}$$

由结点 1 和 4 的约束性质,知道 $C_{21}=\frac{1}{2}$,$C_{24}=\frac{1}{2}$,所以远端的传递弯矩

$$M_{12}^{c}=\frac{1}{2}M_{21}^{\mu}=-9.34\,\mathrm{kN\cdot m}$$

$$M_{42}^{c}=\frac{1}{2}M_{24}^{\mu}=-18.67\,\mathrm{kN\cdot m}$$

此时,结点 2 已平衡,但结点 1 却由于杆端 12 新获得的传递弯矩 M_{12}^{c},产生了新的不平衡力矩 m_1':

$$m_1'=M_{12}^{c}=-9.34\,\mathrm{kN\cdot m}$$

但不平衡力矩 m_1' 与 m_1 相比已减小许多。为了消除 m_1',再用刚臂 2 将结点 2 固定,然后再放松刚臂 1(图 8-2f),由此在结点 1 的杆端产生新分配弯矩,并传递给远端。如此轮流放松、固定,再放松、再固定,直到新的不平衡力矩愈来愈小,趋近于零,便可停止,计算过程如图 8-2g 所示。此时两个刚臂上的附加力矩都趋近

于零,结构就非常接近于它的真实平衡状态。

力矩分配法的迭代过程收敛性好,以所有刚臂都放松一次为一轮,一般只需二至三轮的迭代就能满足工程精度要求。

最终杆端弯矩等于各杆端的固端弯矩叠加上历次的分配弯矩和传递弯矩,作出弯矩图,见图 8-2h。所以最终杆端弯矩可表示为

$$M_{KI} = M_{KI}^{F} + M_{KI}^{\mu} + M_{KI}^{c} \tag{8-15}$$

综上所述,力矩分配法是以位移法为基础的一种渐近解法。它仍可将结构分为两种状态:一是固定状态,这种状态下结点被刚臂锁住,不发生转动,由此可计算固端弯矩;二是单个刚臂放松后的转动状态,这种状态就是在结点不平衡力矩作用下的单结点转动,由此计算近端分配弯矩和远端传递弯矩。对于多结点转动情况,每次只允许一个结点转动,轮流放松,逐步消去刚臂的作用,使所有结点都达到平衡。将各个杆端的固端弯矩和每次放松获得的分配弯矩、传递弯矩叠加起来就求得总的杆端弯矩。

8.2   连续梁和无侧移刚架计算举例

上节介绍了力矩分配法的基本概念和思路,该方法是在无结点线位移的情况下建立的,因此,特别适用于只有结点角位移的连续梁和无侧移刚架的计算,下面举例说明。

例 8-1   图 8-3a 所示四跨等截面连续梁,圈内数字为相对线刚度。试用力矩分配法计算内力和支座反力,并绘制弯矩图和剪力图。

解:(1)计算各中间结点的分配系数和传递系数
结点 2:

$$\mu_{21} = \frac{3i_{21}}{3i_{21} + 4i_{23}} = \frac{3 \times 1}{3 \times 1 + 4 \times 2} = 0.273, \quad C_{21} = 0$$

$$\mu_{23} = \frac{4i_{23}}{3i_{21} + 4i_{23}} = \frac{4 \times 2}{3 \times 1 + 4 \times 2} = 0.727, \quad C_{13} = \frac{1}{2}$$

$$\mu_{21} + \mu_{23} = 0.273 + 0.727 = 1 \quad (校核正确)$$

结点 3:

$$\mu_{32} = \frac{4i_{23}}{4i_{23} + 4i_{34}} = 0.5, \quad C_{32} = \frac{1}{2}$$

$$\mu_{34} = \frac{4i_{34}}{4i_{23} + 4i_{34}} = 0.5, \quad C_{34} = \frac{1}{2}$$

$$\mu_{32} + \mu_{34} = 1 \quad (校核正确)$$

结点 4:根据结构的对称性可得

$$\mu_{45} = 0.273, \quad C_{45} = 0$$

$$\mu_{43} = 0.727, \quad C_{43} = \frac{1}{2}$$

（2）计算固端弯矩，查载常数表得

$$M_{21}^F = \frac{ql^2}{8} = 30.0 \text{ kN} \cdot \text{m}, \quad M_{12}^F = 0$$

$$M_{34}^F = -\frac{FL}{8} = -20.0 \text{ kN} \cdot \text{m}, \quad M_{43}^F = \frac{FL}{8} = 20.0 \text{ kN} \cdot \text{m}$$

（3）力矩的分配、传递和各杆端弯矩的计算

轮流放松结点 2、结点 3 和结点 4，并进行力矩分配和传递，直到精度满足要求时停止迭代。历次的分配、传递及最终杆端弯矩叠加均在图 8-3b 中进行。

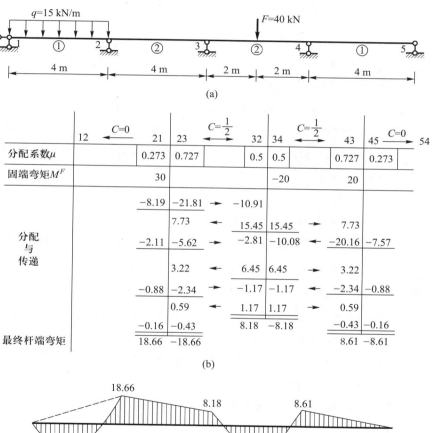

(a)

(b)

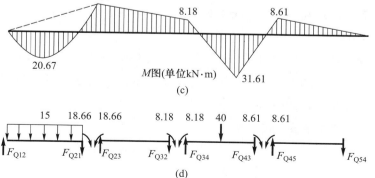

(c)

(d)

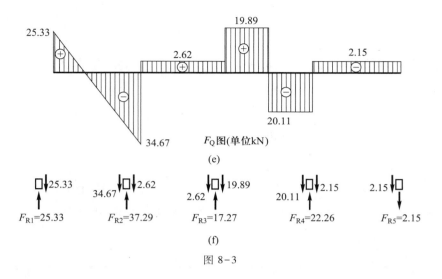

F_Q图(单位kN)

(e)

$F_{R1}=25.33$ $F_{R2}=37.29$ $F_{R3}=17.27$ $F_{R4}=22.26$ $F_{R5}=2.15$

(f)

图 8-3

（4）作弯矩图、剪力图

由于最终杆端弯矩已在计算表中得到，因此作弯矩图比较方便，只需搞清是哪一侧受拉。注意计算时杆端弯矩的符号规定是对杆端而言，以顺时针转向为正，以逆时针转向为负。最终弯矩图如图 8-3c 所示。切取四个梁段作为隔离体，如图 8-3d 所示。分别由四个隔离体对杆端求力矩的平衡条件求得各杆杆端剪力，作出剪力图，如图 8-3e 所示。

（5）计算结果分析与讨论

1）由于每个结点的杆端分配系数之和为 1，所以图 8-3b 中，每个结点最终算得的杆端弯矩之和为 0，数值验证了最终的结点不平衡力矩为 0，结点处于平衡。

2）在向下的竖向荷载作用下，中间支座处上侧受拉，且有 $M_{21} = 18.66$ kN · m $<$ $M_{21}^F = 30.0$ kN · m，$M_{34} = 8.18$ kN · m 和 $M_{43} = 8.61$ kN · m 都小于相应的固端弯矩 $M_{34}^F = M_{43}^F = 30.0$ kN · m，而这两跨的跨中弯矩都小于同跨同荷载简支梁的跨中弯矩，这些是连续梁的受力共性，是连续梁各跨协同承载的结果。

3）如果要求支座反力，可以切取各个支座结点作为隔离体，分别考虑它们的平衡条件，得各支座反力如图 8-3f 所示。

例 8-2　图 8-4a 所示一无侧移刚架，各杆 *EI* 为常数，试用力矩分配法进行计算，并绘弯矩图。

解：刚架 *AB* 为一静定部分，该部分的内力根据静力平衡条件可求出：$M_{BA} = 30.0$ kN · m，$F_{QBA} = 30$ kN。因此，我们可先将悬臂部分切除，而将它对右部分的作用力作用于结点 *B* 处，以图 8-4b 所示结构为计算对象。

（1）计算分配系数和传递系数

结点 *B*：

$$\mu_{BC} = \frac{4i_{BD}}{4i_{BC}+4i_{BD}} = 0.5, \quad C_{BC} = 0.5$$

$$\mu_{BD} = \frac{4i_{BD}}{4i_{BC}+4i_{BD}} = 0.5, \quad C_{BD} = 0.5$$

结点 C：

$$\mu_{CB} = \frac{4i_{CB}}{4i_{BC}+3i_{CE}+i_{CF}} = 0.5, \quad C_{CB} = 0.5$$

$$\mu_{CE} = \frac{3i_{CE}}{4i_{BC}+3i_{CE}+i_{CF}} = 0.375, \quad C_{CE} = 0$$

$$\mu_{CF} = \frac{i_{CF}}{4i_{BC}+3i_{CE}+i_{CF}} = 0.125, \quad C_{CF} = -1$$

（2）计算固端弯矩

$$M_{BC}^{F} = -\frac{1}{8}Fl = -40 \text{ kN} \cdot \text{m}$$

$$M_{CB}^{F} = \frac{1}{8}Fl = 40 \text{ kN} \cdot \text{m}$$

（3）力矩分配、传递和各杆端弯矩的计算

轮流放松结点 B 和结点 C，并进行力矩分配和传递，精度满足要求时停止迭代。历次的分配、传递及最终杆端弯矩叠加均在图 8-4c 中进行。这里要特别注意的是图 8-4b 中作用在结点 B 处的外力偶，由于是直接作用在结点上的，以逆时针为正，并且在计算表中不能放在杆端弯矩处，而是放在结点 B 下，用方框标出。同理，叠加计算最终杆端弯矩时，杆端 BD 和 BC 的最终杆端弯矩，都不能叠加该外力偶值。

（4）作最终弯矩图

根据图 8-4c 计算得到的最终杆端弯矩作弯矩图，当然还要绘出静定部分 AB 段的弯矩图。如图 8-4d 所示。

（5）计算结果分析与讨论

1）分析图 8-4d 所示弯矩图可以发现：$M_{DB} = 0.5M_{BD}$，$M_{FC} = -M_{CF}$。该结论如果从位移法角度解释就是这两个杆件没有杆上荷载，其变形和内力分别是由于 BD 和 CF 杆端的转动引起，所以由相应的形常数表可以知道，最终的弯矩是 $M_{DB} = 0.5M_{BD}$，$M_{FC} = -M_{CF}$。如果从力矩分配法角度解释就是无结点侧移结构中的这两个杆件没有杆上荷载，历次的远端弯矩都是由近端弯矩按照 0.5 和 -1 的传递系数传递获得的，所以最终的弯矩也有 0.5 和 -1 的比值关系。但是如果杆上有荷载作用或者结点有线位移，则不存在这样的比例关系。

2）力矩分配法揭示了结构按照刚度分配内力的特性，即"能者多劳"。结点不平衡力矩是按照杆端抗弯劲度来分配的，比如本例中杆端 CE 和 CF 的抗弯劲度比是 3:1，所以最终有 $M_{CE} : M_{CF} = 3 : 1$。

3）类似地，对于图 8-5 所示的只有侧向移动的刚架，其水平荷载由各个柱子的剪力来平衡（分配），每个柱子会按照抗侧移劲度（就是形常数表中侧向单位位

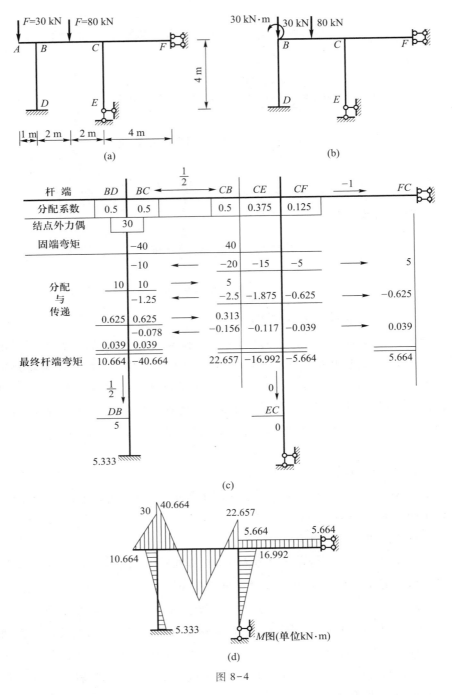

图 8-4

移在杆端产生的剪力)的比例来分配剪力,相应的方法就是剪力分配法,有兴趣的读者可以自己去探究剪力分配法,求得图示结构的弯矩图。

4) 有了结构分析程序用于计算结构的内力和位移后,学习力矩分配法和剪力分配法的意义更多地体现在将它们的概念和思路用于结构定性分析和概念设计中。

最后将力矩分配法的解题步骤归纳如下:

（1）求各杆的杆端抗弯劲度 S_{KI}、分配系数 μ_{KI} 和传递系数 C_{KI}。

（2）根据外荷载计算各杆的固端弯矩。

（3）根据分配系数求分配弯矩。

（4）根据传递系数求传递弯矩。

（5）各结点轮流重复（3）、（4）步骤进行弯矩的分配与传递，直至消除结点不平衡力矩为止。

图 8-5

（6）各杆端的固端弯矩与历次的分配弯矩和传递弯矩相加，即得各杆端的最终弯矩，绘弯矩图，进而作剪力图。

在计算过程中要注意以下几点：

（1）对于多结点转动情况，为使其收敛迅速，应从结点不平衡力矩绝对值最大的结点开始分配。

（2）当各结点上的传递弯矩小到可以略去时，则停止传递，结束分配、传递的过程。一般要小于固端弯矩的 5%，通常两三轮迭代就可以满足精度要求。

（3）求分配弯矩时，将结点不平衡力矩乘以分配系数后，一定要改变符号。

（4）结点有外力偶直接作用时，各杆最终杆端弯矩计算不要叠加该值。

8.3　无剪力分配法

前面介绍的力矩分配法只能求解无线位移的结构，对于图 8-6a 所示刚架，由于顶部结点 B、C 和 D 有一个线位移 Δ，所以不能直接用力矩分配法计算。但是该刚架有个特点：其柱 AB 的剪力是静定的，可以用无剪力分配法求解。无剪力分配法的思路与力矩分配法类似，所以下面基于力矩分配法的思路来分析图 8-6a 刚架，并由此得出无剪力分配法的概念和要素。

（1）固定状态

先用两个附加刚臂固定住结点 B 和结点 C，特别说明的是，无须用水平附加链杆锁住结点 D。那怎么查载常数表画出固定状态的弯矩图呢？先分析杆 AB，由于其 B 端锁住不能转动，但是可以侧向移动，所以其受力状态与一端固定支座、一端滑移支座的同荷载单跨梁完全相同（图 8-6b）。而杆 BC 和杆 CD 的杆端约束分别

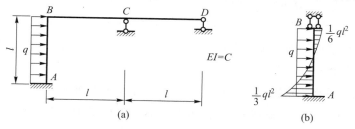

(a)　(b)

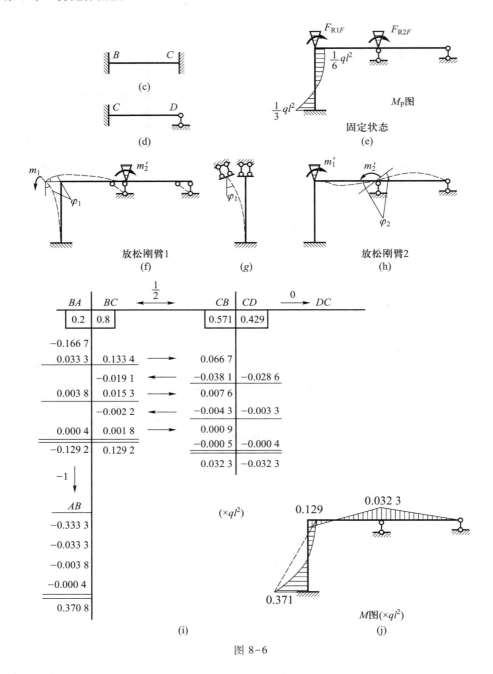

图 8-6

是两端固定(图 8-6c)和一端固定、一端铰支(图 8-6d),如果有荷载作用在这两个杆上,只要查相应的载常数表即可,这样得到固定状态弯矩(图 8-6e)。

附加刚臂上的约束力矩 $F_{R1F}=M_{BA}^F+M_{BC}^F=m_1$ 和 $F_{R2F}=M_{CB}^F+M_{CD}^F=m_2$,$m_1$、$m_2$ 分别为结点 1 和结点 2 的不平衡力矩。

(2) 转动状态

转动状态仍然要轮流放松结点 B 处刚臂和结点 C 处刚臂。假设先放松结点 B 处刚臂,如图 8-6f 所示,显然只有杆 AB 和 BC 有内力,而杆 CD 没有内力。与力矩分配法类似,还是通过分析近端 BA 和 BC 以及远端 AB 和 CB 的杆端弯矩,来确定杆端抗弯劲度和弯矩传递系数。

先分析杆 AB,由于其 B 端转动的同时还可以侧移,而 A 端固定不动,其杆端位移情况以及杆端弯矩与一端固定支座一端滑移支座单跨梁由于固端发生单位转角的情况相同(图 8-6g),所以杆 AB 有:

$$\text{杆端抗弯劲度 } S_{BA}=i_{BA}, \quad \text{传递系数 } C_{BA}=-1$$

而杆 BC 仍与两端固定的梁一样(图 8-6c),所以其杆端抗弯劲度和弯矩传递系数与力矩分配法中一样,即

$$\text{杆端抗弯劲度 } S_{BC}=4i_{BC}, \quad \text{传递系数 } C_{BC}=\frac{1}{2}$$

而仅放松结点 C 处刚臂时(图 8-6h,图中 m_1'、m_2' 意义与图 8-2 中类似),显然也只有杆 BC 和 CD 有内力,而杆 AB 没有内力。由于杆 BC 和杆 CD 的杆端约束分别是两端固定支座(图 8-6c)和一端固定支座一端铰支座(图 8-6d),所以它们的杆端抗弯劲度和弯矩传递系数也与力矩分配法中一样,即

$$\text{杆端抗弯劲度 } S_{CB}=4i_{BC}, \quad \text{传递系数 } C_{CB}=\frac{1}{2}$$

$$\text{杆端抗弯劲度 } S_{CD}=3i_{CD}, \quad \text{传递系数 } C_{CD}=0$$

通过以上分析可以得出结论:分析这样单根柱子剪力静定的刚架,只需将柱子看成一端固定一端滑移的杆件,计算其固端弯矩、杆端抗弯劲度和弯矩传递系数;而梁和普通力矩分配法一样,轮流放松分别计算近端弯矩、远端弯矩,过程也与普通力矩分配法一样。为了区别起见,将该方法称为无剪力分配法。

下面用无剪力分配法完整计算该刚架。

(1)计算分配系数和传递系数

结点 B:

$$\mu_{BA}=\frac{S_{BA}}{S_{BC}+S_{BA}}=\frac{i_{BA}}{4i_{BC}+i_{BA}}=0.2, \quad C_{BA}=-1$$

$$\mu_{BC}=\frac{S_{BC}}{S_{BC}+S_{BA}}=\frac{4i_{BC}}{4i_{BC}+i_{BA}}=0.8, \quad C_{BC}=0.5$$

结点 C:

$$\mu_{CB}=\frac{S_{CB}}{S_{CB}+S_{CD}}=\frac{4i_{CB}}{4i_{CB}+3i_{CD}}=0.571, \quad C_{CB}=0.5$$

$$\mu_{CD}=\frac{S_{CD}}{S_{CB}+S_{CD}}=\frac{3i_{CD}}{4i_{CB}+3i_{CD}}=0.429, \quad C_{CD}=0$$

(2)计算固端弯矩

$$M_{AB}^{F}=-\frac{1}{3}ql^2$$

$$M_{BA}^{F}=-\frac{1}{6}ql^2$$

（3）力矩分配、传递和各杆端弯矩的计算

轮流放松结点 *B* 和结点 *C*，并进行力矩分配和传递，精度满足要求时停止迭代。各次的分配、传递及最后杆端弯矩叠加均在图 8-6i 中进行。

（4）作最终弯矩图

根据图 8-6i 计算得到的最终杆端弯矩，保留三位有效数字作弯矩图如图 8-6j 所示。

（5）分析与讨论

最终弯矩图（图 8-6j）与力法中例题 6-1 计算结果完全一致。说明了针对剪力静定结构提出的无剪力分配法思路和方法的正确性。因为力矩分配法和无剪力分配法都是基于位移法的，所以读者从该刚架无剪力分配法的思路中，有没有可能逆向思考下：用位移法计算剪力静定结构是否也可以借鉴无剪力分配法的思路作简化呢？请读者思考这个问题。

如果是多层剪力静定刚架，无剪力分配法还适用吗？具体会有哪些问题？下面进行讨论。

对于图 8-7a 所示多层单柱剪力静定刚架，柱 *AB* 和 *BC* 都需看成一端固定一端滑移的杆件来计算固端弯矩、杆端抗弯劲度和弯矩传递系数，图 8-7b 和图 8-7c 分别是放松结点 *C* 和放松结点 *D* 时用于计算的等效刚架。每层柱子上的剪力等于本层以上所有柱子上的水平荷载之和。其他计算公式和过程与图 8-6a 刚架一样，下面举例说明。

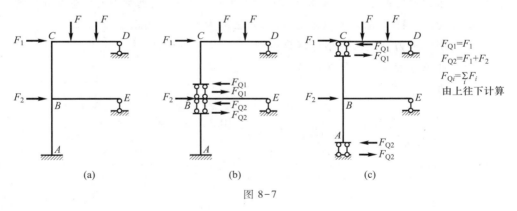

图 8-7

例 8-3　图 8-8a 为一个钢筋混凝土工作桥支架的计算简图，各杆 *EI* 均为常数。将其上的荷载分成对称荷载和反对称荷载两组，图中为反对称荷载作用的情形，试计算各杆弯矩，并作弯矩图。

解：利用对称性，将原结构简化成图 8-8b 所示半刚架进行计算，圆圈内数字为相对线刚度。由于该半刚架柱子剪力静定，所以采用无剪力分配法计算。

（1）计算分配系数和传递系数

结点 *D*：

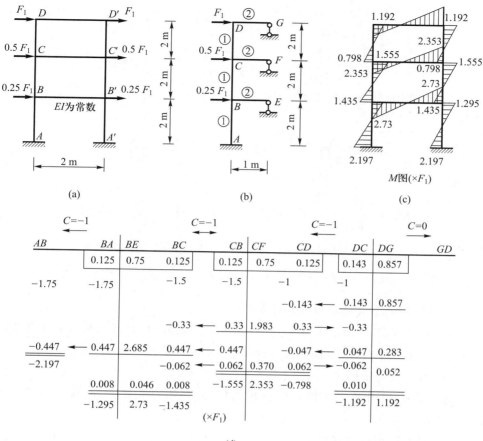

图 8-8

$$\mu_{DC} = \frac{S_{DC}}{S_{DC}+S_{DG}} = \frac{i_{DC}}{i_{DC}+3i_{DG}} = \frac{1}{1+3\times2} = 0.143, \quad C_{DC} = -1$$

$$\mu_{DG} = \frac{3i_{DG}}{i_{DC}+3i_{DG}} = \frac{3\times2}{1+3\times2} = 0.857, \quad C_{DC} = 0$$

结点 C:

$$\mu_{CD} = \frac{S_{CD}}{S_{CD}+S_{CB}+S_{CF}} = \frac{i_{DC}}{i_{DC}+i_{CB}+3i_{CF}} = \frac{1}{1+1+3\times2} = 0.125, \quad C_{CD} = -1$$

$$\mu_{CB} = \frac{i_{CB}}{i_{DC}+i_{CB}+3i_{CF}} = \frac{1}{1+1+3\times2} = 0.125, \quad C_{CB} = -1$$

$$\mu_{CF} = \frac{3i_{CF}}{i_{DC}+i_{CB}+3i_{CF}} = \frac{3\times2}{1+1+3\times2} = 0.75, \quad C_{CF} = 0$$

结点 B:

$$\mu_{BC} = \frac{i_{BC}}{i_{BC}+i_{BA}+3i_{BE}} = \frac{1}{1+1+3\times2} = 0.125, \quad C_{BC} = -1$$

$$\mu_{BA} = \frac{i_{BA}}{i_{BC} + i_{BA} + 3i_{BE}} = \frac{1}{1 + 1 + 3 \times 2} = 0.125, \quad C_{BA} = -1$$

$$\mu_{BE} = \frac{3i_{BE}}{i_{BC} + i_{BA} + 3i_{BE}} = \frac{3 \times 2}{1 + 1 + 3 \times 2} = 0.75, \quad C_{BE} = 0$$

（2）计算固端弯矩,查载常数表得

杆 DC：

$$M_{DC}^F = -\frac{1}{2}Fl = -\frac{1}{2}F_1 \times 2 = -F_1, \quad M_{CD}^F = -\frac{1}{2}Fl = -F_1$$

杆 CB：

$$M_{CB}^F = -\frac{1}{2}Fl = -\frac{1}{2}(F_1 + 0.5F_1) \times 2 = -1.5F_1, \quad M_{BC}^F = -1.5F_1$$

杆 BA：

$$M_{BA}^F = -\frac{1}{2}Fl = -\frac{1}{2}(F_1 + 0.5F_1 + 0.25F_1) \times 2 = -1.75F_1, \quad M_{AB}^F = -1.75F_1$$

（3）力矩分配、传递和各杆端弯矩的计算

轮流放松结点 D、结点 C 和结点 B,并进行力矩分配和传递,精度满足要求时停止迭代。各次的分配、传递及最后杆端弯矩叠加均在图 8-8d 中进行。

（4）作最终弯矩图

根据图 8-8d 计算得到的最终杆端弯矩,并利用对称性原理,作弯矩图如图 8-8c 所示。

（5）计算结果分析与讨论

1）由于各层柱子剪力都静定,杆 DC、杆 CB 和杆 BA 的剪力值分别为 F_1、$1.5F_1$ 和 $1.75F_1$,在弯矩分配和传递的过程中,没有发生变化,即不产生附加的剪力,所以称为无剪力分配法。

2）从图 8-8c 可以看到每层柱子都有一个弯矩为零的点,称为反弯点,如果反弯点的位置能够确定或者近似假定,由于柱子的剪力静定（或者用剪力分配法求出了剪力）,则可以直接求出柱子上下端的弯矩,再由结点的力矩平衡条件可以求出梁的弯矩。所以据此发展出反弯点法,反弯点法也是一种近似方法,有兴趣的读者可以自行阅读相关参考书。

思　考　题

8-1　为什么力矩分配法不能直接计算有侧移结构？对于图 8-6a 所示刚架,除了无剪力分配法,还有什么其他思路来利用力矩分配法计算其内力？

8-2　力矩分配法的分配系数和传递系数和哪些因素有关？分配和传递的本质是什么？

8-3 对于图8-3a所示连续梁,如果发生了温度变化或者是支座移动,还可以利用力矩分配法计算其内力吗? 会在哪些环节与荷载作用下的不一样? 解决思路是什么?

8-4 图示结构中 $F = \dfrac{8}{9}qa$,试问结点 B 的不平衡力矩等于多少? 能直接绘出该刚架的弯矩图吗?

8-5 图示结构中,杆 CD 的抗弯劲度 S_{CD} 和传递系数 μ_{CD} 各为多少?

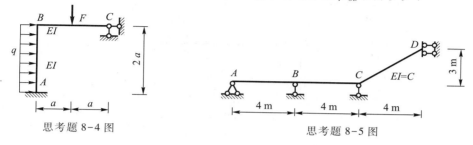

思考题 8-4 图   思考题 8-5 图

习 题

8-1 试用力矩分配法计算图示连续梁,绘制 M、Q 图,并计算支座反力。E 为常数。

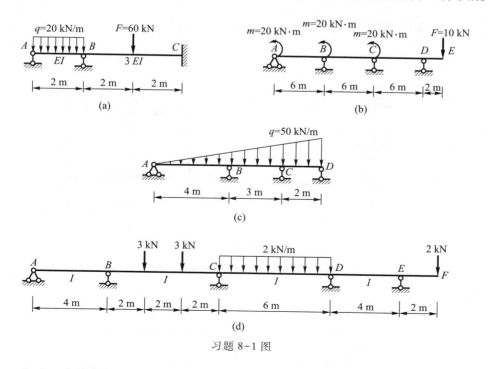

习题 8-1 图

8-2 试用力矩分配法计算图示无侧移刚架,绘制 M 图。图中所注明的 i 数值为相对值。

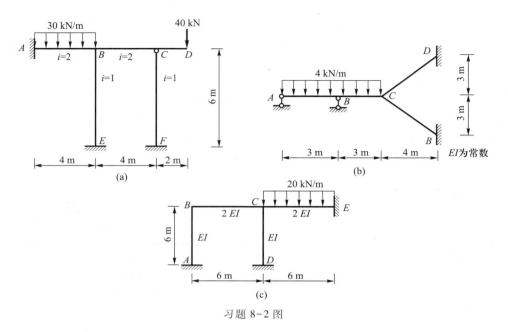

习题 8-2 图

8-3 用力矩分配法或无剪力分配法计算图示对称结构,并绘制 M 图。EI 为常数。

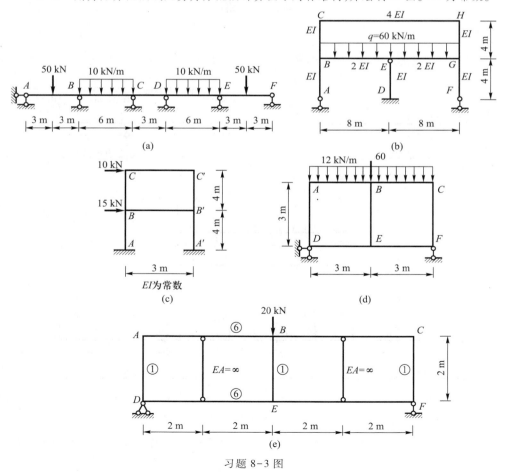

习题 8-3 图

8-4 试用最简便的方法，草绘出图示各结构的弯矩图。除注明外各杆的 EI、l 均相同。

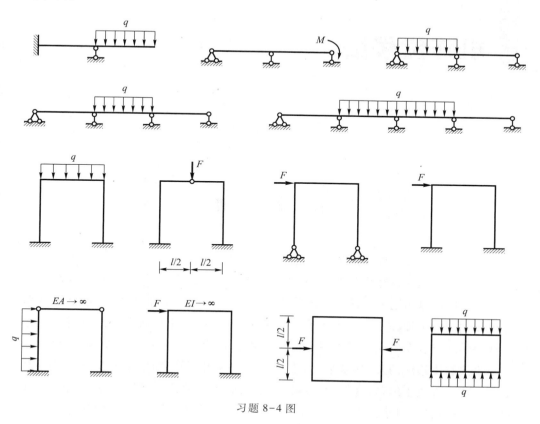

习题 8-4 图

第 9 章
矩阵位移法

9.1　概　　述

在只能手算或者借助计算尺计算的年代,主要利用力法、位移法及力矩分配法等近似计算方法进行结构分析,对于复杂的结构要兼顾计算工作量和结果的精度,将其简化成可以用上述方法计算的模型。随着计算机的发展和普及,各个学科都在充分利用电子计算工具解决计算工作量的问题,提升计算精度,缩短计算时间。结构力学学科也在研究如何编写力法和位移法的计算程序来计算大型复杂结构。由于力法和位移法的典型(基本)方程是线性方程组,所以利用矩阵公式来描述力法和位移法方便于编程,这样就相应地发展出矩阵位移法和矩阵力法。结构分析程序要有通用性,但是力法的基本体系事先很难统一,而位移法在同样的假定条件下,其基本体系可以统一,为编程带来了方便,所以矩阵位移法成为主要的结构分析编程计算方法。

矩阵位移法本质上是位移法,为了方便编程,不仅公式用矩阵表达,还为了方便程序化地生成整体平衡方程和求出最终的内力,在分析思路、计算模型、计算过程和概念等方面做了相应的转变和设计。矩阵位移法的计算模型是将杆件结构离散为杆件单元的组合体(如图 9-1a 中 9 个杆件单元),各单元连接的结点就是原结构杆件的结点(一般为铰结点或者刚结点),虽然还是取结点位移为未知量,但是一般无须再附加轴向变形不计的假设。在分析思路上,矩阵位移法首先引入单元劲度矩阵、单元固端力列阵来表示单元杆端力与杆端位移和杆上荷载的矩阵关系(此过程称为单元分析);其次根据整体结构结点处的平衡条件建立整体平衡方程(此过程称为整体分析),将解方程组求出的结点位移转换成单元的杆端位移,再代入单元分析得到的杆端力矩阵公式,就可以求出各单元的杆端力。

现在的大型结构分析软件,基本都同时具有分析杆件结构、板壳结构和块体结构的功能,一般称为有限元分析程序。有限单元法(简称有限元法)是目前应用最广泛的求解一般连续问题的数值计算方法,是以矩阵位移法为力学基础发展起来的,它们既有联系也有区别。比如要分析图 9-1b 所示重力坝的二维应力分布,由

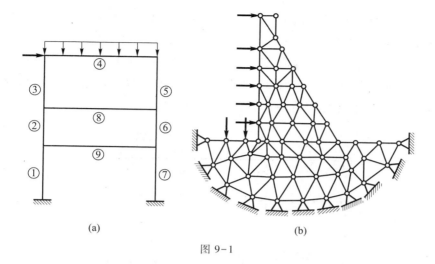

图 9-1

于问题的复杂性,很难用弹性力学的微分方程组求得理论解,但是可以作近似处理后,用矩阵位移法的思路来分析和编程计算。首先将重力坝离散成有限个各种形状(比如三角形)单元的组合体,近似地假定这些单元仅在结点处相连接,以结点处的位移为未知量。三角形单元区域比较小,方便近似假设单元内的位移分布模式,并用单元结点处的位移来表示;有了单元的位移表达式,就可以方便地用弹性力学公式推导出单元内任意点的应变、应力、结点力与结点位移的关系(单元分析);其次根据整体结构结点处的平衡条件建立整体平衡方程(整体分析);解方程组求出结点位移后,再代入到单元应力公式,求出单元应力作为原坝体结构的近似数值解。

　　需要说明的是,矩阵位移法分析杆件时,在平截面等假设条件下,其单元分析过程是精确推导的,没有像有限单元法那样需要对位移函数作近似假设。但是对于杆件结构的非线性分析、动力分析和稳定分析等问题,由于其复杂性,也需要对杆件的位移函数作近似假设,实质上就是杆件有限单元法。这样在大型有限元通用商业软件中,一般也不会特地将分析线弹性杆件结构静力问题的方法称为矩阵位移法,而是与其他杆件结构数值计算问题统称为杆件有限元法。

9.2　矩阵位移法的基本概念

　　矩阵位移法的基本思路就是"化整为零"再"积零为整",具体讲主要就是三步:结构离散化、单元分析及单元组合体的整体分析。由于其本质还是位移法,所以学习过程中,读者要与位移法作对比。

9.2.1　结构的离散化与结点位移未知量

　　将图 9-2a 所示连续梁离散为 3 个单元的组合体,每个单元均为两端固定的

视频 9-1
矩阵位移法
的基本概念
(单元分析)

(等截面)平面梁单元(图 9–3a),单元之间的连接关系为刚结点,其结点未知量与位移法中一样。但是对于 图 9–2b 所示连续梁需离散为 4 个平面梁单元,杆 CE 由于两段的截面尺寸不同,要离散成 2 个单元,矩阵位移法中,为了编程方便,杆 AB 也看成是两端固定的梁单元,所以对应的该梁的结点位移未知量就是 5 个,分别为结点 A、B、C、D 的角位移和结点 D 的竖向线位移。

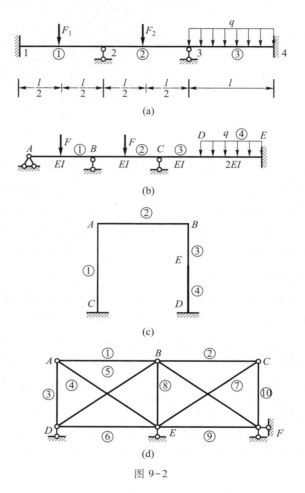

图 9–2

矩阵位移法分析图 9–2c 所示刚架时,为了提高计算精度和编程时的统一和方便,要考虑刚架的轴向变形。该刚架离散为 4 个单元的组合体,每个单元均为(等截面)平面固结单元(图 9–9a),单元之间的连接为刚结点,结点位移未知量是 5 个,分别为结点 A、B、C、D 的角位移和结点 D 的竖向线位移。

矩阵位移法分析图 9–2d 所示桁架时,将其离散为 10 个单元的组合体,每个单元均为平面铰结单元(图 9–8a),单元之间的连接为铰结,对应地该桁架的结点位移未知量就是结点处的 8 个线位移(读者试着自己去分析是哪 8 个位移)。

可以看到,这里与位移法不一样的地方是由于机算和手算的不同特性决定的。手算怕计算量大,所以尽量通过简化,减少计算量。但是机算是通过编程实现的,所以不怕计算量大,怕个性化和灵活性的问题太多,无法统一。

9.2.2 单元分析

本节仅以图 9-2a 所示连续梁为例,讨论矩阵位移法的有关概念和公式,讨论的单元也仅限于平面梁单元,平面固结和平面铰结单元将在 9.3 节讨论。

1. 杆端位移列阵与杆端力列阵

如图 9-3a 所示,一平面梁式单元左端称为 j 端,右端称为 k 端。局部坐标系 $\overline{O}\,\overline{x}\,\overline{y}\,\overline{z}$ 为右手坐标系,其 $\overline{x}$ 轴与单元的杆轴相重合并规定由 j 指向 k 的方向为正。在图中,用单箭头表示力或线位移,用双箭头表示力偶或角位移,同时规定各量值沿坐标轴的正向为正,反之为负。这种符号规定与本书其他章节的规定有所不同。

梁单元通常可以不计轴向变形,每个杆端有切向线位移和角位移以及与之相应的剪力和弯矩,单元共有四个杆端位移和四个杆端力。将它们沿局部坐标系方向的分量编号,编号顺序规定为,先 j 端,后 k 端;先线位移(或剪力),后角位移(或弯矩)。用 $\overline{F}^e$ 表示单元杆端力列阵,用 $\overline{\delta}^e$ 表示杆端位移列阵,则有

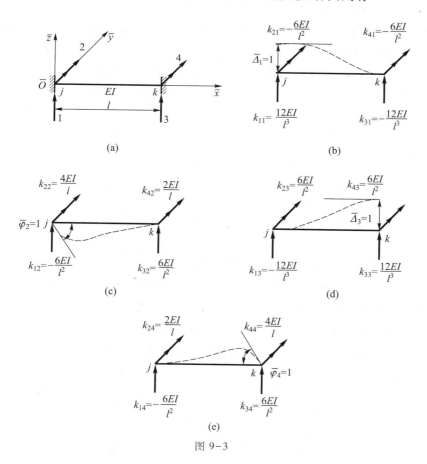

图 9-3

$$\overline{F}^e = \begin{bmatrix} F_{Q1} \\ M_2 \\ F_{Q3} \\ M_4 \end{bmatrix}, \quad \overline{\delta}^e = \begin{bmatrix} \overline{\Delta}_1 \\ \overline{\varphi}_2 \\ \overline{\Delta}_3 \\ \overline{\varphi}_4 \end{bmatrix}$$

单元分析就是研究单元的杆端力与杆端位移、杆上荷载(单元荷载)间的关系,这些关系在形常数表和载常数表已有,但是现在需用矩阵来表达。

2. 单元劲度矩阵

设有一两端固定的单元,如图 9-3a 所示,当杆端发生位移 $\overline{\delta}^e$ 时,必引起杆端力 $\overline{F}^e$。为求杆端力 $\overline{F}^e$,首先讨论单位位移作用在杆端的情形。

当 j 端沿编号 1 方向发生单位线位移 $\overline{\Delta}_1 = 1$ 时,在 j,k 两端各编号方向引起的杆端力,如图 9-3b 所示。

当 j 端沿编号 2 方向发生单位角位移 $\overline{\varphi}_2 = 1$ 时,在 j,k 两端各编号方向引起的杆端力,如图 9-3c 所示。

当 k 端沿编号 3 方向发生单位线位移 $\overline{\Delta}_3 = 1$ 时,在 j,k 两端各编号方向引起的杆端力,如图 9-3d 所示。

当 k 端沿编号 4 方向发生单位角位移 $\overline{\varphi}_4 = 1$ 时,在 j,k 两端各编号方向引起的杆端力,如图 9-3e 所示。

将图中所得 16 个劲度系数用矩阵形式表示,记号为 $\overline{k}^e$,则

$$\overline{k}^e = \begin{bmatrix} k_{11} & k_{12} & k_{13} & k_{14} \\ k_{21} & k_{22} & k_{23} & k_{24} \\ k_{31} & k_{32} & k_{33} & k_{34} \\ k_{41} & k_{42} & k_{43} & k_{44} \end{bmatrix} = \frac{EI}{l} \begin{bmatrix} \frac{12}{l^2} & \frac{-6}{l} & \frac{-12}{l^2} & \frac{-6}{l} \\ \frac{-6}{l} & 4 & \frac{6}{l} & 2 \\ \frac{-12}{l^2} & \frac{6}{l} & \frac{12}{l^2} & \frac{6}{l} \\ \frac{-6}{l} & 2 & \frac{6}{l} & 4 \end{bmatrix} \tag{9-1}$$

式中,EI 和 l 分别表示单元截面抗弯刚度和杆长。

式(9-1)所示的矩阵为两端固定不计轴向变形常截面梁单元劲度矩阵。它是一个 4×4 阶的对称矩阵,单元劲度矩阵中的元素 k_{ij} 表示单元沿第 j 个编号方向发生一单位位移时,引起单元第 i 个编号方向的杆端力。

根据劲度矩阵的定义,可以得到仅有杆端位移 $\overline{\delta}^e$ 引起的杆端力 $\overline{F}^e$:

$$\overline{F}^e = \begin{bmatrix} F_{Q1} \\ M_2 \\ F_{Q3} \\ M_4 \end{bmatrix} = \begin{bmatrix} k_{11} & k_{12} & k_{13} & k_{14} \\ k_{21} & k_{22} & k_{23} & k_{24} \\ k_{31} & k_{32} & k_{33} & k_{34} \\ k_{41} & k_{42} & k_{43} & k_{44} \end{bmatrix} \begin{bmatrix} \overline{\Delta}_1 \\ \overline{\varphi}_2 \\ \overline{\Delta}_3 \\ \overline{\varphi}_4 \end{bmatrix}$$

简写为

$$\overline{\boldsymbol{F}}^e = \overline{\boldsymbol{k}}^e \overline{\boldsymbol{\delta}}^e \tag{9-2}$$

3. 单元固端力及最终单元杆端力公式

两端固定的梁单元仅在荷载作用下的杆端力称为固端力,将其沿各编号方向的分量排成列阵,称为单元固端力列阵,用$\overline{\boldsymbol{F}}_G^e$表示,可通过查载常数表求得。例如一梁单元在图 9-4a 所示荷载作用下,查载常数表得

$$\overline{\boldsymbol{F}}_G^e = \begin{bmatrix} \overline{F}_{G1} & \overline{F}_{G2} & \overline{F}_{G3} & \overline{F}_{G4} \end{bmatrix}^{\mathrm{T}} = \begin{bmatrix} \dfrac{F}{2} & \dfrac{-Fl}{8} & \dfrac{F}{2} & \dfrac{Fl}{8} \end{bmatrix}^{\mathrm{T}}$$

图 9-4b 所示单元同时有杆端结点位移$\overline{\Delta}_1$,$\overline{\varphi}_2$,$\overline{\Delta}_3$,$\overline{\varphi}_4$及单元荷载作用,根据叠加原理和式(9-2),可以求得该单元最终杆端力列阵$\overline{\boldsymbol{F}}^e$为

$$\overline{\boldsymbol{F}}^e = \begin{bmatrix} F_{Q1} \\ M_2 \\ F_{Q3} \\ M_4 \end{bmatrix} = \begin{bmatrix} k_{11} & k_{12} & k_{13} & k_{14} \\ k_{21} & k_{22} & k_{23} & k_{24} \\ k_{31} & k_{32} & k_{33} & k_{34} \\ k_{41} & k_{42} & k_{43} & k_{44} \end{bmatrix} \begin{bmatrix} \overline{\Delta}_1 \\ \overline{\varphi}_2 \\ \overline{\Delta}_3 \\ \overline{\varphi}_4 \end{bmatrix} + \begin{bmatrix} \overline{F}_{G1} \\ \overline{F}_{G2} \\ \overline{F}_{G3} \\ \overline{F}_{G4} \end{bmatrix}$$

简写成

$$\overline{\boldsymbol{F}}^e = \overline{\boldsymbol{k}}^e \overline{\boldsymbol{\delta}}^e + \overline{\boldsymbol{F}}_G^e \tag{9-3}$$

分析式(9-3)可以知道,它本质上就是转角挠度方程的矩阵表达,只是矩阵位移法中剪力的方向和坐标一致为正,与前面规定不一样。

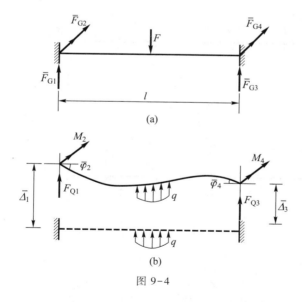

图 9-4

9.2.3　整体分析

1. 整体平衡方程

要进行整体分析,必须选定一个整体坐标系统。这里取右手坐标系 $Oxyz$ 如图 9-5a 所示。对于各个结点的结点位移和作用在结点上的荷载也要进行编号,例

视频 9-2
矩阵位移法
的基本概念
（整体分析）

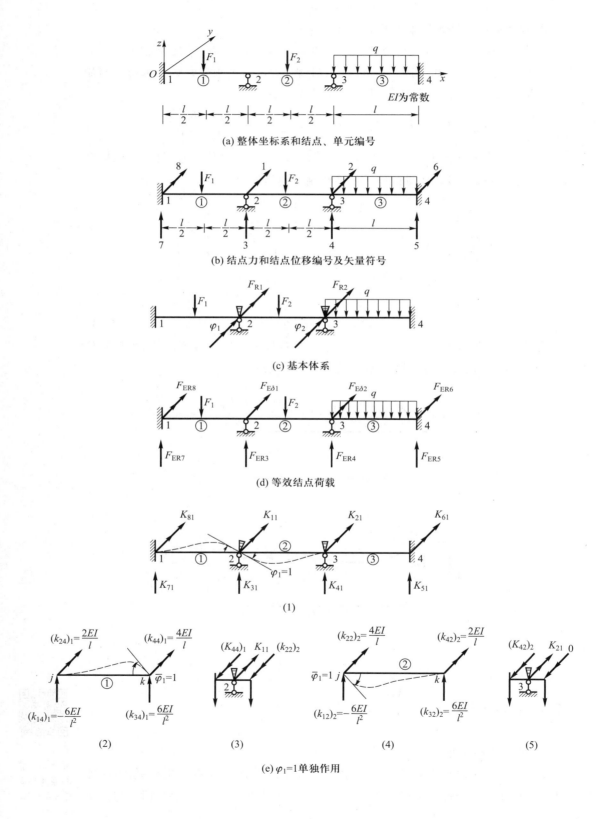

(a) 整体坐标系和结点、单元编号

(b) 结点力和结点位移编号及矢量符号

(c) 基本体系

(d) 等效结点荷载

(e) $\varphi_1=1$ 单独作用

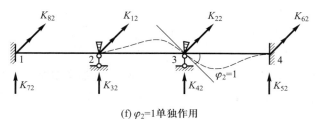

(f) $\varphi_2=1$单独作用

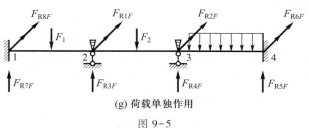

(g) 荷载单独作用

图 9-5

如对于梁式结构,一个结点只有一个线位移(或力)和一个角位移(或力偶),故一个结点沿坐标系方向有两个编号,在图中仍将结点位移和结点力用矢量符号(单箭头和双箭头)表示,如图 9-5b 所示。

矩阵位移法与位移法一样仍以结点位移为基本未知量。为明确起见,将位移未知的结点方向称为可动结点方向,将已知位移的结点方向称为约束结点方向,将所有可动结点位移排成的列阵称为可动结点位移列阵。显然它就是要求的基本未知量列阵。该梁的可动结点位移列阵为

$$\boldsymbol{\delta}=\begin{bmatrix}\varphi_1\\\varphi_2\end{bmatrix} \tag{9-4}$$

对于图 9-5a 所示梁,取图 9-5c 为计算基本体系,由基本体系中结点 2、3 处附加刚臂上附加约束力为零的条件,可以写出位移法的典型方程:

$$F_{R1}=0,K_{11}\varphi_1+K_{12}\varphi_2+F_{R1F}=0$$
$$F_{R2}=0,K_{21}\varphi_1+K_{22}\varphi_2+F_{R2F}=0$$

用矩阵表示:

$$\begin{bmatrix}K_{11}&K_{12}\\K_{21}&K_{22}\end{bmatrix}\begin{bmatrix}\varphi_1\\\varphi_2\end{bmatrix}+\begin{bmatrix}F_{R1F}\\F_{R2F}\end{bmatrix}=0$$

简写为

$$\boldsymbol{K}_{\delta\delta}\boldsymbol{\delta}=\boldsymbol{F}_{E\delta} \tag{9-5}$$

其中,

$$\boldsymbol{K}_{\delta\delta}=\begin{bmatrix}K_{11}&K_{12}\\K_{21}&K_{22}\end{bmatrix},\quad\boldsymbol{\delta}=\begin{bmatrix}\varphi_1\\\varphi_2\end{bmatrix}$$

$$F_{E\delta} = \begin{bmatrix} (F_{E\delta})_1 \\ (F_{E\delta})_2 \end{bmatrix} = -\begin{bmatrix} F_{R1F} \\ F_{R2F} \end{bmatrix} = -F_{\delta F} \tag{9-6}$$

式(9-5)称为可动结点平衡方程。其中,$K_{\delta\delta}$ 称为**整体劲度(或刚度)矩阵**,$F_{R\delta F}$ 为基本附加约束力列阵,如图 9-5d 所示。$F_{E\delta}$ 称为**整体等效结点荷载列阵**,如图 9-6a 所示。

2. 整体劲度矩阵

在位移法中求 $K_{\delta\delta}$ 的各元素,是通过作单位弯矩图,再根据附加约束处的平衡条件确定的。矩阵位移法中是利用前面单元分析得到的单元劲度矩阵,再通过整体分析,直接由单元劲度矩阵组合成整体劲度矩阵,这样的确定方式适合计算机编程,也是整体分析的重点,下面作详细介绍。

整体劲度矩阵中的元素 K_{ij},表示基本体系在第 j 个附加约束处 $\varphi_j = 1$ 作用引起的第 i 个附加约束处的约束力,具体见图 9-5e 和图 9-5f。

(1) 当结点 2 沿顺时针方向发生一单位转角 $\varphi_1 = 1$ 时,如图 9-5e1 所示,则在可动结点 2 和 3 附加约束内产生的约束力分别为 K_{11} 和 K_{21}。根据单元劲度系数的定义,图 9-5e2 和图 9-5e4 标出了单元①和②相应的杆端力。再由结点 2 和结点 3(结点 2 由单元①和②相交,结点 3 由单元②和③相交,分别见图 9-5e3、e5 的力矩平衡条件可知:

$$K_{11} = (k_{44})_1 + (k_{22})_2 = \frac{4EI}{l} + \frac{4EI}{l} = \frac{8EI}{l}$$

$$K_{21} = (k_{42})_2 = \frac{2EI}{l}$$

(2) 当结点 3 沿顺时针方向发生一单位转角 $\varphi_2 = 1$ 时,如图 9-5f 所示,同理,可以求出可动结点 2 和 3 处附加约束内产生的约束力:

$$K_{12} = (k_{24})_2 = \frac{2EI}{l}$$

$$K_{22} = (k_{44})_2 + (k_{22})_3 = \frac{4EI}{l} + \frac{4EI}{l} = \frac{8EI}{l}$$

至此,可动结点劲度矩阵中各系数已根据结点平衡求得,它们分别等于相交于结点的各单元杆端相应编号的劲度系数之和。因为其副系数两两相等,所以可动结点劲度矩阵是一个由各单元相应杆端劲度系数组合而成的对称矩阵,本例中

$$K_{\delta\delta} = \frac{EI}{l}\begin{bmatrix} 8 & 2 \\ 2 & 8 \end{bmatrix}$$

3. 整体等效结点荷载列阵

从式(9-6)可知,等效结点荷载总与附加约束力等量反向、互成平衡,即

$$F_{E\delta} = -F_{R\delta F} \tag{9-7}$$

根据作用在结构上荷载性质的不同,其具体的求解方法也不同。

(1) 将直接作用在各结点上的荷载按整体坐标系方向分解,具体各分量用 F_{ED1},F_{ED2},…等表示。本例中,没有这类荷载,即

$$F_{ED1} = 0, \quad F_{ED2} = 0$$

用矩阵表示:

$$F_{ED} = \begin{bmatrix} F_{ED1} \\ F_{ED2} \end{bmatrix} \tag{9-8}$$

(2) 对于作用在单元上的荷载,查形常数表,可求出其对应的单元固端力

$$\overline{F}_G^e = \begin{bmatrix} \overline{F}_{G1} & \overline{F}_{G2} & \overline{F}_{G3} & \overline{F}_{G4} \end{bmatrix}^{T}$$

本例中,设 $F_1 = F$,$F_2 = 2F$,$q = F/l$,则三个单元的固端力如图 9-6b、c 和 d 所示,将它们按作用与反作用的原则施加在各结点上,如图 9-6e、f 所示。再将它们按结点沿结构整体坐标方向的编号叠加起来,并用 F_{EL1},F_{EL2},…表示。例如本例中

$$F_{EL1} = -(\overline{F}_{G4})_1 - (\overline{F}_{G2})_2$$
$$F_{EL2} = -(\overline{F}_{G4})_2 - (\overline{F}_{G2})_3 \tag{9-9}$$

用列阵表示

$$F_{EL} = \begin{bmatrix} F_{EL1} \\ F_{EL2} \end{bmatrix} \tag{9-10}$$

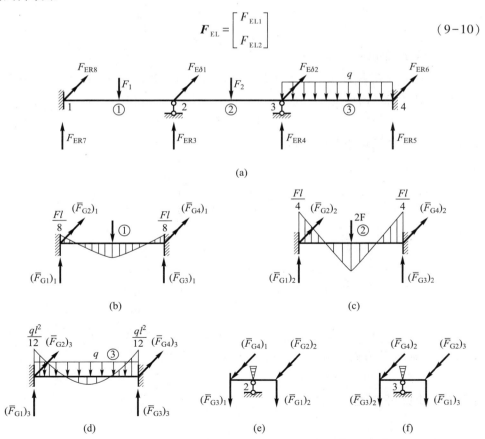

图 9-6

式(9-9)说明单元荷载产生的等效结点荷载等于相交于该结点对应的单元固端力的代数和并改变符号。本例中,设 $F_1 = F, F_2 = 2F, q = F/l$,查载常数表得

单元 1
$$\overline{F}_G^{①} = \left[\begin{array}{cccc} \dfrac{F}{2} & -\dfrac{Fl}{8} & \dfrac{F}{2} & \dfrac{Fl}{8} \end{array}\right]^T$$

单元 2
$$F_G^{②} = \left[\begin{array}{cccc} F & \dfrac{-Fl}{4} & F & \dfrac{Fl}{4} \end{array}\right]^T$$

单元 3
$$F_G^{③} = \left[\begin{array}{cccc} \dfrac{F}{2} & \dfrac{-Fl}{12} & \dfrac{F}{2} & \dfrac{Fl}{12} \end{array}\right]^T$$

$$F_{EL1} = -(\overline{F}_{G4})_1 - (\overline{F}_{G2})_2 = -\dfrac{Fl}{8} + \dfrac{Fl}{4} = \dfrac{Fl}{8}$$

$$F_{EL2} = -(\overline{F}_{G4})_2 - (\overline{F}_{G2})_3 = -\dfrac{Fl}{4} + \dfrac{Fl}{12} = -\dfrac{Fl}{6}$$

(3) 将上面分别计算所得的两部分按下标对应地叠加起来,即得整体等效结点荷载列阵

$$F_{E\delta} = \begin{bmatrix} F_{E\delta1} \\ F_{E\delta2} \end{bmatrix} = F_{ED} + F_{EL} = \begin{bmatrix} F_{ED1} \\ F_{ED2} \end{bmatrix} + \begin{bmatrix} F_{EL1} \\ F_{EL2} \end{bmatrix} \tag{9-11}$$

本例中叠加结果为

$$F_{E\delta} = \left[\begin{array}{cc} \dfrac{Fl}{8} & -\dfrac{Fl}{6} \end{array}\right]^T$$

4. 计算结点位移列阵

当整体劲度矩阵 $K_{\delta\delta}$ 及等效结点荷载列阵 $F_{E\delta}$ 分别求出后,由结点平衡方程 (9-5) 可求得结点位移

$$\delta = K_{\delta\delta}^{-1} F_{E\delta} \tag{9-12}$$

式中,$K_{\delta\delta}^{-1}$ 为整体劲度矩阵的逆矩阵。

本例中

$$K_{\delta\delta}^{-1} = \dfrac{l}{60EI} \begin{bmatrix} 8 & -2 \\ -2 & 8 \end{bmatrix}$$

所以

$$\delta = \dfrac{l}{60EI} \begin{bmatrix} 8 & -2 \\ -2 & 8 \end{bmatrix} \begin{bmatrix} \dfrac{Fl}{8} \\ \dfrac{-Fl}{6} \end{bmatrix} = \dfrac{Fl^2}{EI} \begin{bmatrix} \dfrac{1}{45} \\ -\dfrac{19}{720} \end{bmatrix}$$

其中 φ_1 是正的,表示实际位移方向与假设方向相同,即是顺时针的;φ_2 是负的,表示实际位移方向与假设方向相反,即是逆时针的。

9.2.4　计算杆端力

位移法中,当结点位移求出后,利用叠加公式 $M = \overline{M}_1\varphi_1 + \overline{M}_2\varphi_2 + M_F$ 计算杆端弯

矩,再取杆为隔离体,由平衡条件求得杆端剪力。矩阵位移法中是利用单元分析中得到的杆端力矩阵公式(9-3)计算。前面各单元的劲度矩阵 $\overline{k}$ 和固端力列阵 $\overline{F}_{\mathrm{G}}^e$ 都已经求出。$\overline{\delta}^e$ 是各单元的杆端位移列阵。因此,当可动结点位移求出后,只要找出各单元对应的四个杆端位移分量并按局部编号顺序排成列阵,即为所求的杆端位移列阵 $\overline{\delta}^e$,再代入式(9-3),就可以求出各单元杆端力列阵 $\overline{F}^e$。先求 $\overline{\delta}^e$:

单元 1 $\qquad \overline{\delta}^① = \{0 \quad 0 \quad 0 \quad \varphi_1\}^{\mathrm{T}}$

单元 2 $\qquad \overline{\delta}^② = \{0 \quad \varphi_1 \quad 0 \quad \varphi_2\}^{\mathrm{T}}$

单元 3 $\qquad \overline{\delta}^③ = \{0 \quad \varphi_2 \quad 0 \quad 0\}^{\mathrm{T}}$

再代入式(9-3),求 $\overline{F}^e$:

$$\overline{F}^① = \begin{bmatrix} F_{Q1} \\ M_2 \\ F_{Q3} \\ M_4 \end{bmatrix}^①$$

$$= \frac{EI}{l} \begin{bmatrix} \dfrac{12}{l^2} & \dfrac{-6}{l} & \dfrac{-12}{l^2} & \dfrac{-6}{l} \\ \dfrac{-6}{l} & 4 & \dfrac{6}{l} & 2 \\ \dfrac{-12}{l^2} & \dfrac{6}{l} & \dfrac{12}{l^2} & \dfrac{6}{l} \\ \dfrac{-6}{l} & 2 & \dfrac{6}{l} & 4 \end{bmatrix} \begin{bmatrix} 0 \\ 0 \\ 0 \\ \dfrac{1}{45} \end{bmatrix} \frac{Fl^2}{EI} + \begin{bmatrix} \dfrac{F}{2} \\ \dfrac{-Fl}{8} \\ \dfrac{F}{2} \\ \dfrac{Fl}{8} \end{bmatrix} = F \begin{bmatrix} \dfrac{33}{90} \\ \dfrac{-29l}{360} \\ \dfrac{57}{90} \\ \dfrac{77l}{360} \end{bmatrix}$$

$$\overline{F}^② = \begin{bmatrix} F_{Q1} \\ M_2 \\ F_{Q3} \\ M_4 \end{bmatrix}^②$$

$$= \frac{EI}{l} \begin{bmatrix} \dfrac{12}{l^2} & \dfrac{-6}{l} & \dfrac{-12}{l^2} & \dfrac{-6}{l} \\ \dfrac{-6}{l} & 4 & \dfrac{6}{l} & 2 \\ \dfrac{-12}{l^2} & \dfrac{6}{l} & \dfrac{12}{l^2} & \dfrac{6}{l} \\ \dfrac{-6}{l} & 2 & \dfrac{6}{l} & 4 \end{bmatrix} \begin{bmatrix} 0 \\ \dfrac{1}{45} \\ 0 \\ \dfrac{-19}{720} \end{bmatrix} \frac{Fl^2}{EI} + \begin{bmatrix} F \\ \dfrac{-Fl}{4} \\ F \\ \dfrac{Fl}{4} \end{bmatrix} = F \begin{bmatrix} \dfrac{738}{720} \\ \dfrac{-154l}{720} \\ \dfrac{702}{720} \\ \dfrac{136l}{720} \end{bmatrix}$$

$$\overline{F}^③ = \begin{bmatrix} F_{Q1} \\ M_2 \\ F_{Q3} \\ M_4 \end{bmatrix}^③$$

$$
= \frac{EI}{l}
\begin{bmatrix}
\dfrac{12}{l^2} & \dfrac{-6}{l} & \dfrac{-12}{l^2} & \dfrac{-6}{l} \\[2mm]
\dfrac{-6}{l} & 4 & \dfrac{6}{l} & 2 \\[2mm]
\dfrac{-12}{l^2} & \dfrac{6}{l} & \dfrac{12}{l^2} & \dfrac{6}{l} \\[2mm]
\dfrac{-6}{l} & 2 & \dfrac{6}{l} & 4
\end{bmatrix}
\begin{bmatrix}
0 \\[2mm]
\dfrac{-19}{720} \\[2mm]
0 \\[2mm]
0
\end{bmatrix}
\frac{Fl^2}{EI}
+
\begin{bmatrix}
\dfrac{F}{2} \\[2mm]
\dfrac{-Fl}{12} \\[2mm]
\dfrac{F}{2} \\[2mm]
\dfrac{Fl}{12}
\end{bmatrix}
= F
\begin{bmatrix}
\dfrac{474}{720} \\[2mm]
\dfrac{-136l}{720} \\[2mm]
\dfrac{246}{720} \\[2mm]
\dfrac{22l}{720}
\end{bmatrix}
$$

最后,由求得的杆端力列阵,画出最终的弯矩图和剪力图如图 9-7 所示。

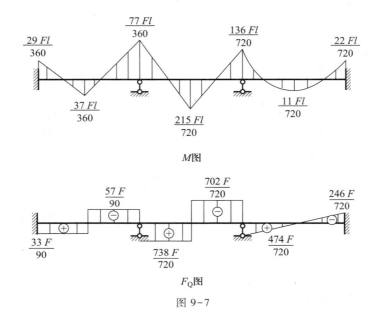

图 9-7

9.3 平面杆件结构的单元分析

在 9.2 节中通过连续梁的例子,初步介绍了矩阵位移法的分析过程。下面讨论工程中常见的其他平面结构,其分析过程与连续梁的分析过程基本一致,但也会遇到一些新问题。

一般来说,结构各个杆件单元的轴线不在一条直线上,对每个单元来说,需建立两个坐标系,局部坐标系和整体坐标系。这是因为在分析每个单元时,各个单元的杆端力,如轴力、剪力等是沿各自单元的轴向和切向的矢量,必须以各自单元的局部坐标系为参考系。而在整体分析时,结点的位移和结点力以及平衡方程的建立,又必须以一个统一的整体坐标系为参考系。

在前面连续梁的分析中,单元轴线都在一条直线上,局部坐标系和整体坐标系方向一致,因此单元分析中的公式(9-2)和(9-3)只需要在局部坐标系下讨论就可以了。但是对于其他结构,比如桁架和刚架结构,整体坐标系和局部坐标系不一致,单元分析就需要分别建立局部和整体坐标系下的相应公式,也就是分别推导出局部和整体坐标系下的单元劲度矩阵和单元固端力列阵。

9.3.1　单元在局部坐标系下的劲度矩阵

单元局部坐标系的选取原则是:坐标原点放在单元 j 端结点,取杆轴线为 $\bar{x}$ 轴,并规定由 j 端到 k 端的方向为正向;再按右手螺旋法则作出 $\bar{y}$ 及 $\bar{z}$ 轴,并把它们放在杆件单元截面的两个主平面内。

单元在局部坐标系中劲度矩阵 $\bar{k}^e$ 的元素 $\bar{k}_{ij}$,是指该单元在杆端结点沿单元局部坐标系 j 方向(即结点位移或力分量方向)发生单位位移时,在杆端结点沿局部坐标系 i 方向约束内引起的约束力,可用结构力学转角挠度方程或者查形常数表求得。下面介绍桁架结构和刚架中常用的平面铰结单元和平面固结单元劲度矩阵。

1. 平面铰结单元

平面桁架的杆端结点位移有轴向位移和切向位移,与之对应的结点力为轴力和剪力(剪力恒为零)。设单元局部坐标系及杆端结点位移沿局部坐标系方向的分量编号(也是杆端力分量编号)如图 9-8a 所示。单元的 4 个结点位移和 4 个结点力可以用列阵表示为

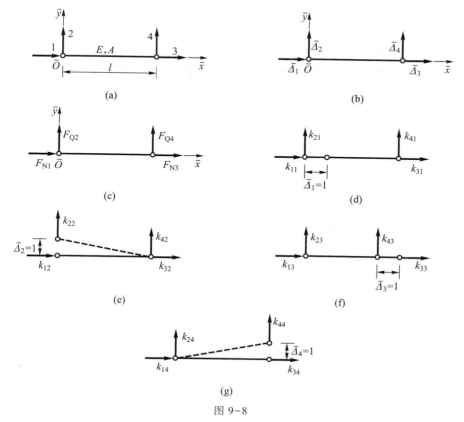

图 9-8

$$\overline{\boldsymbol{\delta}}^{e} = \begin{bmatrix} \overline{\Delta}_1 & \overline{\Delta}_2 & \overline{\Delta}_3 & \overline{\Delta}_4 \end{bmatrix}^{\mathrm{T}}$$

$$\overline{\boldsymbol{F}}^{e} = \begin{bmatrix} F_{\mathrm{N1}} & F_{\mathrm{Q2}} & F_{\mathrm{N3}} & F_{\mathrm{Q4}} \end{bmatrix}^{\mathrm{T}}$$

分别沿各编号方向发生单位位移,如图 9-8d~g 所示,求出相应的劲度系数,用矩阵表示,得平面铰结单元在局部坐标系中的劲度矩阵:

$$\overline{\boldsymbol{k}}^{e} = \frac{EA}{l} \begin{bmatrix} 1 & 0 & -1 & 0 \\ 0 & 0 & 0 & 0 \\ -1 & 0 & 1 & 0 \\ 0 & 0 & 0 & 0 \end{bmatrix} \tag{9-13}$$

式中,E 为材料弹性模量;A 为单元横截面面积;l 为单元杆长。

2. 平面固结单元

平面固结单元考虑轴向变形的影响,因此在杆端有轴力、剪力、弯矩及与之相应的结点位移。设局部坐标系及结点位移分量的编号如图 9-9a 所示,单元的结点位移列阵和结点力列阵为

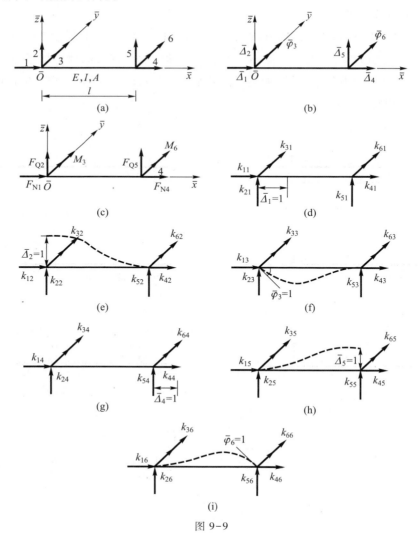

图 9-9

$$\overline{\boldsymbol{\delta}}^e = \begin{bmatrix} \overline{\Delta}_1 & \overline{\Delta}_2 & \overline{\varphi}_3 & \overline{\Delta}_4 & \overline{\Delta}_5 & \overline{\varphi}_6 \end{bmatrix}^T$$

$$\overline{\boldsymbol{F}}^e = \begin{bmatrix} F_{N1} & F_{Q2} & M_3 & F_{N4} & F_{Q5} & M_6 \end{bmatrix}^T$$

分别沿各编号方向发生单位位移,如图 9-9d~i 所示,可得劲度矩阵如下:

$$\overline{\boldsymbol{k}}^e = \begin{bmatrix} \dfrac{EA}{l} & 0 & 0 & -\dfrac{EA}{l} & 0 & 0 \\ 0 & \dfrac{12EI}{l^3} & -\dfrac{6EI}{l^2} & 0 & -\dfrac{12EI}{l^3} & -\dfrac{6EI}{l^2} \\ 0 & -\dfrac{6EI}{l^2} & \dfrac{4EI}{l} & 0 & \dfrac{6EI}{l^2} & \dfrac{2EI}{l} \\ -\dfrac{EA}{l} & 0 & 0 & \dfrac{EA}{l} & 0 & 0 \\ 0 & -\dfrac{12EI}{l^3} & \dfrac{6EI}{l^2} & 0 & \dfrac{12EI}{l^3} & \dfrac{6EI}{l^2} \\ 0 & -\dfrac{6EI}{l^2} & \dfrac{2EI}{l} & 0 & \dfrac{6EI}{l^2} & \dfrac{4EI}{l} \end{bmatrix} \quad (9-14)$$

其中,E 为材料弹性模量;A 为单元横截面面积;I 为单元横截面对 y 轴的惯性矩;l 为单元杆长。

最后设单元只有已知结点位移 $\overline{\boldsymbol{\delta}}^e$ 作用,则与之对应的结点力可用劲度矩阵 $\overline{\boldsymbol{k}}^e$ 表示为

$$\overline{\boldsymbol{F}}^e = \overline{\boldsymbol{k}}^e \overline{\boldsymbol{\delta}}^e \quad (9-15)$$

9.3.2 单元在整体坐标系下的劲度矩阵

单元在整体坐标系下的劲度矩阵 $\boldsymbol{k}^e$ 的元素 k_{ij},是指该单元在杆端结点沿单元整体坐标系 j 方向发生单位位移时,在杆端沿整体坐标系 i 方向约束内引起的约束力,可以根据劲度的意义求出这个矩阵。但如果利用两个坐标系之间的旋转关系和已有的局部坐标系下的单元劲度矩阵,可以更简捷地导出单元在整体坐标系中的劲度矩阵。所以下面先讨论转换矩阵。

1. 单元的坐标转换矩阵

图 9-10a 所示一平面刚架结构,取整体坐标系为 $Oxyz$,单元 i 的局部坐标系为 $\overline{O}\,\overline{x}\,\overline{y}\,\overline{z}$,$y$ 与 $\overline{y}$ 系同一个方向。设 $\overline{x}$ 轴与整体坐标系 x 轴的夹角为 α,在图 9-10b 中,下标数字表示该单元杆端结点位移(或力)沿局部坐标系方向分量的编号。在图 9-10c 中,下标数字表示单元杆端结点位移(或力)沿整体坐标系方向分量的编号。

该单元 j 端和 k 端的杆端力分量在局部坐标系中为 $\overline{F}_1$、$\overline{F}_2$、$\overline{F}_3$ 和 $\overline{F}_4$、$\overline{F}_5$、$\overline{F}_6$,而在整体坐标系中它们分量为 F_1、F_2、F_3 和 F_4、F_5、F_6。它们之间的关系为

$$\overline{F}_1 = F_1\cos\alpha + F_2\sin\alpha, \quad \overline{F}_2 = -F_1\sin\alpha + F_2\cos\alpha$$

$$\overline{F}_3 = F_3, \quad \overline{F}_4 = F_4\cos\alpha + F_5\sin\alpha$$

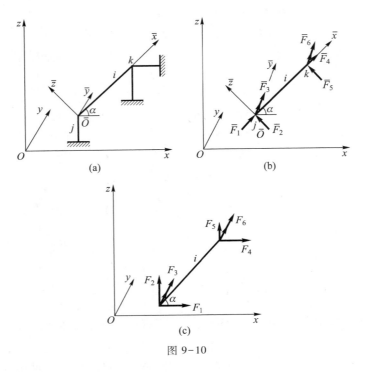

图 9-10

$$\overline{F}_5 = -F_4\sin\alpha + F_5\cos\alpha, \qquad \overline{F}_6 = F_6$$

写成矩阵形式

$$
\begin{bmatrix} \overline{F}_1 \\ \overline{F}_2 \\ \overline{F}_3 \\ \overline{F}_4 \\ \overline{F}_5 \\ \overline{F}_6 \end{bmatrix}
=
\begin{bmatrix}
\cos\alpha & \sin\alpha & 0 & 0 & 0 & 0 \\
-\sin\alpha & \cos\alpha & 0 & 0 & 0 & 0 \\
0 & 0 & 1 & 0 & 0 & 0 \\
0 & 0 & 0 & \cos\alpha & \sin\alpha & 0 \\
0 & 0 & 0 & -\sin\alpha & \cos\alpha & 0 \\
0 & 0 & 0 & 0 & 0 & 1
\end{bmatrix}
\begin{bmatrix} F_1 \\ F_2 \\ F_3 \\ F_4 \\ F_5 \\ F_6 \end{bmatrix}
\qquad (9-16)
$$

或简写为

$$\overline{F}^e = L_{\mathrm{T}} F^e \qquad (9-17)$$

式中,$\overline{F}^e$ 为单元 i 在局部坐标系中的杆端力列阵;F^e 为单元 i 在整体坐标系中杆端力列阵;L_{T} 为单元 i 的转换矩阵,即

$$
L_{\mathrm{T}} =
\begin{bmatrix}
\cos\alpha & \sin\alpha & 0 & 0 & 0 & 0 \\
-\sin\alpha & \cos\alpha & 0 & 0 & 0 & 0 \\
0 & 0 & 1 & 0 & 0 & 0 \\
0 & 0 & 0 & \cos\alpha & \sin\alpha & 0 \\
0 & 0 & 0 & -\sin\alpha & \cos\alpha & 0 \\
0 & 0 & 0 & 0 & 0 & 1
\end{bmatrix}
=
\begin{bmatrix} \lambda & 0 \\ 0 & \lambda \end{bmatrix}
\qquad (9-18)
$$

式中,λ 为单元 j, k 端坐标旋转矩阵:

$$\boldsymbol{\lambda} = \begin{bmatrix} \cos\alpha & \sin\alpha & 0 \\ -\sin\alpha & \cos\alpha & 0 \\ 0 & 0 & 1 \end{bmatrix}$$

从式(9-17)可解得

$$\boldsymbol{F}^e = \boldsymbol{L}_{\mathrm{T}}^{-1}\overline{\boldsymbol{F}}^e \tag{9-19}$$

而

$$\boldsymbol{L}_{\mathrm{T}}^{-1} = \begin{bmatrix} \cos\alpha & -\sin\alpha & 0 & 0 & 0 & 0 \\ \sin\alpha & \cos\alpha & 0 & 0 & 0 & 0 \\ 0 & 0 & 1 & 0 & 0 & 0 \\ 0 & 0 & 0 & \cos\alpha & -\sin\alpha & 0 \\ 0 & 0 & 0 & \sin\alpha & \cos\alpha & 0 \\ 0 & 0 & 0 & 0 & 0 & 1 \end{bmatrix} = \boldsymbol{L}_{\mathrm{T}}^{\mathrm{T}} \tag{9-20}$$

这说明在正交坐标系中，坐标转换矩阵的逆矩阵等于其转置矩阵，所以式(9-19)改写成

$$\boldsymbol{F}^e = \boldsymbol{L}_{\mathrm{T}}^{\mathrm{T}}\overline{\boldsymbol{F}}^e \tag{9-21}$$

同理，设单元在局部坐标系中杆端位移列阵为

$$\overline{\boldsymbol{\delta}}^e = \begin{bmatrix} \overline{\Delta}_1 & \overline{\Delta}_2 & \overline{\varphi}_3 & \overline{\Delta}_4 & \overline{\Delta}_5 & \overline{\varphi}_6 \end{bmatrix}^{\mathrm{T}}$$

单元在整体坐标系中杆端位移列阵为

$$\overline{\boldsymbol{\delta}}^e = \begin{bmatrix} \overline{\Delta}_1 & \overline{\Delta}_2 & \overline{\varphi}_3 & \overline{\Delta}_4 & \overline{\Delta}_5 & \overline{\varphi}_6 \end{bmatrix}^{\mathrm{T}}$$

则它们之间的关系为

$$\overline{\boldsymbol{\delta}}^e = \boldsymbol{L}_{\mathrm{T}}\boldsymbol{\delta}^e \tag{9-22}$$

$$\boldsymbol{\delta}^e = \boldsymbol{L}_{\mathrm{T}}^{\mathrm{T}}\overline{\boldsymbol{\delta}}^e \tag{9-23}$$

同理，可以推导出平面铰结单元转换矩阵

$$\boldsymbol{L}_{\mathrm{T}} = \begin{bmatrix} \cos\alpha & \sin\alpha & 0 & 0 \\ -\sin\alpha & \cos\alpha & 0 & 0 \\ 0 & 0 & \cos\alpha & \sin\alpha \\ 0 & 0 & -\sin\alpha & \cos\alpha \end{bmatrix} \tag{9-24}$$

且都有 $\boldsymbol{L}_{\mathrm{T}}^{-1} = \boldsymbol{L}_{\mathrm{T}}^{\mathrm{T}}$ 成立。

2. 单元在整体坐标系下的劲度矩阵

将式(9-22)代入到单元在局部坐标系中的杆端力和杆端位移关系式(9-15)得

$$\overline{\boldsymbol{F}}^e = \overline{\boldsymbol{k}}^e \boldsymbol{L}_{\mathrm{T}}\boldsymbol{\delta}^e \tag{a}$$

再将式(a)代入到式(9-21)得：

$$\boldsymbol{F}^e = \boldsymbol{L}_{\mathrm{T}}^{\mathrm{T}}\overline{\boldsymbol{k}}^e \boldsymbol{L}_{\mathrm{T}}\boldsymbol{\delta}^e = \boldsymbol{k}^e\boldsymbol{\delta}^e$$

其中

$$\boldsymbol{k}^e = \boldsymbol{L}_{\mathrm{T}}^{\mathrm{T}}\overline{\boldsymbol{k}}^e \boldsymbol{L}_{\mathrm{T}} \tag{9-25}$$

式(9-25)为所求单元在整体坐标系中的劲度矩阵 $\boldsymbol{k}^e$，它可以用单元在局部坐标系

中的劲度矩阵 $\bar{k}^e$ 右乘以单元的转换矩阵 L_T 后,再左乘以转换矩阵的转置矩阵 L_T^T 得出。

9.3.3　单元劲度矩阵性质与特点

包括梁式单元在内,本章一共介绍了 3 种平面杆件单元的劲度矩阵。根据单元劲度矩阵的定义,类似地可以推导其他各种类型杆单元的劲度矩阵。为了加深对单元劲度矩阵的了解以及正确地形成结构整体劲度矩阵,有必要对单元劲度矩阵的性质进行讨论。

1. 单元劲度矩阵是一个对称矩阵

根据反力互等定理,j 方向发生单位位移 i 方向的约束力,等于 i 方向发生单位位移引起 j 方向的约束力,所以 $k_{ij}=k_{ji}$ 和 $\bar{k}_{ij}=\bar{k}_{ji}$。由单元劲度系数的物理意义可知,$k_{ii}>0$ 和 $\bar{k}_{ii}>0$ 恒成立。

2. 单元劲度矩阵是一个奇异矩阵

单元劲度矩阵行列式的值等于零,即单元劲度矩阵的逆矩阵不存在,矩阵有奇异性。这个特性可以用任意一个单元矩阵,比如平面梁单元的劲度矩阵来验算,将式(9-1)的第 1 和第 3 列相加,所得的元素全为零,这个特性说明已知单元的结点位移,可以确定单元的杆端力;反过来已知单元的杆端力,不能确定单元的结点位移,这是因为已知单元的杆端力,只能确定其相对位移,无法确定其绝对位移。

3. 单元劲度矩阵可以按结点进行分块

为了便于建立结构的整体劲度矩阵,可以将单元 $\bar{k}^e$ 和 k 的劲度矩阵按杆端 j 和 k 分为四个子块:

$$\bar{k}^e=\begin{bmatrix}\bar{k}_{jj} & \bar{k}_{jk}\\ \bar{k}_{kj} & \bar{k}_{kk}\end{bmatrix} \qquad k^e=\begin{bmatrix}k_{jj} & k_{jk}\\ k_{kj} & k_{kk}\end{bmatrix}$$

其中,k_{jj} 表示单元 j 结点在整体坐标系下各方向发生单位位移时在 j 结点各方向产生的约束力,其余子矩阵的意义以此类推。

9.3.4　单元在整体坐标系下的固端力列阵

在 9.1 节中对结构进行整体分析时,建立的是可动结点平衡方程。因此,对于梁和刚架,当有荷载作用在单元上时,都须向可动节点方向移置。移置过程是先附加约束,约束住结点所有位移,这时各单元处于固定状态,单元荷载产生固端力。然后放松附加约束,这时结点就受到与上述固端力大小相等,方向相反的力作用,这就是单元荷载传递给结点的力,也就是单元荷载向结点移置的等效荷载。

单元在局部坐标系下的单元固端力,可以直接查载常数表得到。前面连续梁各单元的固端力就是这样确定的。如果整体坐标系和局部坐标系方向不一致,还需要将局部坐标系下的固端力转换到整体坐标系中。

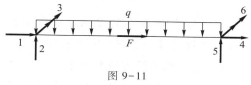

图 9-11

如图 9-11 所示平面固结单元,可以查载常数表得到其在局部坐标系下的固端力列阵:

$$\overline{\boldsymbol{F}}_G^e = \begin{bmatrix} \overline{F}_{G1} & \overline{F}_{G2} & \overline{F}_{G3} & \overline{F}_{G4} & \overline{F}_{G5} & \overline{F}_{G6} \end{bmatrix}^T$$

$$= \begin{bmatrix} -\dfrac{F}{2} & \dfrac{ql}{2} & -\dfrac{ql^2}{12} & -\dfrac{F}{2} & \dfrac{ql}{2} & \dfrac{ql^2}{12} \end{bmatrix}^T$$

设 $\bar{x}$ 轴与整体坐标系中的 x 轴夹角为 α,则单元在整体坐标系下的固端力列阵:

$$\begin{bmatrix} F_{G1} \\ F_{G2} \\ F_{G3} \\ F_{G4} \\ F_{G5} \\ F_{G6} \end{bmatrix} = \begin{bmatrix} \cos\alpha & -\sin\alpha & 0 & 0 & 0 & 0 \\ \sin\alpha & \cos\alpha & 0 & 0 & 0 & 0 \\ 0 & 0 & 1 & 0 & 0 & 0 \\ 0 & 0 & 0 & \cos\alpha & -\sin\alpha & 0 \\ 0 & 0 & 0 & \sin\alpha & \cos\alpha & 0 \\ 0 & 0 & 0 & 0 & 0 & 1 \end{bmatrix} \begin{bmatrix} \overline{F}_{G1} \\ \overline{F}_{G2} \\ \overline{F}_{G3} \\ \overline{F}_{G4} \\ \overline{F}_{G5} \\ \overline{F}_{G6} \end{bmatrix}$$

上式简写成

$$\boldsymbol{F}_G^e = \boldsymbol{L}_T^T \overline{\boldsymbol{F}}_G^e \tag{9-26}$$

9.4　平面杆件结构的整体分析

在连续梁中推导结构的可动结点整体平衡方程具有一般性,对于桁架、刚架等结构一样可以得到

$$\boldsymbol{K}_{\delta\delta}\boldsymbol{\delta} = \boldsymbol{F}_{E\delta} \tag{9-27}$$

视频 9-4
整体劲度矩阵

并知道:

(1)该方程中,每一个方程代表一个可动结点位移方向的平衡条件;

(2)$\boldsymbol{K}_{\delta\delta}$ 中的任意元素 K_{ij} 表示结构沿整体坐标系 j 结点方向发生单位位移时,在整体坐标系 i 结点方向约束内引起的约束力,它可由相关单元整体坐标下的单元劲度矩阵对应的元素叠加而得;

(3)在有约束的方向,也可以建立平衡方程,因此,$\boldsymbol{K}_{\delta\delta}$ 只是所有结点整体劲度矩阵的一个子矩阵。

在 9.1 节中 $\boldsymbol{K}_{\delta\delta}$、$\boldsymbol{F}_{E\delta}$ 的建立是直接从结点平衡条件得到的,这种方法有助于理解整体劲度矩阵的物理意义,但缺乏通用性,不适合编写计算机程序,下面以 9-12a 所示刚架为例,介绍两种适合编写计算机程序的整体劲度矩阵的组建方法。

在整体分析中,结构各个结点在整体坐标系中的结点位移分量(自由度)和结点力分量要进行统一编号(两个编号相同),称为整体编号,一般可先编可动结点位移方向,后编约束结点位移方向。对图 9-12a 中刚架(EI 为常数),建立整体坐标系 $Oxyz$,对单元和结点位移进行编号如图 9-12b 所示。各单元局部坐标系 $\bar{x}$ 轴分别与杆轴线重合,①②③单元的 j 结点分别取为结点 3、4 和 1,$\bar{x}$ 轴原点放在 j 端,$\bar{x}$ 轴指向如图 9-12b 中箭头所示。对各单元在整体坐标系中的杆端位移分量和杆端力分量也要在各单元中进行局部编号;先编 j 端、后编 k 端,同一端一般先编线位移方向,后编转角方向;同一类位移中按照 x、y 和 z 的顺序,没有位移的方向就跳过不编,比如平面刚架中 y 方向线位移为 0,就跳过不编。三个单元在整体坐标系中的杆端位移编号,如图 9-12c、d 和 e 所示。

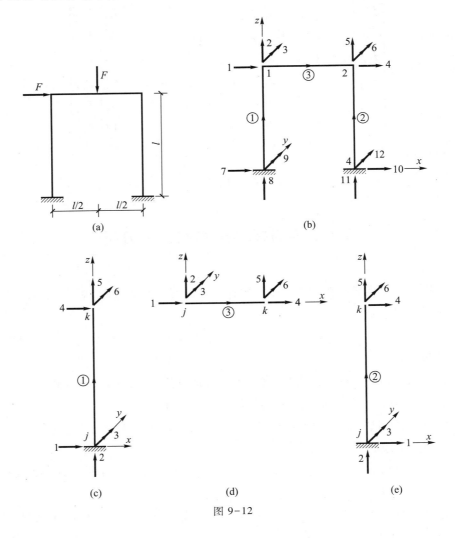

图 9-12

9.4.1　自由度编号法

自由度编号法首先建立每个单元的杆端位移分量的局部自由度编号和整体自由度编号的对应关系,有了这样的对应关系,就可以按照"对号入座"的原则,把结构所有单元的单元劲度矩阵叠加到整体劲度矩阵中,形成整体劲度矩阵。例如形成整体劲度矩阵的 K_{ij} 元素时,只需将所有单元中整体编号行、列号分别为 i、j 的那些劲度元素叠加到 K_{ij} 中,如图 9-13 所示,图中矩阵上方和右侧数字为整体编号。

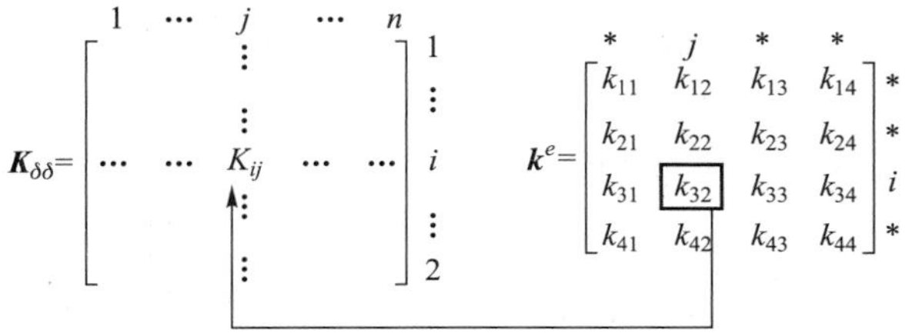

图 9-13

形成整体劲度矩阵的具体步骤为:

(1) 对结构进行结点编号、单元编号、结点位移分量(自由度)编号;

(2) 建立单元杆端自由度局部编号和整体编号的对应关系 I_W;

(3) 计算单元在局部坐标系中的劲度矩阵 $\bar{k}^e$;

(4) 计算单元转换矩阵 L_T;

(5) 计算单元在整体坐标系中的劲度矩阵 $k^e = L_T^T \bar{k}^e L_T$;

(6) 按"对号入座"原则,将 k^e 叠加到 $K_{\delta\delta}$ 中。

以图 9-12a 刚架为例:

(1) 离散化、编号。坐标系、结点编号、单元编号和整体自由度编号如图 9-12b～e 所示。由此得可动结点位移列阵:

$$\delta = \begin{bmatrix} \Delta_1 & \Delta_2 & \Delta_3 & \Delta_4 & \Delta_5 & \Delta_6 \end{bmatrix}^T$$

(2) 由图 9-12c～e 可以建立三个单元杆端自由度局部编号和整体编号的对应关系列阵 I_W:

单元①　$I_{W1} = \begin{bmatrix} 7 & 8 & 9 & 1 & 2 & 3 \end{bmatrix}^T$

单元②　$I_{W2} = \begin{bmatrix} 10 & 11 & 12 & 4 & 5 & 6 \end{bmatrix}^T$ 　　　　　(a)

单元③　$I_{W3} = \begin{bmatrix} 1 & 2 & 3 & 4 & 5 & 6 \end{bmatrix}^T$

(3) 计算局部坐标系下的单元劲度矩阵:

$$\bar{\boldsymbol{k}}^{①} = \bar{\boldsymbol{k}}^{②} = \bar{\boldsymbol{k}}^{③} = \begin{bmatrix} \dfrac{EA}{l} & 0 & 0 & -\dfrac{EA}{l} & 0 & 0 \\[2mm] 0 & \dfrac{12EI}{l^3} & -\dfrac{6EI}{l^2} & 0 & -\dfrac{12EI}{l^3} & -\dfrac{6EI}{l^2} \\[2mm] 0 & -\dfrac{6EI}{l^2} & \dfrac{4EI}{l} & 0 & \dfrac{6EI}{l^2} & \dfrac{2EI}{l} \\[2mm] -\dfrac{EA}{l} & 0 & 0 & \dfrac{EA}{l} & 0 & 0 \\[2mm] 0 & -\dfrac{12EI}{l^3} & \dfrac{6EI}{l^2} & 0 & \dfrac{12EI}{l^3} & \dfrac{6EI}{l^2} \\[2mm] 0 & -\dfrac{6EI}{l^2} & \dfrac{2EI}{l} & 0 & \dfrac{6EI}{l^2} & \dfrac{4EI}{l} \end{bmatrix} \quad (b)$$

（4）计算单元转换矩阵 $\boldsymbol{I}_{\mathrm{w}}^e$：

$$\boldsymbol{L}_{\mathrm{T}}^{①} = \boldsymbol{L}_{\mathrm{T}}^{②} = \begin{bmatrix} 0 & 1 & 0 & 0 & 0 & 0 \\ -1 & 0 & 0 & 0 & 0 & 0 \\ 0 & 0 & 1 & 0 & 0 & 0 \\ 0 & 0 & 0 & 0 & 1 & 0 \\ 0 & 0 & 0 & -1 & 0 & 0 \\ 0 & 0 & 0 & 0 & 0 & 1 \end{bmatrix}$$

$$\boldsymbol{L}_{\mathrm{T}}^{③} = \begin{bmatrix} 1 & 0 & 0 & 0 & 0 & 0 \\ 0 & 1 & 0 & 0 & 0 & 0 \\ 0 & 0 & 1 & 0 & 0 & 0 \\ 0 & 0 & 0 & 1 & 0 & 0 \\ 0 & 0 & 0 & 0 & 1 & 0 \\ 0 & 0 & 0 & 0 & 0 & 1 \end{bmatrix}$$

（5）形成单元在整体坐标系中的劲度矩阵：

$$\boldsymbol{k}^{①} = \boldsymbol{k}^{②} = \begin{bmatrix} \dfrac{12EI}{l^3} & 0 & \dfrac{6EI}{l^2} & -\dfrac{12EI}{l^3} & 0 & \dfrac{6EI}{l^2} \\[2mm] 0 & \dfrac{EA}{l} & 0 & 0 & -\dfrac{EA}{l} & 0 \\[2mm] \dfrac{6EI}{l^2} & 0 & \dfrac{4EI}{l} & -\dfrac{6EI}{l^2} & 0 & \dfrac{2EI}{l} \\[2mm] -\dfrac{12EI}{l^3} & 0 & -\dfrac{6EI}{l^2} & \dfrac{12EI}{l^3} & 0 & -\dfrac{6EI}{l^2} \\[2mm] 0 & -\dfrac{EA}{l} & 0 & 0 & \dfrac{EA}{l} & 0 \\[2mm] \dfrac{6EI}{l^2} & 0 & \dfrac{2EI}{l} & -\dfrac{6EI}{l^2} & 0 & \dfrac{4EI}{l} \end{bmatrix} \quad (c)$$

$$
\boldsymbol{k}^{③} = \overline{\boldsymbol{k}}^{③} =
\begin{bmatrix}
\dfrac{EA}{l} & 0 & 0 & -\dfrac{EA}{l} & 0 & 0 \\[2mm]
0 & \dfrac{12EI}{l^3} & -\dfrac{6EI}{l^2} & 0 & -\dfrac{12EI}{l^3} & -\dfrac{6EI}{l^2} \\[2mm]
0 & -\dfrac{6EI}{l^2} & \dfrac{4EI}{l} & 0 & \dfrac{6EI}{l^2} & \dfrac{2EI}{l} \\[2mm]
-\dfrac{EA}{l} & 0 & 0 & \dfrac{EA}{l} & 0 & 0 \\[2mm]
0 & -\dfrac{12EI}{l^3} & \dfrac{6EI}{l^2} & 0 & \dfrac{12EI}{l^3} & \dfrac{6EI}{l^2} \\[2mm]
0 & -\dfrac{6EI}{l^2} & \dfrac{2EI}{l} & 0 & \dfrac{6EI}{l^2} & \dfrac{4EI}{l}
\end{bmatrix}
\qquad (d)
$$

（6）按"对号入座"原则,将单元劲度矩阵叠加到整体劲度矩阵中,形成整体劲度矩阵 $\boldsymbol{K}_{\delta\delta}$:

1）初始化 $\boldsymbol{K}_{\delta\delta}$

$$
\boldsymbol{K}_{\delta\delta} =
\begin{bmatrix}
0 & 0 & 0 & 0 & 0 & 0 \\
0 & 0 & 0 & 0 & 0 & 0 \\
0 & 0 & 0 & 0 & 0 & 0 \\
0 & 0 & 0 & 0 & 0 & 0 \\
0 & 0 & 0 & 0 & 0 & 0 \\
0 & 0 & 0 & 0 & 0 & 0
\end{bmatrix}
$$

2）由单元 $\boldsymbol{k}^e$ 集成整体 $\boldsymbol{K}_{\delta\delta}$

下式（e）中矩阵上方和右侧数字为 $\boldsymbol{I}_{W1}$ 中数字,根据这组数字,先将 $\boldsymbol{k}^①$ 中右下 3×3 个元素叠加到 $\boldsymbol{K}_{\delta\delta}$ 的对应位置上,得式（f）。

$$
\boldsymbol{k}^① =
\begin{array}{c}
\begin{array}{cccccc} 7 & \quad 8 & \quad 9 & \quad 1 & \quad 2 & \quad 3 \end{array} \\
\begin{bmatrix}
\dfrac{12EI}{l^3} & 0 & \dfrac{6EI}{l^2} & -\dfrac{12EI}{l^3} & 0 & \dfrac{6EI}{l^2} \\[2mm]
0 & \dfrac{EA}{l} & 0 & 0 & -\dfrac{EA}{l} & 0 \\[2mm]
\dfrac{6EI}{l^2} & 0 & \dfrac{4EI}{l} & -\dfrac{6EI}{l^2} & 0 & \dfrac{2EI}{l} \\[2mm]
-\dfrac{12EI}{l^3} & 0 & -\dfrac{6EI}{l^2} & \boxed{\begin{array}{c}\dfrac{12EI}{l^3}\end{array}} & 0 & -\dfrac{6EI}{l^2} \\[2mm]
0 & -\dfrac{EA}{l} & 0 & 0 & \dfrac{EA}{l} & 0 \\[2mm]
\dfrac{6EI}{l^2} & 0 & \dfrac{2EI}{l} & -\dfrac{6EI}{l^2} & 0 & \dfrac{4EI}{l}
\end{bmatrix}
\begin{array}{c} 7 \\[2mm] 8 \\[2mm] 9 \\[2mm] 1 \\[2mm] 2 \\[2mm] 3 \end{array}
\end{array}
\qquad (e)
$$

$$
\boldsymbol{K}_{\delta\delta} =
\begin{array}{c}
\begin{array}{cccccc} 1 & \quad 2 & \quad 3 & \ 4 & \ 5 & \ 6 \end{array} \\
\begin{bmatrix}
\dfrac{12EI}{l^3} & 0 & -\dfrac{6EI}{l^2} & 0 & 0 & 0 \\[3mm]
0 & \dfrac{EA}{l} & 0 & 0 & 0 & 0 \\[3mm]
-\dfrac{6EI}{l^2} & 0 & \dfrac{4EI}{l} & 0 & 0 & 0 \\[3mm]
0 & 0 & 0 & 0 & 0 & 0 \\[1mm]
0 & 0 & 0 & 0 & 0 & 0 \\[1mm]
0 & 0 & 0 & 0 & 0 & 0
\end{bmatrix}
\begin{array}{c} 1 \\[3mm] 2 \\[3mm] 3 \\[3mm] 4 \\[1mm] 5 \\[1mm] 6 \end{array}
\end{array}
\qquad (\mathrm{f})
$$

下式(g)中矩阵上方和右侧数字为 $\boldsymbol{I}_{\mathrm{w}_2}$ 中数字,根据这组数字,先将 $\boldsymbol{k}^{②}$ 中右下 3×3 个元素叠加到式(f)中 $\boldsymbol{K}_{\delta\delta}$ 的对应位置上,得式(h)。

$$
\boldsymbol{k}^{②} =
\begin{array}{c}
\begin{array}{cccccc} 10 & \quad 11 & \quad 12 & \quad 4 & \quad 5 & \quad 6 \end{array} \\
\begin{bmatrix}
\dfrac{12EI}{l^3} & 0 & \dfrac{6EI}{l^2} & -\dfrac{12EI}{l^3} & 0 & \dfrac{6EI}{l^2} \\[3mm]
0 & \dfrac{EA}{l} & 0 & 0 & -\dfrac{EA}{l} & 0 \\[3mm]
\dfrac{6EI}{l^2} & 0 & \dfrac{4EI}{l} & -\dfrac{6EI}{l^2} & 0 & \dfrac{2EI}{l} \\[3mm]
-\dfrac{12EI}{l^3} & 0 & -\dfrac{6EI}{l^2} & \dfrac{12EI}{l^3} & 0 & -\dfrac{6EI}{l^2} \\[3mm]
0 & -\dfrac{EA}{l} & 0 & 0 & \dfrac{EA}{l} & 0 \\[3mm]
\dfrac{6EI}{l^2} & 0 & \dfrac{2EI}{l} & -\dfrac{6EI}{l^2} & 0 & \dfrac{4EI}{l}
\end{bmatrix}
\begin{array}{c} 10 \\[3mm] 11 \\[3mm] 12 \\[3mm] 4 \\[3mm] 5 \\[3mm] 6 \end{array}
\end{array}
\qquad (\mathrm{g})
$$

$$
\boldsymbol{K}_{\delta\delta} =
\begin{array}{c}
\begin{array}{cccccc} 1 & \quad 2 & \quad 3 & \quad 4 & \quad 5 & \quad 6 \end{array} \\
\begin{bmatrix}
\dfrac{12EI}{l^3} & 0 & -\dfrac{6EI}{l^2} & 0 & 0 & 0 \\[3mm]
0 & \dfrac{EA}{l} & 0 & 0 & 0 & 0 \\[3mm]
-\dfrac{6EI}{l^2} & 0 & \dfrac{4EI}{l} & 0 & 0 & 0 \\[3mm]
0 & 0 & 0 & \dfrac{12EI}{l^3} & 0 & -\dfrac{6EI}{l^2} \\[3mm]
0 & 0 & 0 & 0 & \dfrac{EA}{l} & 0 \\[3mm]
0 & 0 & 0 & -\dfrac{6EI}{l^2} & 0 & \dfrac{4EI}{l}
\end{bmatrix}
\begin{array}{c} 1 \\[3mm] 2 \\[3mm] 3 \\[3mm] 4 \\[3mm] 5 \\[3mm] 6 \end{array}
\end{array}
\qquad (\mathrm{h})
$$

同理,下式(i)中矩阵上方和右侧数字为 I_{w3} 中数字,根据这组数字,先将 $k^{③}$ 中全部元素叠加到式(h)中 $K_{\delta\delta}$ 的对应位置上,得式(j)。

$$
k^{③} =
\begin{array}{c}
\begin{array}{cccccc} \quad1 & \quad2 & \quad3 & \quad4 & \quad5 & \quad6 \end{array} \\
\left[
\begin{array}{cccccc}
\frac{EA}{l} & 0 & 0 & -\frac{EA}{l} & 0 & 0 \\
0 & \frac{12EI}{l^3} & -\frac{6EI}{l^2} & 0 & -\frac{12EI}{l^3} & -\frac{6EI}{l^2} \\
0 & -\frac{6EI}{l^2} & \frac{4EI}{l} & 0 & \frac{6EI}{l^2} & \frac{2EI}{l} \\
-\frac{EA}{l} & 0 & 0 & \frac{EA}{l} & 0 & 0 \\
0 & -\frac{12EI}{l^3} & \frac{6EI}{l^2} & 0 & \frac{12EI}{l^3} & \frac{6EI}{l^2} \\
0 & -\frac{6EI}{l^2} & \frac{2EI}{l} & 0 & \frac{6EI}{l^2} & \frac{4EI}{l}
\end{array}
\right]
\begin{array}{c} 1 \\ 2 \\ 3 \\ 4 \\ 5 \\ 6 \end{array}
\end{array}
\qquad (i)
$$

$$
K_{\delta\delta} =
\begin{array}{c}
\begin{array}{cccccc} \quad1 & \quad2 & \quad3 & \quad4 & \quad5 & \quad6 \end{array} \\
\left[
\begin{array}{cccccc}
\frac{12EI}{l^3}+\frac{EA}{l} & 0 & -\frac{6EI}{l^2} & -\frac{EA}{l} & 0 & 0 \\
0 & \frac{EA}{l}+\frac{12EI}{l^3} & -\frac{6EI}{l^2} & 0 & -\frac{12EI}{l^3} & -\frac{6EI}{l^2} \\
-\frac{6EI}{l^2} & -\frac{6EI}{l^2} & \frac{8EI}{l} & 0 & \frac{6EI}{l^2} & \frac{2EI}{l} \\
-\frac{EA}{l} & 0 & 0 & \frac{12EI}{l^3}+\frac{EA}{l} & 0 & -\frac{6EI}{l^2} \\
0 & -\frac{12EI}{l^3} & \frac{6EI}{l^2} & 0 & \frac{EA}{l}+\frac{12EI}{l^3} & \frac{6EI}{l^2} \\
0 & -\frac{6EI}{l^2} & \frac{2EI}{l} & -\frac{6EI}{l^2} & \frac{6EI}{l^2} & \frac{8EI}{l}
\end{array}
\right]
\begin{array}{c} 1 \\ 2 \\ 3 \\ 4 \\ 5 \\ 6 \end{array}
\end{array}
\qquad (j)
$$

至此,生成了最后的 $K_{\delta\delta}$。式(e)、(g)和(i)中,矩阵上方和右侧所附数字表示单元6个结点位移方向对应的整体编号,而矩阵元素所在的行和列序号数对应单元结点位移分量的局部编号(分别如图9-12c~e所示),这两组数字分别表示任一个单元劲度系数在整体劲度矩阵中所在的行和列以及在单元劲度矩阵中所在的行和列。这就是"对号入座"的原则。

这里,在形成整体劲度矩阵时已经考虑了约束条件(仅是可动结点方向),所以也称先处理法。该法的特点是比较节省内存,程序编写技巧性高。在形成 $K_{\delta\delta}$ 之前需对每个结点的各个位移方向进行自由度编号,在程序中一般以结点号从小到大对各方向编自由度号,遇到可动结点方向自由度就递增1,遇有约束的方向就跳过,这样形成每个结点每个方向的自由度号指示数组。有了它,就可以确定某单元

j、k 结点各方向对应的方程序号。

9.4.2　分块叠加法

若对结构所有结点方向建立平衡方程,则得

$$K_J \boldsymbol{\delta}_J = \boldsymbol{F}_{EJ} \tag{9-28}$$

式中,K_J 是所有结点整体劲度矩阵;$\boldsymbol{F}_{EJ}$ 是所有结点整体等效荷载列阵;$\boldsymbol{\delta}_J$ 是所有结点位移列阵。

分块叠加法,即先不考虑约束条件,将单元劲度矩阵按结点分块矩阵(而不是按每个自由度)直接叠加到 K_J 中,再根据约束条件,消去约束方向对应行和列,得可动结点整体劲度矩阵 $K_{\delta\delta}$。

如第 i 个单元的 j、k 对应结点号为 r,s(不妨设 $r<s$),则 $\boldsymbol{k}^{i}$ 中的四个子块,分别叠加到对应的子块 K_{rr}、K_{rs}、K_{sr}、K_{ss} 中去,如图 9-14 所示。

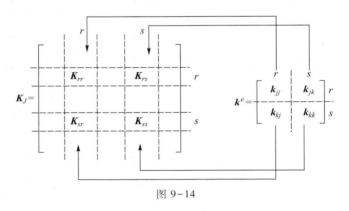

图 9-14

仍以图 9-12a 结构为例,由图 9-12b 中各单元 j 和 k 端的结点号,分块"对号入座"得下式:

$$K_J = \begin{array}{c} \\ 1 \\ 2 \\ 3 \\ 4 \end{array} \begin{bmatrix} \boldsymbol{k}_{kk}^{①}+\boldsymbol{k}_{jj}^{③} & \boldsymbol{k}_{jk}^{③} & \boldsymbol{k}_{kj}^{①} & 0 \\ \boldsymbol{k}_{kj}^{③} & \boldsymbol{k}_{kk}^{②}+\boldsymbol{k}_{kk}^{③} & 0 & \boldsymbol{k}_{kj}^{②} \\ \boldsymbol{k}_{jk}^{①} & 0 & \boldsymbol{k}_{jj}^{①} & 0 \\ 0 & \boldsymbol{k}_{jk}^{②} & 0 & \boldsymbol{k}_{jj}^{②} \end{bmatrix} \tag{k}$$

再将式(c)和(d)中的元素,分子块叠加到式(k)中得

$$
K_J=
\begin{array}{c}
\begin{array}{cccccccccccc}
\;1\; & & & 2 & & & 3 & & & 4
\end{array}\\
\left[
\begin{array}{ccc:ccc:ccc:ccc}
\frac{12EI}{l^3}+\frac{EA}{l} & 0 & -\frac{6EI}{l^2} & -\frac{EA}{l} & 0 & 0 & -\frac{12EI}{l^3} & 0 & -\frac{6EI}{l^2} & 0 & 0 & 0\\
0 & \frac{EA}{l}+\frac{12EI}{l^3} & -\frac{6EI}{l^2} & 0 & -\frac{12EI}{l^3} & \frac{6EI}{l^2} & 0 & -\frac{EA}{l} & 0 & 0 & 0 & 0\\
-\frac{6EI}{l^2} & -\frac{6EI}{l^2} & \frac{8EI}{l} & 0 & -\frac{6EI}{l^2} & \frac{2EI}{l} & \frac{6EI}{l^2} & 0 & \frac{2EI}{l} & 0 & 0 & 0\\
\hdashline
-\frac{EA}{l} & 0 & 0 & \frac{12EI}{l^3}+\frac{EA}{l} & 0 & -\frac{6EI}{l^2} & 0 & 0 & 0 & -\frac{12EI}{l^3} & 0 & -\frac{6EI}{l^2}\\
0 & -\frac{12EI}{l^3} & -\frac{6EI}{l^2} & 0 & \frac{EA}{l}+\frac{12EI}{l^3} & \frac{6EI}{l^2} & 0 & 0 & 0 & 0 & -\frac{EA}{l} & 0\\
0 & \frac{6EI}{l^2} & \frac{2EI}{l} & -\frac{6EI}{l^2} & \frac{6EI}{l^2} & \frac{8EI}{l} & 0 & 0 & 0 & \frac{6EI}{l^2} & 0 & \frac{2EI}{l}\\
\hdashline
-\frac{12EI}{l^3} & 0 & \frac{6EI}{l^2} & 0 & 0 & 0 & \frac{12EI}{l^3} & 0 & \frac{6EI}{l^2} & 0 & 0 & 0\\
0 & -\frac{EA}{l} & 0 & 0 & 0 & 0 & 0 & \frac{EA}{l} & 0 & 0 & 0 & 0\\
-\frac{6EI}{l^2} & 0 & \frac{2EI}{l} & 0 & 0 & 0 & \frac{6EI}{l^2} & 0 & \frac{4EI}{l} & 0 & 0 & 0\\
\hdashline
0 & 0 & 0 & -\frac{12EI}{l^3} & 0 & \frac{6EI}{l^2} & 0 & 0 & 0 & \frac{12EI}{l^3} & 0 & \frac{6EI}{l^2}\\
0 & 0 & 0 & 0 & -\frac{EA}{l} & 0 & 0 & 0 & 0 & 0 & \frac{EA}{l} & 0\\
0 & 0 & 0 & -\frac{6EI}{l^2} & 0 & \frac{2EI}{l} & 0 & 0 & 0 & \frac{6EI}{l^2} & 0 & \frac{4EI}{l}
\end{array}
\right]
\end{array}
$$

$$
K_J=
\begin{bmatrix}
\frac{12EI}{l^3}+\frac{EA}{l} & 0 & -\frac{6EI}{l^2} & -\frac{EA}{l} & 0 & 0 & -\frac{12EI}{l^3} & 0 & -\frac{6EI}{l^2} & 0 & 0 & 0\\
0 & \frac{EA}{l}+\frac{12EI}{l^3} & -\frac{6EI}{l^2} & 0 & -\frac{12EI}{l^3} & \frac{6EI}{l^2} & 0 & -\frac{EA}{l} & 0 & 0 & 0 & 0\\
-\frac{6EI}{l^2} & -\frac{6EI}{l^2} & \frac{8EI}{l} & 0 & -\frac{6EI}{l^2} & \frac{2EI}{l} & \frac{6EI}{l^2} & 0 & \frac{2EI}{l} & 0 & 0 & 0\\
-\frac{EA}{l} & 0 & 0 & \frac{12EI}{l^3}+\frac{EA}{l} & 0 & -\frac{6EI}{l^2} & 0 & 0 & 0 & -\frac{12EI}{l^3} & 0 & -\frac{6EI}{l^2}\\
0 & -\frac{12EI}{l^3} & -\frac{6EI}{l^2} & 0 & \frac{EA}{l}+\frac{12EI}{l^3} & \frac{6EI}{l^2} & 0 & 0 & 0 & 0 & -\frac{EA}{l} & 0\\
0 & \frac{6EI}{l^2} & \frac{2EI}{l} & -\frac{6EI}{l^2} & \frac{6EI}{l^2} & \frac{8EI}{l} & 0 & 0 & 0 & \frac{6EI}{l^2} & 0 & \frac{2EI}{l}\\
-\frac{12EI}{l^3} & 0 & \frac{6EI}{l^2} & 0 & 0 & 0 & \frac{12EI}{l^3} & 0 & \frac{6EI}{l^2} & 0 & 0 & 0\\
0 & -\frac{EA}{l} & 0 & 0 & 0 & 0 & 0 & \frac{EA}{l} & 0 & 0 & 0 & 0\\
-\frac{6EI}{l^2} & 0 & \frac{2EI}{l} & 0 & 0 & 0 & \frac{6EI}{l^2} & 0 & \frac{4EI}{l} & 0 & 0 & 0\\
0 & 0 & 0 & -\frac{12EI}{l^3} & 0 & \frac{6EI}{l^2} & 0 & 0 & 0 & \frac{12EI}{l^3} & 0 & \frac{6EI}{l^2}\\
0 & 0 & 0 & 0 & -\frac{EA}{l} & 0 & 0 & 0 & 0 & 0 & \frac{EA}{l} & 0\\
0 & 0 & 0 & -\frac{6EI}{l^2} & 0 & \frac{2EI}{l} & 0 & 0 & 0 & \frac{6EI}{l^2} & 0 & \frac{4EI}{l}
\end{bmatrix}
$$

再在 K_J 中去掉支座结点 3 和 4 对应的行和列得 $K_{\delta\delta}$，与自由度编号法所得结果一致。

分块叠加法是先形成 K_J，后利用约束条件进行处理得 $K_{\delta\delta}$，故也称"直接劲度法"和"后处理法"。这种方法的优点是概念简单，编程容易，但当约束条件较多时，会浪费内存。

9.4.3　整体等效荷载列阵的生成

在 9.1 节中，已知 $F_{E\delta}$ 包括两部分，一部分是直接作用在结点的等效荷载 F_{ED}；另一部分是由作用在杆上的荷载（单元荷载）移置到结点上的等效荷载 F_{EL}，即

$$F_{E\delta} = F_{ED} + F_{EL}$$

F_{ED} 的形成很简单，下面主要讨论局部坐标系和整体坐标系不一致时 F_{EL} 的形成方法。

在 9.1 节中知道，F_{EL} 等于相交于该结点的各单元固端力的代数和并改变符号，与 $K_{\delta\delta}$ 类似，F_{EL} 的形成也有两种方法。由于是（荷载）列阵比（劲度）矩阵要简单，所以这里以图 9-12a 的刚架为例，只介绍自由度编号法中 F_{EL} 的形成。

1. 直接作用在结点上的荷载

先将结点集中荷载按整体坐标系方向分解，然后将各荷载分量直接叠加到等效结点荷载列阵的对应位置之上。参考图 9-12b 中的结点位移编号，得

$$\begin{matrix} 1 & 2 & 3 & 4 & 5 & 6 \end{matrix}$$
$$F_{ED} = \begin{bmatrix} F & 0 & 0 & 0 & 0 & 0 \end{bmatrix}^{T}$$

2. 作用在单元上的荷载

（1）求局部坐标系下的单元固端力

$$\overline{F}_{G}^{①} = \overline{F}_{G}^{②} = \begin{bmatrix} 0 & 0 & 0 & 0 & 0 & 0 \end{bmatrix}^{T}$$

$$\overline{F}_{G}^{③} = \begin{bmatrix} 0 & \dfrac{F}{2} & -\dfrac{Fl}{8} & 0 & \dfrac{F}{2} & \dfrac{Fl}{8} \end{bmatrix}^{T}$$

（2）转换至整体坐标系中

$$\begin{matrix} 1 & 2 & 3 & 4 & 5 & 6 \end{matrix}$$
$$F_{G}^{③} = \overline{F}_{G}^{③} = \begin{bmatrix} 0 & \dfrac{F}{2} & -\dfrac{Fl}{8} & 0 & \dfrac{F}{2} & \dfrac{Fl}{8} \end{bmatrix}^{T}$$

（3）改变符号后，按照单元杆端自由度编号，"对号入座"地叠加到 F_{EL} 中

$$\begin{matrix} 1 & 2 & 3 & 4 & 5 & 6 \end{matrix}$$
$$F_{EL} = \begin{bmatrix} 0 & -\dfrac{F}{2} & \dfrac{Fl}{8} & 0 & -\dfrac{F}{2} & -\dfrac{Fl}{8} \end{bmatrix}^{T}$$

（4）最后求出

$$F_{E\delta} = F_{ED} + F_{EL}$$

$$= \begin{bmatrix} F & -\dfrac{F}{2} & \dfrac{Fl}{8} & 0 & -\dfrac{F}{2} & -\dfrac{Fl}{8} \end{bmatrix}^{\mathrm{T}}$$

9.4.4　整体劲度矩阵的性质和特点

1. 整体劲度矩阵是一个对称列阵

因为结点力和结点位移是一一对应的,故可知结点劲度矩阵的行和列相等,再由反力互等定理又知 $K_{ij} = K_{ji}$,所以劲度矩阵 K_J 是一个对称方阵,且主对角元素都大于零。

2. 整体劲度矩阵按可动方向和约束方向写成分块矩阵

一个结构的结点方向分为可动结点方向和有约束方向,因此如果按照先可动方向,后有约束方向的顺序编号,则式(9-28)可以写成分块形式

$$\begin{bmatrix} K_{\delta\delta} & K_{\delta R} \\ K_{R\delta} & K_{RR} \end{bmatrix} \begin{bmatrix} \delta \\ C \end{bmatrix} = \begin{bmatrix} F_{\mathrm{E}\delta} \\ F_{\mathrm{E}R} \end{bmatrix} \tag{9-29}$$

即将所有结点位移列阵 δ_J、整体等效结点荷载列阵 F_{EJ} 和整体劲度矩阵 K_J,都按可动方向和有约束方向写成分块矩阵:

$$\delta_J = \begin{bmatrix} \delta \\ C \end{bmatrix} \begin{matrix} \text{可动方向} \\ \text{有约束方向} \end{matrix}, \qquad F_{\mathrm{EJ}} = \begin{bmatrix} F_{\mathrm{E}\delta} \\ F_{\mathrm{E}R} \end{bmatrix} \begin{matrix} \text{可动方向} \\ \text{有约束方向} \end{matrix},$$

$$K_J = \begin{bmatrix} K_{\delta\delta} & K_{\delta R} \\ K_{R\delta} & K_{RR} \end{bmatrix} \begin{matrix} \text{可动方向} \\ \text{有约束方向} \end{matrix}$$

3. 整体劲度矩阵 K_J 是一个奇异矩阵

K_J 的奇异性和单元劲度矩阵一样,是因为在建立所有结点平衡方程时,允许结构产生刚体位移,所以已知结点力 F_{EJ} 不能求得 δ_J 的唯一解,即 K_J 的逆矩阵不存在。要求得 δ_J 的唯一解,必须给出约束条件(这个约束条件至少要限制刚体位移),然后利用约束条件消去相应的行和列,得

$$K_{\delta\delta}\delta = F_{\mathrm{E}\delta}$$

而 $K_{\delta\delta}$ 是一个对称的非奇异方阵。

4. 整体劲度矩阵 K_J 和 $K_{\delta\delta}$ 都是一个稀疏矩阵

下面用位移法的概念来解释这个特性。K_J 中的某列元素表示某结点方向产生单位位移时引起的各结点方向的约束力,在各可动结点方向是附加了约束的,非邻近结点之间由于附加约束把相互的影响切断了,只在该结点的邻近结点才产生约束力。所以该列元素中只有部分为非零元素。整个结点劲度矩阵是一个具有大量零元素的稀疏矩阵,且结构结点愈多,K_J 就愈稀疏,同样 $K_{\delta\delta}$ 也有稀疏性。如果再适当地选择结点编号方式,可使少数非零元素集中在主对角线附近,成带状分布,如图 9-15 所示。

利用整体劲度矩阵的这个性质和对称性,在编程时只需计算和存贮整体劲度

矩阵的上三角或下三角中带内元素(图 9-15 中阴影部分),这就大大节省了计算和存贮工作量。显然,采用不同的结点编号方式,带的形状是不同的,为了提高计算效率,应尽量使整体劲度矩阵的每一行带宽趋于相近和减小。为此,在进行整体结点编号时,应使所编结点的点号与其相邻结点的点号最大差值尽可能小。例如,对于两个方向尺寸不一样的结构,应该顺着短的、结点数少的方向编号。

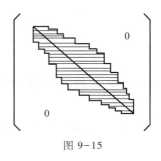

图 9-15

9.4.5　单元杆端内力和支座反力

视频 9-5
等效荷载列
阵、杆端力
和支座反力

1. 单元杆端内力列阵

一般单元杆端力列阵 $\overline{\boldsymbol{F}}^e$ 以局部坐标来表示,所以

$$\overline{\boldsymbol{F}}^e = \overline{\boldsymbol{k}}^e \overline{\boldsymbol{\delta}}^e + \overline{\boldsymbol{F}}^e_{\mathrm{G}} \tag{9-30}$$

或

$$\overline{\boldsymbol{F}}^e = \boldsymbol{L}_{\mathrm{T}} \boldsymbol{k}^e \boldsymbol{\delta}^e + \overline{\boldsymbol{F}}^e_{\mathrm{G}} \tag{9-31}$$

$\overline{\boldsymbol{F}}^e$ 的求解步骤:

(1) 形成单元局部坐标系下的单元劲度矩阵 $\overline{\boldsymbol{k}}^e$;

(2) 形成转换矩阵 $\boldsymbol{L}_{\mathrm{T}}$;

(3) 形成杆端位移列阵 $\boldsymbol{\delta}^e$;

(4) 形成固端力列阵 $\overline{\boldsymbol{F}}^e_{\mathrm{G}}$;

(5) 计算单元最终杆端力,可以先计算 $\overline{\boldsymbol{\delta}}^e = \boldsymbol{L}_{\mathrm{T}} \boldsymbol{\delta}^e$,再计算 $\overline{\boldsymbol{F}}^e = \overline{\boldsymbol{k}}^e \overline{\boldsymbol{\delta}}^e + \overline{\boldsymbol{F}}^e_{\mathrm{G}}$,或用 $\overline{\boldsymbol{F}}^e = \boldsymbol{L}_{\mathrm{T}} \boldsymbol{k}^e \boldsymbol{\delta}^e + \overline{\boldsymbol{F}}^e_{\mathrm{G}}$ 直接计算。

2. 支座反力列阵 $\boldsymbol{F}_{\mathrm{R}}$

矩阵位移法中支座反力的求解可以根据整体劲度矩阵的概念来求,也可根据相交于支座结点的单元杆端力来求。

方法一,求解步骤:

(1) 形成整体劲度矩阵的子块 $\boldsymbol{K}_{\mathrm{R}\delta}$ 和等效荷载列阵子块 $\boldsymbol{F}_{\mathrm{ER}}$;

(2) 根据公式(9-32)计算支座反力。

$$\boldsymbol{F}_{\mathrm{R}} = \boldsymbol{K}_{\mathrm{R}\delta} \boldsymbol{\delta} - \boldsymbol{F}_{\mathrm{ER}} \tag{9-32}$$

方法二,求解步骤:

(1) 用公式(9-21)将单元杆端力 $\overline{\boldsymbol{F}}^e$ 转换至整体坐标系中,即求 $\boldsymbol{F}^e = \boldsymbol{L}_{\mathrm{T}}^{\mathrm{T}} \overline{\boldsymbol{F}}^e$;

(2) 根据单元杆端自由度整体编号"对号入座"地将杆端力 $\boldsymbol{F}^e$ 叠加至支座反力列阵中,得到 $\sum_e \boldsymbol{L}_{\mathrm{T}}^{\mathrm{T}} \overline{\boldsymbol{F}}^e$;

(3) 最后根据公式(9-33)计算支座反力:

$$\boldsymbol{F}_{\mathrm{R}} = \sum_e \boldsymbol{L}_{\mathrm{T}}^{\mathrm{T}} \overline{\boldsymbol{F}}^e - \boldsymbol{F}_{\mathrm{ER}} \tag{9-33}$$

上面公式中的 $\sum\limits_e$ 符号表示"对号入座"的叠加运算。

9.5 矩阵位移法分析平面桁架

以图 9-16 所示桁架为例,说明矩阵位移法分析平面桁架,设桁架各杆 EA 为常数。

视频 9-6 桁架举例

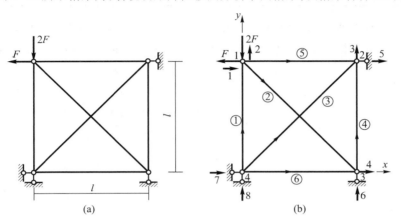

图 9-16

1. 建立坐标系、编号

首先对结点和单元编号,并以结点 4 为整体坐标系的原点,如图 9-16b 中所示;其次对结点位移分量(或力分量)在整体坐标中编号。这里按照先可动结点方向,后约束方向的顺序编号,因桁架各杆件只有轴向变形,故一个结点只有两个线位移。编号如图 9-16b 所示。

2. 结点位移列阵

$$\boldsymbol{\delta} = \begin{bmatrix} \Delta_1 & \Delta_2 & \Delta_3 & \Delta_4 \end{bmatrix}^{\mathrm{T}} \tag{a}$$

3. 建立整体平衡方程

沿整体可动结点位移方向建立平衡条件 $\sum x = 0$, $\sum y = 0$,得

$$\boldsymbol{K}_{\delta\delta}\boldsymbol{\delta} = \boldsymbol{F}_{\mathrm{E}\delta} \tag{b}$$

$$\boldsymbol{K}_{\delta\delta} = \begin{bmatrix} K_{11} & K_{12} & K_{13} & K_{14} \\ K_{21} & K_{22} & K_{23} & K_{24} \\ K_{31} & K_{32} & K_{33} & K_{34} \\ K_{41} & K_{42} & K_{43} & K_{44} \end{bmatrix}, \quad \boldsymbol{F}_{\mathrm{E}\delta} = \begin{bmatrix} F_{\mathrm{E}\delta 1} \\ F_{\mathrm{E}\delta 2} \\ F_{\mathrm{E}\delta 3} \\ F_{\mathrm{E}\delta 4} \end{bmatrix}$$

4. 计算单元劲度矩阵

设单元①、②、③、④、⑤、⑥的 j 端分别放在结点 4、1、4、3、1 和 4,将单元局部坐标系的原点放在 j 端,$\bar{x}$ 轴与杆轴线重合,建立各单元局部坐标系。为简化起见,图中仅用箭头表示各单元 $\bar{x}$ 轴的正向。由桁架各结点坐标值,可计算出各单元的 $\sin\alpha$、$\cos\alpha$ 和杆长 l,见表 9-1。

表 9-1 $\sin \alpha$、$\cos \alpha$ 和 l 的计算值

单元号	1	2	3	4	5	6
$\cos \alpha$	0	$\dfrac{1}{\sqrt{2}}$	$\dfrac{1}{\sqrt{2}}$	0	1	1
$\sin \alpha$	1	$\dfrac{-1}{\sqrt{2}}$	$\dfrac{1}{\sqrt{2}}$	1	0	0
l	l	$\sqrt{2}\,l$	$\sqrt{2}\,l$	l	l	l

再根据各单元的方向余弦又可按式（9-13）、式（9-24）以及式（9-25）分别作出单元在局部坐标系下的劲度矩阵 $\overline{\boldsymbol{k}}^e$ 及单元在整体坐标系下的劲度矩阵 $\boldsymbol{k}^e$：

$$\overline{\boldsymbol{k}}^{①④⑤⑥} = \frac{EA}{l} \begin{array}{c} 1 \\ 2 \\ 3 \\ 4 \end{array} \overset{\begin{array}{cccc} 1 & 2 & 3 & 4 \end{array}}{\begin{bmatrix} 1 & 0 & -1 & 0 \\ 0 & 0 & 0 & 0 \\ -1 & 0 & 1 & 0 \\ 0 & 0 & 0 & 0 \end{bmatrix}}$$

$$\overline{\boldsymbol{k}}^{②③} = \frac{EA}{\sqrt{2}\,l} \begin{array}{c} 1 \\ 2 \\ 3 \\ 4 \end{array} \overset{\begin{array}{cccc} 1 & 2 & 3 & 4 \end{array}}{\begin{bmatrix} 1 & 0 & -1 & 0 \\ 0 & 0 & 0 & 0 \\ -1 & 0 & 1 & 0 \\ 0 & 0 & 0 & 0 \end{bmatrix}}$$

$$\boldsymbol{k}^{①} = \frac{EA}{l} \begin{array}{c} 7 \\ 8 \\ 1 \\ 2 \end{array} \overset{\begin{array}{cccc} 7 & 8 & 1 & 2 \end{array}}{\begin{bmatrix} 0 & 0 & 0 & 0 \\ 0 & 1 & 0 & -1 \\ 0 & 0 & 0 & 0 \\ 0 & -1 & 0 & 1 \end{bmatrix}} \begin{array}{c} 1 \\ 2 \\ 3 \\ 4 \end{array}$$

$$\boldsymbol{k}^{②} = \frac{\sqrt{2}\,EA}{4l} \begin{array}{c} 1 \\ 2 \\ 4 \\ 6 \end{array} \overset{\begin{array}{cccc} 1 & 2 & 4 & 6 \end{array}}{\begin{bmatrix} 1 & -1 & -1 & 1 \\ -1 & 1 & 1 & 1 \\ -1 & 1 & 1 & -1 \\ 1 & -1 & -1 & 1 \end{bmatrix}} \begin{array}{c} 1 \\ 2 \\ 3 \\ 4 \end{array}$$

$$\boldsymbol{k}^{③} = \frac{\sqrt{2}\,EA}{4l} \begin{array}{c} 7 \\ 8 \\ 5 \\ 3 \end{array} \overset{\begin{array}{cccc} 7 & 8 & 5 & 3 \end{array}}{\begin{bmatrix} 1 & 1 & -1 & -1 \\ 1 & 1 & -1 & -1 \\ -1 & -1 & 1 & 1 \\ -1 & -1 & 1 & 1 \end{bmatrix}} \begin{array}{c} 1 \\ 2 \\ 3 \\ 4 \end{array}$$

1   2   3   4

$$\boldsymbol{k}^{④} = \frac{EA}{l} \begin{matrix} 4 \\ 6 \\ 5 \\ 3 \end{matrix} \begin{bmatrix} 0 & 0 & 0 & 0 \\ 0 & 1 & 0 & -1 \\ 0 & 0 & 0 & 0 \\ 0 & -1 & 0 & 1 \end{bmatrix} \begin{matrix} 1 \\ 2 \\ 3 \\ 4 \end{matrix}$$

$$\begin{matrix} 4 & 6 & 5 & 3 \end{matrix}$$
$$\begin{matrix} 1 & 2 & 3 & 4 \end{matrix}$$

$$\boldsymbol{k}^{⑤} = \frac{EA}{l} \begin{matrix} 1 \\ 2 \\ 5 \\ 3 \end{matrix} \begin{bmatrix} 1 & 0 & -1 & 0 \\ 0 & 0 & 0 & 0 \\ -1 & 0 & 1 & 0 \\ 0 & 0 & 0 & 0 \end{bmatrix} \begin{matrix} 1 \\ 2 \\ 3 \\ 4 \end{matrix}$$

$$\begin{matrix} 1 & 2 & 5 & 3 \end{matrix}$$
$$\begin{matrix} 1 & 2 & 3 & 4 \end{matrix}$$

$$\boldsymbol{k}^{⑥} = \frac{EA}{l} \begin{matrix} 7 \\ 8 \\ 4 \\ 6 \end{matrix} \begin{bmatrix} 1 & 0 & -1 & 0 \\ 0 & 0 & 0 & 0 \\ -1 & 0 & 1 & 0 \\ 0 & 0 & 0 & 0 \end{bmatrix} \begin{matrix} 1 \\ 2 \\ 3 \\ 4 \end{matrix}$$

$$\begin{matrix} 7 & 8 & 4 & 6 \end{matrix}$$
$$\begin{matrix} 1 & 2 & 3 & 4 \end{matrix}$$

5. 计算整体劲度矩阵 $\boldsymbol{K}_{\delta\delta}$，$\boldsymbol{K}_{R\delta}$

为了便于求解 $\boldsymbol{K}_{\delta\delta}$ 各元素，在各单元的整体坐标劲度矩阵 $\boldsymbol{k}_i$ 中，矩阵符号外下边横行和右边竖行标出该单位的杆端结点位移分量的局部编号，上边横行和左边竖行标出该单元杆端结点位移分量的整体编号。也就是说这两组数字，标出任意一个单元劲度系数在单元劲度矩阵中所在的行和列及在整体劲度矩阵中所在的行和列。这样，可依"对号入座"的原则，很方便地由单元的劲度矩阵叠加出结点的整体劲度矩阵。"对号入座"的原则是将各单元劲度矩阵中的每一个元素按其在整体劲度矩阵中的位置（即上边横行和左边竖行的数字），叠加到整体劲度矩阵中对应的行和列上。如

$$K_{11} = (k_{33})_1 + (k_{11})_2 + (k_{11})_5$$

$$= (0 + 0.353\ 5 + 1)\frac{EA}{l}$$

$$= 1.353\ 5\ \frac{EA}{l}$$

$$K_{12} = (k_{34})_1 + (k_{12})_2 + (k_{12})_5$$

$$= (0 - 0.353\ 5 + 0)\frac{EA}{l}$$

$$= -0.353\ 5\ \frac{EA}{l}$$

最后得

$$\boldsymbol{K}_{\delta\delta} = \frac{EA}{l} \begin{array}{c} 1 \\ 2 \\ 3 \\ 4 \end{array} \overset{\begin{array}{cccc} 1 & 2 & 3 & 4 \end{array}}{\begin{bmatrix} 1.353\,5 & -0.353\,5 & 0 & -0.353\,5 \\ -0.353\,5 & 1.353\,5 & 0 & 0.353\,5 \\ 0 & 0 & 1.353\,5 & 0 \\ -0.353\,5 & 0.353\,5 & 0 & 1.353\,5 \end{bmatrix}} \qquad (\text{c})$$

$$\boldsymbol{K}_{\text{R}\delta} = \frac{EA}{l} \begin{array}{c} 5 \\ 6 \\ 7 \\ 8 \end{array} \overset{\begin{array}{cccc} 1 & 2 & 3 & 4 \end{array}}{\begin{bmatrix} -1 & 0 & 0.353\,5 & 0 \\ 0.353\,5 & -0.353\,5 & -1 & -0.353\,5 \\ 0 & 0 & -0.353\,5 & -1 \\ 0 & -1 & -0.353\,5 & 0 \end{bmatrix}} \qquad (\text{d})$$

6. 计算整体等效荷载列阵 $\boldsymbol{F}_{\text{E}\delta}$

对于桁架,一般只有结点荷载,于是

$$\boldsymbol{F}_{\text{E}J} = \overset{\begin{array}{cccccccc} 1 & 2 & 3 & 4 & 5 & 6 & 7 & 8 \end{array}}{\begin{bmatrix} -F & -2F & 0 & 0 & 0 & 0 & 0 & 0 \end{bmatrix}^{\text{T}}} \qquad (\text{e})$$

从而得

$$\boldsymbol{F}_{\text{E}\delta} = \overset{\begin{array}{cccc} 1 & 2 & 3 & 4 \end{array}}{\begin{bmatrix} -F & -2F & 0 & 0 \end{bmatrix}^{\text{T}}} \qquad (\text{f})$$

$$\boldsymbol{F}_{\text{ER}} = \overset{\begin{array}{cccc} 5 & 6 & 7 & 8 \end{array}}{\begin{bmatrix} 0 & 0 & 0 & 0 \end{bmatrix}^{\text{T}}} \qquad (\text{g})$$

7. 求结点位移列阵

最后将式(c)和式(e)带入式(b),得可动结点平衡矩阵方程

$$\frac{EA}{l} \begin{bmatrix} 1.353\,5 & -0.353\,5 & 0 & -0.353\,5 \\ -0.353\,5 & 1.353\,5 & 0 & 0.353\,5 \\ 0 & 0 & 1.353\,5 & 0 \\ -0.353\,5 & 0.353\,5 & 0 & 1.353\,5 \end{bmatrix} \begin{bmatrix} \Delta_1 \\ \Delta_2 \\ \Delta_3 \\ \Delta_4 \end{bmatrix} = \begin{bmatrix} -F \\ -2F \\ 0 \\ 0 \end{bmatrix} \qquad (\text{h})$$

求解式(g)得

$$\boldsymbol{\delta} = \frac{Fl}{EA} \begin{bmatrix} -1.172 & -1.827 & 0 & 0.172 \end{bmatrix}^{\text{T}}$$

8. 计算各单元杆端力

由式(9-30)得

$$\overline{\boldsymbol{F}}^{e} = \overline{\boldsymbol{k}}^{e} \overline{\boldsymbol{\delta}}^{e} + \overline{\boldsymbol{F}}_{\text{G}}^{e} = \overline{\boldsymbol{k}}^{e} \boldsymbol{L}_{\text{T}} \boldsymbol{\delta}^{e} + \overline{\boldsymbol{F}}_{\text{G}}^{e} \qquad (\text{i})$$

桁架中 $\overline{\boldsymbol{F}}_{\text{G}}^{e} = 0$,所以

$$\overline{\boldsymbol{F}}^{①} = \overline{\boldsymbol{k}}^{e} \boldsymbol{L}_{\text{T}} \boldsymbol{\delta}^{e}$$

$$\boldsymbol{\delta}^{①} = \begin{bmatrix} 0 & 0 & \Delta_1 & \Delta_2 \end{bmatrix}^{\text{T}}$$

$$\overline{\boldsymbol{F}}^{①} = \begin{bmatrix} F_{N1} \\ F_{Q2} \\ F_{N3} \\ F_{Q4} \end{bmatrix}^{①}$$

$$= \frac{EA}{l} \begin{bmatrix} 1 & 0 & -1 & 0 \\ 0 & 0 & 0 & 0 \\ -1 & 0 & 1 & 0 \\ 0 & 0 & 0 & 0 \end{bmatrix} \begin{bmatrix} 0 & 1 & 0 & 0 \\ -1 & 0 & 0 & 0 \\ 0 & 0 & 0 & 1 \\ 0 & 0 & -1 & 0 \end{bmatrix} \begin{bmatrix} 0 \\ 0 \\ -1.172 \\ -1.827 \end{bmatrix} \frac{Fl}{EA}$$

$$= \begin{bmatrix} 1.827F \\ 0 \\ -1.827F \\ 0 \end{bmatrix} （压）$$

$$\overline{\boldsymbol{F}}^{②} = \begin{bmatrix} F_{N1} \\ F_{Q2} \\ F_{N3} \\ F_{Q4} \end{bmatrix}^{②} = \frac{EA}{\sqrt{2}\,l} \begin{bmatrix} 1 & 0 & -1 & 0 \\ 0 & 0 & 0 & 0 \\ -1 & 0 & 1 & 0 \\ 0 & 0 & 0 & 0 \end{bmatrix} \begin{bmatrix} \dfrac{1}{\sqrt{2}} & \dfrac{1}{\sqrt{2}} & 0 & 0 \\ \dfrac{1}{\sqrt{2}} & \dfrac{1}{\sqrt{2}} & 0 & 0 \\ 0 & 0 & \dfrac{1}{\sqrt{2}} & \dfrac{1}{\sqrt{2}} \\ 0 & 0 & \dfrac{1}{\sqrt{2}} & \dfrac{1}{\sqrt{2}} \end{bmatrix} \begin{bmatrix} -1.172 \\ -1.827 \\ 0.172 \\ 0 \end{bmatrix} \frac{Fl}{EA}$$

$$= \begin{bmatrix} 0.242F \\ 0 \\ -0.242F \\ 0 \end{bmatrix} （压）$$

$$\overline{\boldsymbol{F}}^{③} = \begin{bmatrix} F_{N1} \\ F_{Q2} \\ F_{N3} \\ F_{Q4} \end{bmatrix}^{③}$$

$$= \frac{EA}{\sqrt{2}\,l} \begin{bmatrix} 1 & 0 & -1 & 0 \\ 0 & 0 & 0 & 0 \\ -1 & 0 & 1 & 0 \\ 0 & 0 & 0 & 0 \end{bmatrix} \begin{bmatrix} \dfrac{1}{\sqrt{2}} & \dfrac{1}{\sqrt{2}} & 0 & 0 \\ \dfrac{-1}{\sqrt{2}} & \dfrac{1}{\sqrt{2}} & 0 & 0 \\ 0 & 0 & \dfrac{1}{\sqrt{2}} & \dfrac{1}{\sqrt{2}} \\ 0 & 0 & \dfrac{-1}{\sqrt{2}} & \dfrac{1}{\sqrt{2}} \end{bmatrix} \begin{bmatrix} 0 \\ 0 \\ 0 \\ 0 \end{bmatrix} \frac{Fl}{EA} = \begin{bmatrix} 0 \\ 0 \\ 0 \\ 0 \end{bmatrix}$$

$$\bar{\boldsymbol{F}}^{④} = \begin{bmatrix} F_{N1} \\ F_{Q2} \\ F_{N3} \\ F_{Q4} \end{bmatrix}^{④}$$

$$= \frac{EA}{l} \begin{bmatrix} 1 & 0 & -1 & 0 \\ 0 & 0 & 0 & 0 \\ -1 & 0 & 1 & 0 \\ 0 & 0 & 0 & 0 \end{bmatrix} \begin{bmatrix} 0 & 1 & 0 & 0 \\ -1 & 0 & 0 & 0 \\ 0 & 0 & 0 & 1 \\ 0 & 0 & -1 & 0 \end{bmatrix} \begin{bmatrix} 0.172 \\ 0 \\ 0 \\ 0 \end{bmatrix} \frac{Fl}{EA}$$

$$= \begin{bmatrix} 0 \\ 0 \\ 0 \\ 0 \end{bmatrix}$$

$$\bar{\boldsymbol{F}}^{⑤} = \begin{bmatrix} F_{N1} \\ F_{Q2} \\ F_{N3} \\ F_{Q4} \end{bmatrix}^{⑤} = \frac{EA}{l} \begin{bmatrix} 1 & 0 & -1 & 0 \\ 0 & 0 & 0 & 0 \\ -1 & 0 & 1 & 0 \\ 0 & 0 & 0 & 0 \end{bmatrix} \begin{bmatrix} 1 & 0 & 0 & 0 \\ 0 & 1 & 0 & 0 \\ 0 & 0 & 1 & 0 \\ 0 & 0 & 0 & 1 \end{bmatrix} \begin{bmatrix} -1.172 \\ -1.827 \\ 0 \\ 0 \end{bmatrix} \frac{Fl}{EA}$$

$$= \begin{bmatrix} -1.172F \\ 0 \\ 1.172F \\ 0 \end{bmatrix} （拉）$$

$$\bar{\boldsymbol{F}}^{⑥} = \begin{bmatrix} F_{N1} \\ F_{Q2} \\ F_{N3} \\ F_{Q4} \end{bmatrix}^{⑥}$$

$$= \frac{EA}{l} \begin{bmatrix} 1 & 0 & -1 & 0 \\ 0 & 0 & 0 & 0 \\ -1 & 0 & 1 & 0 \\ 0 & 0 & 0 & 0 \end{bmatrix} \begin{bmatrix} 1 & 0 & 0 & 0 \\ 0 & 1 & 0 & 0 \\ 0 & 0 & 1 & 0 \\ 0 & 0 & 0 & 1 \end{bmatrix} \begin{bmatrix} 0 \\ 0 \\ 0.172 \\ 0 \end{bmatrix} \frac{Fl}{EA}$$

$$= \begin{bmatrix} -0.172F \\ 0 \\ 0.172F \\ 0 \end{bmatrix} （拉）$$

9. 支座反力

$$\boldsymbol{F}_{R} = \boldsymbol{K}_{R\delta}\boldsymbol{\delta} - \boldsymbol{F}_{ER}$$

计算如下：

$$\boldsymbol{F}_{\mathrm{R}} = \begin{bmatrix} F_{\mathrm{R5}} \\ F_{\mathrm{R6}} \\ F_{\mathrm{R7}} \\ F_{\mathrm{R8}} \end{bmatrix} = \boldsymbol{K}_{\mathrm{R\delta}}\boldsymbol{\delta} - \boldsymbol{F}_{\mathrm{ER}}$$

$$= \frac{EA}{l} \begin{bmatrix} -1 & 0 & 0.354 & 0 \\ 0.354 & -0.354 & -1 & -0.354 \\ 0 & 0 & -0.354 & -1 \\ 0 & -1 & -0.354 & 0 \end{bmatrix} \begin{bmatrix} -1.172 \\ -1.827 \\ 0 \\ 0.172 \end{bmatrix} \frac{Fl}{EA} - \begin{bmatrix} 0 \\ 0 \\ 0 \\ 0 \end{bmatrix}$$

$$= \begin{bmatrix} 1.172F \\ 0.171F \\ -0.172F \\ 1.827F \end{bmatrix}$$

再用结点平衡条件校核,证明计算无误。

9.6　矩阵位移法分析平面刚架

例 9-1　以图 9-17 所示刚架为例,说明矩阵位移法分析平面刚架的方法。设各杆 $I = 0.005\ \mathrm{m}^4$, $A = 0.05\ \mathrm{m}^2$, $E = 2 \times 10^6\ \mathrm{kN/m}^2$,杆 AB、杆 CD 长度 $l_1 = 4\ \mathrm{m}$,杆 BC 长度 $l_2 = 4.5\ \mathrm{m}$。

视频 9-7
二杆刚架举例

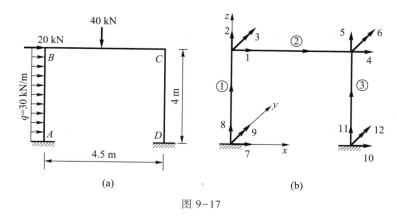

图 9-17

解:

(1) 建立坐标系和编号

单元划分、结点编号、结点位移(或结点力)方向编号、整体坐标系及单元的局部坐标系的方向如图 9-17b 所示。

(2) 可动结点位移列阵

$$\boldsymbol{\delta} = \begin{bmatrix} \Delta_1 & \Delta_2 & \varphi_3 & \Delta_4 & \Delta_5 & \varphi_6 \end{bmatrix}$$

（3）整体平衡方程

$$\boldsymbol{K}_{\delta\delta}\boldsymbol{\delta} = \boldsymbol{F}_{E\delta}$$

（4）各单元的劲度矩阵

① 各单元在局部坐标系中的劲度矩阵

由式（9-14）得 $\overline{\boldsymbol{k}}^{①} = \overline{\boldsymbol{k}}^{③}$

$$\overline{\boldsymbol{k}}^{①} = \frac{EA}{l_1}\begin{bmatrix} 100.0 & 0.0 & 0.0 & -100.0 & 0.0 & 0.0 \\ 0.0 & 7.5 & -15.0 & 0.0 & -7.5 & -15.0 \\ 0.0 & -15.0 & 40.0 & 0.0 & 15.0 & 20.0 \\ -100.0 & 0.0 & 0.0 & 100.0 & 0.0 & 0.0 \\ 0.0 & -7.5 & 15.0 & 0.0 & 7.5 & 15.0 \\ 0.0 & -15.0 & 20.0 & 0.0 & 15.0 & 40.0 \end{bmatrix} \times 10^{-2}$$

$$\overline{\boldsymbol{k}}^{②} = \frac{EA}{l_2}\begin{bmatrix} 100.0 & 0.0 & 0.0 & -100.0 & 0.0 & 0.0 \\ 0.0 & 5.926 & -13.333 & 0.0 & -5.926 & -13.333 \\ 0.0 & -13.333 & 40.0 & 0.0 & 13.333 & 20.0 \\ -100.0 & 0.0 & 0.0 & 100.0 & 0.0 & 0.0 \\ 0.0 & -5.926 & 13.333 & 0.0 & 5.926 & 13.333 \\ 0.0 & -13.333 & 20.0 & 0.0 & 13.333 & 40.0 \end{bmatrix} \times 10^{-2}$$

② 各单元在整体坐标系下的单元劲度矩阵

各单元转换矩阵为

$$\boldsymbol{L}_T^{①} = \boldsymbol{L}_T^{③} = \begin{bmatrix} 0 & 1 & 0 & & & \\ -1 & 0 & 0 & & 0 & \\ 0 & 0 & 1 & & & \\ & & & 0 & 1 & 0 \\ & 0 & & -1 & 0 & 0 \\ & & & 0 & 0 & 1 \end{bmatrix}, \quad \boldsymbol{L}_T^{②} = \boldsymbol{I}$$

所以，由 $\boldsymbol{k} = \boldsymbol{L}_T^T \overline{\boldsymbol{k}}^e \boldsymbol{L}_T$ 得

$$\boldsymbol{k}^{①} = \frac{EA}{l_1}\begin{array}{c} \\ 7 \\ 8 \\ 9 \\ 1 \\ 2 \\ 3 \end{array}\begin{array}{cccccc} 7 & 8 & 9 & 1 & 2 & 3 \\ \begin{bmatrix} 7.5 & 0 & 15.0 & -7.5 & 0 & 15.0 \\ 0 & 100.0 & 0 & 0 & -100.0 & 0 \\ 15.0 & 0 & 40.0 & -15.0 & 0 & 20.0 \\ -7.5 & 0 & -15.0 & 7.5 & 0 & -15.0 \\ 0.0 & -100.0 & 0 & 0 & 100.0 & 0 \\ 15.0 & 0 & 20.0 & -15.0 & 0 & 40.0 \end{bmatrix} \end{array}\begin{array}{c} 1 \\ 2 \\ 3 \\ 4 \\ 5 \\ 6 \end{array} \times 10^{-2}$$

$$1 \quad\quad 2 \quad\quad 3 \quad\quad 4 \quad\quad 5 \quad\quad 6$$

$$
\boldsymbol{k}^{\textcircled{2}} = \frac{EA}{l_1}
\begin{matrix}
& \begin{matrix} 10 & \quad 11 & \quad 12 & \quad 4 & \quad 5 & \quad 6 \end{matrix} \\
\begin{matrix} 10 \\ 11 \\ 12 \\ 4 \\ 5 \\ 6 \end{matrix} &
\begin{bmatrix}
88.889 & 0.0 & 0.0 & -88.889 & 0.0 & 0.0 \\
0.0 & 5.268 & 11.852 & 0.0 & -5.268 & -11.582 \\
0.0 & 11.852 & 35.556 & 0.0 & 11.582 & 17.78 \\
-88.889 & 0.0 & 0.0 & 88.889 & 0.0 & 0.0 \\
0.0 & -5.268 & 11.852 & 0.0 & 5.268 & 11.582 \\
0.0 & -11.852 & 17.78 & 0.0 & 11.582 & 35.556
\end{bmatrix}
\begin{matrix} 1 \\ 2 \\ 3 \\ 4 \\ 5 \\ 6 \end{matrix} \times 10^{-2} \\
& \begin{matrix} 1 & \quad 2 & \quad 3 & \quad 4 & \quad 5 & \quad 6 \end{matrix}
\end{matrix}
$$

$$
\boldsymbol{k}^{\textcircled{3}} = \frac{EA}{l_1}
\begin{matrix}
& \begin{matrix} 10 & \quad 11 & \quad 12 & \quad 4 & \quad 5 & \quad 6 \end{matrix} \\
\begin{matrix} 10 \\ 11 \\ 12 \\ 4 \\ 5 \\ 6 \end{matrix} &
\begin{bmatrix}
7.5 & 0 & 15.0 & -7.5 & 0 & 15.0 \\
0 & 100.0 & 0 & 0 & -100.0 & 0 \\
15.0 & 0 & 40.0 & -15.0 & 0 & 20.0 \\
-7.5 & 0 & -15.0 & 7.5 & 0 & -15.0 \\
0 & -100.0 & 0 & 0 & 100.0 & 0 \\
15.0 & 0 & 20.0 & -15.0 & 0 & 40.0
\end{bmatrix}
\begin{matrix} 1 \\ 2 \\ 3 \\ 4 \\ 5 \\ 6 \end{matrix} \times 10^{-2} \\
& \begin{matrix} 1 & \quad 2 & \quad 3 & \quad 4 & \quad 5 & \quad 6 \end{matrix}
\end{matrix}
$$

（5）整体劲度矩阵

根据对号入座原则，由 $\boldsymbol{k}^{\textcircled{1}},\boldsymbol{k}^{\textcircled{2}},\boldsymbol{k}^{\textcircled{3}}$ 所附的两组数字可叠加出整体劲度矩阵如下：

$$
\boldsymbol{K}_{\delta\delta} = \frac{EA}{l_1}
\begin{matrix}
& \begin{matrix} 1 & \quad 2 & \quad 3 & \quad 4 & \quad 5 & \quad 6 \end{matrix} \\
\begin{matrix} 1 \\ 2 \\ 3 \\ 4 \\ 5 \\ 6 \end{matrix} &
\begin{bmatrix}
96.389 & 0.0 & -15.0 & -88.889 & 0.0 & 0.0 \\
0.0 & 105.268 & 11.852 & 0.0 & -5.268 & -11.852 \\
-15.0 & 11.852 & 75.556 & 0.0 & 11.852 & 17.78 \\
-88.889 & 0.0 & 0.0 & 96.389 & 0.0 & 15.0 \\
0.0 & -5.268 & 11.852 & 0.0 & 105.268 & 11.852 \\
0.0 & -11.852 & 17.78 & 15.0 & 11.852 & 75.556
\end{bmatrix}
\begin{matrix} 1 \\ 2 \\ 3 \\ 4 \\ 5 \\ 6 \end{matrix} \times 10^{-2} \\
& \begin{matrix} 1 & \quad 2 & \quad 3 & \quad 4 & \quad 5 & \quad 6 \end{matrix}
\end{matrix}
$$

$$
\boldsymbol{K}_{R\delta} = \frac{EA}{l_1}
\begin{matrix}
& \begin{matrix} 1 & \quad 2 & \quad 3 & \quad 4 & \quad 5 & \quad 6 \end{matrix} \\
\begin{matrix} 7 \\ 8 \\ 9 \\ 10 \\ 11 \\ 12 \end{matrix} &
\begin{bmatrix}
-7.5 & 0.0 & 15.0 & & & \\
0.0 & -100.0 & 0.0 & & \boldsymbol{0} & \\
-15.0 & 0.0 & 20.0 & & & \\
& & & -7.5 & 0.0 & -15.0 \\
& \boldsymbol{0} & & 0.0 & -100.0 & 0.0 \\
& & & 15.0 & 0.0 & 20.0
\end{bmatrix}
\begin{matrix} 1 \\ 2 \\ 3 \\ 4 \\ 5 \\ 6 \end{matrix} \times 10^{-2} \\
& \begin{matrix} 1 & \quad 2 & \quad 3 & \quad 4 & \quad 5 & \quad 6 \end{matrix}
\end{matrix}
$$

（6）整体等效结点荷载列阵

① 直接作用在结点上的荷载列阵

$$\begin{array}{cccccccccccc} 1 & 2 & 3 & 4 & 5 & 6 & 7 & 8 & 9 & 10 & 11 & 12 \end{array}$$

$$\boldsymbol{F}_{\text{ED}} = \begin{bmatrix} 20 & 0 & 0 & 0 & 0 & 0 & 0 & 0 & 0 & 0 & 0 & 0 \end{bmatrix}^{\text{T}}$$

② 作用在单元上的固端力引起的等效荷载

查载常数表,得单元在局部坐标系中的固端力列阵

$$\overline{\boldsymbol{F}}_{\text{G}}^{①} = \begin{bmatrix} 0 & 60.0 & -40.0 & 0.0 & 60.0 & 40.0 \end{bmatrix}^{\text{T}}$$

$$\overline{\boldsymbol{F}}_{\text{G}}^{②} = \begin{bmatrix} 0 & 20.0 & -22.5 & 0.0 & 20.0 & 22.5 \end{bmatrix}^{\text{T}}$$

$$\overline{\boldsymbol{F}}_{\text{G}}^{③} = \begin{bmatrix} 0 & 0 & 0 & 0 & 0 & 0 \end{bmatrix}^{\text{T}}$$

再把 $\overline{\boldsymbol{F}}_{\text{G}}^{e}$ 转换到整体坐标系中,由 $\boldsymbol{F}_{\text{G}}^{e} = \boldsymbol{L}_{\text{T}}^{\text{T}} \overline{\boldsymbol{F}}_{\text{G}}^{e}$

$$\begin{array}{cccccc} 7 & 8 & 9 & 1 & 2 & 3 \end{array}$$

$$\boldsymbol{F}_{\text{G}}^{①} = \begin{bmatrix} -60.0 & 0.0 & -40.0 & -60.0 & 0.0 & 40.0 \end{bmatrix}^{\text{T}}$$

$$\begin{array}{cccccc} 1 & 2 & 3 & 4 & 5 & 6 \end{array}$$

$$\boldsymbol{F}_{\text{G}}^{②} = \begin{bmatrix} 0 & 20.0 & -22.5 & 0.0 & 20.0 & 22.5 \end{bmatrix}^{\text{T}}$$

$$\begin{array}{cccccc} 10 & 11 & 12 & 4 & 5 & 6 \end{array}$$

$$\boldsymbol{F}_{\text{G}}^{③} = \begin{bmatrix} 0 & 0 & 0 & 0 & 0 & 0 \end{bmatrix}^{\text{T}}$$

所以求得

$$\begin{array}{cccccccccccc} 1 & 2 & 3 & 4 & 5 & 6 & 7 & 8 & 9 & 10 & 11 & 12 \end{array}$$

$$\boldsymbol{F}_{\text{EL}} = \begin{bmatrix} 60.0 & -20.0 & -17.5 & 0.0 & -20.0 & -22.5 & 60.0 & 0.0 & 40.0 & 0 & 0 & 0 \end{bmatrix}^{\text{T}}$$

③ 整体等效结点荷载列阵

由 $\boldsymbol{F}_{\text{EJ}} = \boldsymbol{F}_{\text{ED}} + \boldsymbol{F}_{\text{EL}}$ 得

$$\begin{array}{cccccccccccc} 1 & 2 & 3 & 4 & 5 & 6 & 7 & 8 & 9 & 10 & 11 & 12 \end{array}$$

$$\boldsymbol{F}_{\text{EJ}} = \begin{bmatrix} 80.0 & -20.0 & -17.5 & 0.0 & -20.0 & -22.5 & 60.0 & 0.0 & 40.0 & 0 & 0 & 0 \end{bmatrix}^{\text{T}}$$

所以

$$\begin{array}{cccccc} 1 & 2 & 3 & 4 & 5 & 6 \end{array}$$

$$\boldsymbol{F}_{\text{E}\delta} = \begin{bmatrix} 80.0 & -20.0 & -17.5 & 0.0 & -20.0 & -22.5 \end{bmatrix}^{\text{T}}$$

$$\begin{array}{cccccc} 7 & 8 & 9 & 10 & 11 & 12 \end{array}$$

$$\boldsymbol{F}_{\text{ER}} = \begin{bmatrix} 60.0 & 0.0 & 40.0 & 0.0 & 0.0 & 0.0 \end{bmatrix}$$

(7)计算结点位移列阵

由 $\boldsymbol{\delta} = \boldsymbol{K}_{\delta\delta}^{-1} \boldsymbol{F}_{\text{E}\delta}$ 解得

$$\begin{bmatrix} \Delta_1 & \Delta_2 & \varphi_3 & \Delta_4 & \Delta_5 & \varphi_6 \end{bmatrix}^{\text{T}}$$

$$= \begin{bmatrix} 0.030\ 470 & 0.000\ 084 & 0.004\ 526 & 0.028\ 677 & -0.001\ 684 & 0.003\ 714 \end{bmatrix}^{\text{T}}$$

(8)计算单元杆端力

由式 $\overline{\boldsymbol{F}}^{e} = \overline{\boldsymbol{k}}^{e} \boldsymbol{L}_{\text{T}} \boldsymbol{\delta}^{e} + \overline{\boldsymbol{F}}_{\text{G}}^{e}$ 计算得

$$\bar{F}^{①} = \begin{bmatrix} F_{N1} \\ F_{Q2} \\ M_3 \\ F_{N4} \\ F_{Q5} \\ M_6 \end{bmatrix}^{①} = \frac{EA}{l} \begin{bmatrix} 100.0 & 0 & 0 & -100.0 & 0 & 0 \\ 0 & 7.5 & -15.0 & 0 & -7.5 & -15.0 \\ 0 & -15.0 & 40.0 & 0 & 15.0 & 20.0 \\ -100.0 & 0 & 0 & 100.0 & 0 & 0 \\ 0 & -7.5 & 15.0 & 0 & 7.5 & 15.0 \\ 0 & -15.0 & 20.0 & 0 & 15.0 & 40.0 \end{bmatrix} \times$$

$$\begin{bmatrix} 0 & 1 & 0 & & & \\ -1 & 0 & 0 & & [0] & \\ 0 & 0 & 1 & & & \\ & & & 0 & 1 & 0 \\ & [0] & & -1 & 0 & 0 \\ & & & 0 & 0 & 1 \end{bmatrix} \times \begin{bmatrix} 0 \\ 0 \\ 0 \\ 30.170 \\ 0.084 \\ 4.526 \end{bmatrix} \times 10^{-3} + \begin{bmatrix} 0 \\ 60.0 \\ -40.0 \\ 0.0 \\ 60.0 \\ 40.0 \end{bmatrix}$$

$$= \begin{bmatrix} -2.089 \\ 100.159 \\ -121.633 \\ 2.089 \\ 19.841 \\ -29.003 \end{bmatrix}$$

同理

$$\bar{F}^{②} = \begin{bmatrix} 39.841 \\ -2.089 \\ 29.003 \\ -39.841 \\ 42.089 \\ 70.396 \end{bmatrix}, \quad \bar{F}^{③} = \begin{bmatrix} 42.089 \\ 39.841 \\ -88.968 \\ -42.089 \\ -39.841 \\ -70.396 \end{bmatrix}$$

（9）计算支座反力

由 $F_R = K_{R\delta}\delta - F_{ER}$ 得

$$F_R = \begin{bmatrix} -7.5 & 0 & 15.0 & & & \\ 0 & -100.0 & 0 & & 0 & \\ -15.0 & 0 & 20.0 & & & \\ & & & -7.5 & 0 & -15.0 \\ & 0 & & 0 & -100.0 & 0 \\ & & & 15.0 & 0 & 20.0 \end{bmatrix} \begin{bmatrix} 30.47 \\ 0.084 \\ 4.526 \\ 28.667 \\ -1.684 \\ 3.714 \end{bmatrix} \times 10^{-3}$$

$$
-\begin{bmatrix} 60.0 \\ 0.0 \\ 40.0 \\ 0 \\ 0 \\ 0 \end{bmatrix} = \begin{bmatrix} -100.432 & 0 \\ -2.008 \\ -131.633 \\ -39.841 \\ 42.089 \\ -88.968 \end{bmatrix}
$$

（10）绘制内力图

根据所求得的最终杆端力，作 M，F_Q，F_N 图，如图 9-18 所示。

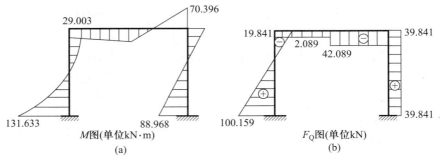

M图(单位kN·m)
(a)

F_Q图(单位kN)
(b)

视频 9-8
平面刚架计
算程序

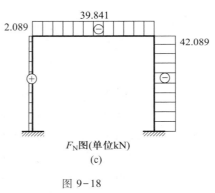

F_N图(单位kN)
(c)

图 9-18

思　考　题

9-1　矩阵位移法中是如何确定未知量的？基本未知量的确定唯一吗？与手算时基本未知量的确定有无区别？

9-2　试用位移法计算图 9-17 所示刚架，分析时不考虑轴向变形的影响，并比较计算结果。

9-3　单元劲度矩阵与结点劲度矩阵之间有何关系？

9-4　为什么要有两个坐标系统？各有何用途？

9-5　何谓等效结点荷载？它与位移法中附加刚臂上的约束力有何关系？与单元固端力有何关系？

9-6　用矩阵位移法分析不同类型杆件结构时,其主要区别有哪些? 共同点又有哪些?

习　　题

9-1　试导出题 9-1 图中各单元劲度矩阵。设各单元的 E、G、A、I 为常数。

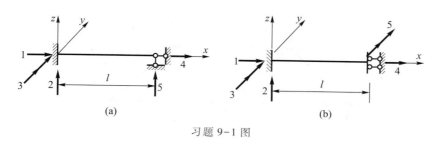

习题 9-1 图

9-2　试用矩阵位移法计算图示连续梁的内力。设没有标注的梁 EI 为常数。

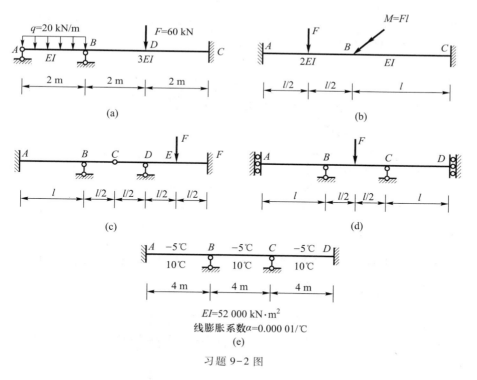

$EI=52\ 000\ \text{kN·m}^2$

线膨胀系数 $\alpha=0.000\ 01/℃$

(e)

习题 9-2 图

9-3　试用矩阵位移法计算图示平面桁架的内力。各杆 EA 均为常数。

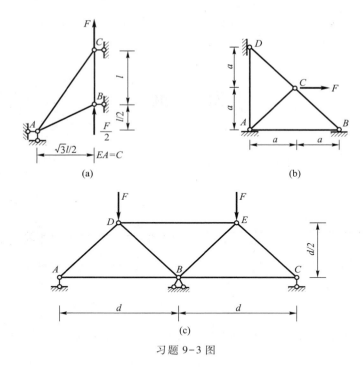

(a)   (b)

(c)

习题 9-3 图

9-4   试用矩阵位移法求图示刚架的内力。设各杆 $E = 200$ GPa, $I = 0.000\ 5$ m^4, $A = 0.005$ m^2, $F = 100$ kN, $l = 4$ m。

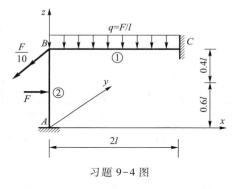

习题 9-4 图

9-5   试用矩阵位移法求图示刚架的内力。设各杆 $E = 200$ GPa, $I = 0.000\ 3$ m^4, $A = 0.001\ 6$ m^2。

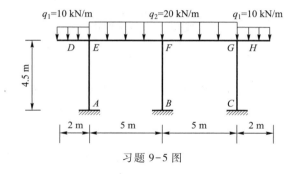

习题 9-5 图

9-6　试用结构分析程序求图示刚架的内力。设各杆 $E=20$ GPa，$I=0.003$ m^4，$A=0.05$ m^2。

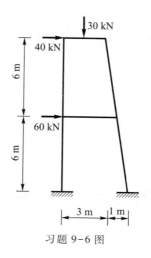

习题 9-6 图

9-7　试用结构分析程序图示刚架的内力。设各杆 $E=20$ GPa，$I=0.007\ 5$ m^4，$A=0.09$ m^2。

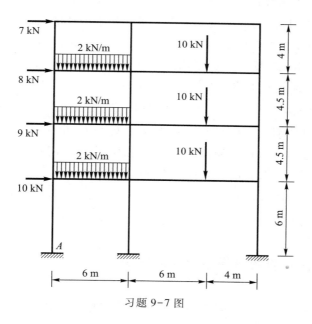

习题 9-7 图

第 10 章
超静定结构补充讨论

10.1　有弹性支座的超静定结构的计算

在结构计算简图选取时,结点和支座常常是 0-1 简化模式,就是要么完全刚性要么完全不考虑其约束性,比如刚结点和固定支座,就是完全刚性的(视刚度无穷大),而铰结点和铰支座就是完全不考虑其约束弯矩,结点处截面可以产生完全自由的相对转角。实际结构的结点和支座很多都是半刚性的,也称弹性约束。例如图 10-1a 所示刚架中的弹性支座,k_θ 表示弹性支座的抗转动劲度(刚度)。弹性支座在受约束方向不仅有反力,而且有位移产生。一般假设反力与位移成正比,比值常数为弹性支座的劲度,当劲度很大时,则为刚性支座。

下面就以该刚架为例介绍带有弹性支座的超静定结构求解方法。

设各杆 EI 和线刚度 i 为常数,弹性支座的 $k_\theta = 6i$。由于该结构对称但荷载不对称,所以将荷载看成对称荷载和反对称荷载的组合。利用对称性,再分别将其简化成图 10-1b(对称荷载)和图 10-1c(反对称荷载)所示的半结构进行计算。这两个半结构的计算方法选取与刚性支座类似,就是图 10-1b 用位移法求解,图 10-1c 用力法求解,都是只有一个未知量的问题。

10.1.1　位移法计算带有弹性支座的结构

为了用位移法求解带有弹性支座的结构,先要用力法推导出带有弹性抗转动支座的等截面直杆(图 10-2a)的转角挠度方程:

$$M_{AB} = 4iK_1\varphi_A - iK_3\frac{\Delta_{AB}}{l} + M_{AB}^F$$

$$M_{BA} = 2iK_2\varphi_A + 6i\left(1 - \frac{K_3}{3}\right)\frac{\Delta_{AB}}{l} + M_{BA}^F \tag{10-1}$$

式中,K_1、K_2 和 K_3 为杆端弯矩修正系数,由式(10-2)计算。

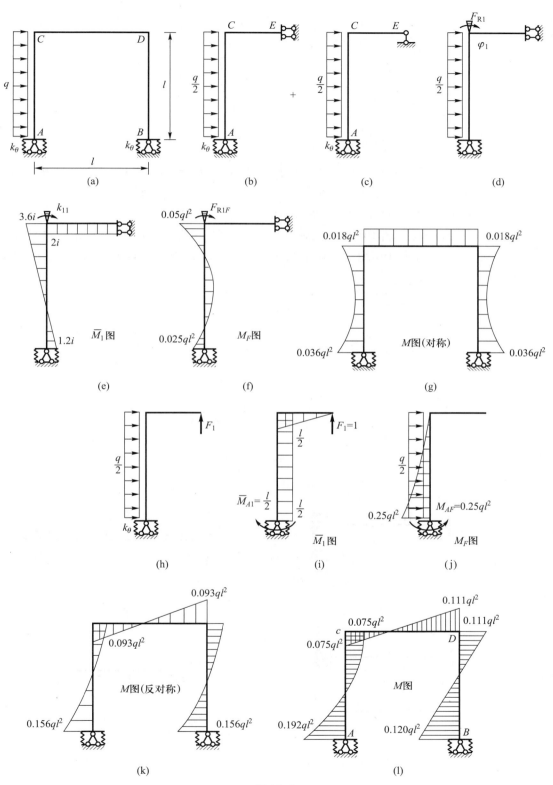

图 10−1

$$K_1 = \frac{1+3d}{1+4d}$$

$$K_2 = \frac{1}{1+d}$$

$$K_3 = \frac{6+12d}{1+4d} \qquad (10-2)$$

式中, $d = \dfrac{i}{k_\theta}$ 为劲度比。

当 B 端为固定端, $k_\theta = \infty$ 时, $d = 0$; 当 B 端为铰支座, $k_\theta = 0$ 时, $d = \infty$。将相应的 d 代入式(10-2), 得到修正系数再代入式(10-1)中, 得到的转角挠度方程与式(6-13)一致, 说明式(10-1)更具一般性。

当只有转角 φ_A(图 10-2b)时, 画出其弯矩图(形常数)如图 10-2c 所示。当只有均布荷载作用(图 10-2d)时, 作出其弯矩图(载常数)如图 10-2e 所示, 其中固端弯矩和固端剪力为

$$M_{AB}^F = K_4 q l^2$$

$$M_{BA}^F = -\left(\frac{1}{4} - 2K_4\right) q l^2$$

$$F_{QAB}^F = -\left(\frac{3}{4} + 3K_4\right) q l$$

$$F_{QBA}^F = -\left(\frac{1}{4} + 3K_4\right) q l$$

$$K_4 = \frac{1+6d}{12+48d} \qquad (10-3)$$

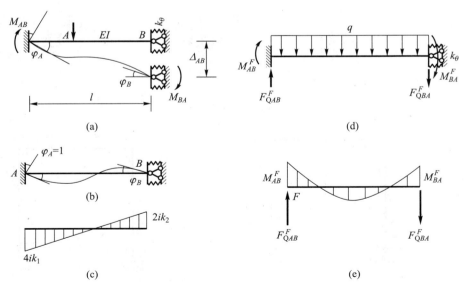

图 10-2

有了弹性支座直杆的转角挠度方程或者形常数、载常数表,就可以用位移法求解图 10-1b 所示半结构了。

求解过程如下:

(1)基本体系如图 10-1d 所示,基本未知量为 C 处转角 φ_1。

(2)基本方程为

$$k_{11}\varphi_1+F_{R1F}=0$$

(3)作基本体系单位弯矩图和荷载弯矩图。

由本结构支座的 $k_\theta=6i$,得 $d=\dfrac{i}{k_\theta}=\dfrac{1}{6}$,代入式(10-2)和(10-3),得

$$K_1=0.9,\quad K_2=0.6,\quad K_3=0.1,\quad K_4=4.8$$

据此分别作单位弯矩图和荷载弯矩图,如图 10-1e 和 f 所示。

(4)求系数和自由项。

由图 10-1e、f 求得

$$k_{11}=5.6i,\quad F_{R1F}=0.05ql^2$$

(5)求 φ_1。解方程得

$$\varphi_1=-0.008\ 9\frac{ql^2}{i}$$

(6)由 $M=M_F+\overline{M}_1\varphi_1$ 和对称性作弯矩图,如图 10-1g 所示。

10.1.2　力法计算带有弹性支座的结构

由于图 10-1c 所示半结构是一次超静定,所以适合用力法求解。

(1)基本体系如图 10-1h 所示,基本未知量为 C 处多余约束力 F_1。

(2)基本方程为

$$\delta_{11}F_1+\Delta_{1F}=0$$

(3)作基本体系单位弯矩图和荷载弯矩图。

分别作基本体系单位弯矩图和荷载弯矩图,如图 10-1i 和 j 所示。

图 10-1i 和 j 中支座 A 处的反力矩分别为 $\overline{M}_{A1}=\dfrac{l}{2}$(顺时针),$M_{AF}=0.25ql^2$(逆时针)

(4)求系数和自由项。由图 10-1i 和 j 求得

$$\delta_{11}=\frac{1}{EI}\left[\frac{1}{3}\left(\frac{l}{2}\right)^3+\left(\frac{l}{2}\right)^2l\right]+\frac{\left(\frac{l}{2}\right)^2}{k_\theta}=\frac{7l^3}{24EI}+\frac{1}{24}\frac{l^3}{EI}=\frac{l^3}{3EI}$$

$$\Delta_{1F}=\frac{1}{EI}\left(\frac{-1}{3}\times0.125ql^2\times l\times\frac{l}{2}\right)-\frac{l}{2}\times\frac{0.25ql^2}{k_\theta}=\frac{-0.625}{EI}ql^4$$

(5)求 F_1。解方程得

$$F_1=0.187\ 5ql$$

（6）由 $M = M_F + \overline{M}_1 F_1$ 和反对称性作弯矩图，如图 10-1k 所示。

叠加对称荷载和反对称荷载的弯矩图（图 10-1g 和图 10-1k）得原结构弯矩图，如图 10-11 所示。

读者可以将图 10-1a 中支座看作刚性支座，计算其弯矩图，并与弹性支座弯矩图 10-11 中结果作比较。

10.2　超静定结构求解方法讨论

10.2.1　转角挠度（位移）法

第 7 章位移法求解过程形式上与力法完全对偶，除了基本未知量外，也构建了基本体系，并利用基本体系上附加约束的约束力为零的条件，得到位移法的典型方程。现在介绍的转角挠度法本质上也是位移法，它的思路是以结点位移为基本未知量，但是不构建基本体系作为分析的过渡手段，而是直接利用转角挠度（位移）方程写出原结构所有杆的杆端力，再直接根据原结构上的平衡条件，写出用结点位移未知量表示的平衡方程（独立的平衡方程数与未知量数相同），解典型方程求出结点位移未知量后，再代入到前面写出的杆端力表达式，求出杆端力。下面举例说明。

例 10-1　用转角挠度法求图 10-3a 所示刚架，并作弯矩图。EI 为常数。

解:（1）基本未知量

取独立的结点位移为未知量，即以结点 B 处转角 φ_1 和结点 B、C 的水平位移 Δ_2 为基本未知量。

（2）写出各杆的弯矩方程

由转角挠度方程（6-13）和（6-14）写出各个杆的弯矩方程：

$$M_{AB} = 2i\varphi_1 - \frac{6i}{l}\Delta_2 - \frac{ql^2}{12} = 2i\varphi_1 - 3i\Delta_2 - 4$$

$$M_{BA} = 4i\varphi_1 - \frac{6i}{l}\Delta_2 + \frac{ql^2}{12} = 4i\varphi_1 - 3i\Delta_2 + 4$$

$$M_{BC} = 3i\varphi_1 + \frac{3i}{l}\Delta_2 - \frac{ql^2}{8} = 3i\varphi_1 + 1.5i\Delta_2 - 6 \quad\text{(a)}$$

$$M_{BE} = 3i\varphi_1$$

$$M_{DE} = -\frac{3i}{l}\Delta_2$$

杆端剪力仅列出后面需要用到的：

$$F_{QBA} = -\frac{6i}{l}\varphi_1 + \frac{12i}{l^2}\Delta_2 - \frac{ql}{2} = -3i\varphi_1 + 3i\Delta_2 - 12$$

$$F_{QED} = \frac{3i}{l^2}\Delta_2 = 0.75i\Delta_2 \qquad\qquad (b)$$

$$F_{QBC} = -\frac{3i}{l}\varphi_1 - \frac{3i}{l^2}\Delta_2 + \frac{5}{8}ql = -1.5i\varphi_1 - 0.75i\Delta_2 + 15$$

（3）列出平衡方程

由结点 B： $\qquad\qquad \sum M_B = 0, M_{BA} + M_{BC} + M_{BE} = 0 \qquad\qquad (c)$

由图 10-3b： $\qquad\qquad \sum F_x = 0, F_{QBA} + F_{QED} - F_{QBC} = 0 \qquad\qquad (d)$

将式（a）中相关的杆端弯矩和式（b）中相关的杆端剪力分别代入式（c）、（d）得

$$10i\varphi_1 - 1.5i\Delta_2 - 2 = 0$$

$$-1.5iQ_1 + 4.5i\Delta_2 - 27 = 0$$

（4）解方程得

$$\varphi_1 = \frac{1.16}{2}, \quad \Delta_2 = \frac{6.39}{2}$$

（5）求杆端弯矩。将求得的 φ_1 和 Δ_2 代入式（a）得

$$M_{AB} = -20.85 \text{ kN} \cdot \text{m}, \quad M_{BA} = -10.53 \text{ kN} \cdot \text{m}$$

$$M_{BC} = 7.06 \text{ kN} \cdot \text{m}, \quad M_{BE} = 3.48 \text{ kN} \cdot \text{m}$$

$$M_{DE} = -9.59 \text{ kN} \cdot \text{m}$$

（6）作弯矩图。

根据杆端弯矩及杆上荷载作弯矩图，如图 10-3c 所示。

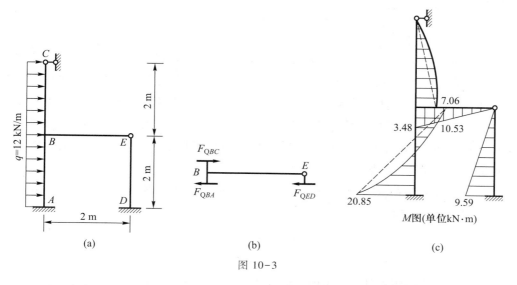

图 10-3

通过本例可以看出转角挠度法与建有基本体系的位移法本质相同,不一样的表现形式各有优劣:转角挠度法不用建立基本体系,直接写平衡条件和方程,概念

相对简单,便于理解;但是后者通过构建基本体系,可以得出典型化和规格化的基本方程,(典型)基本方程的系数和自由项意义明确,这样程式化的方法特别便于编写计算程序,所以在它基础上发展出矩阵位移法。

10.2.2　基本体系和基本杆件的推广

从 10.1 节的讨论可以看出,位移法可以求解任意构件(单元)组成的杆件结构,比如图 10-4a 所示变截面刚架,可取变截面杆作为基本构件;图 10-4b 所示含刚性段的刚架,可取带刚性段的基本构件;图 10-4c 所示连拱结构,可取单拱作为基本构件。只需要事先推导出相应的转角挠度方程或者形常数、载常数表[如式(10-1)和式(10-2)],如基本构件的位移函数和求解过于复杂也可以用能量法推导杆端位移与杆端力的关系表达式,只需要假设近似的位移形函数(见 10.3.5 小节)。

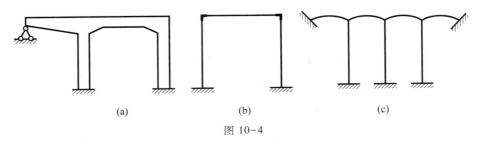

(a)　　　　　(b)　　　　　(c)

图 10-4

对于等截面直杆构成的结构,也可以根据需要选取相应的单元。比如第 9 章矩阵位移法中,为了编程方便,对于平面受弯杆件,即使有结点是铰结点,也都可以看成平面固接单元。手算时,以未知量最少为原则。下面以图 10-5a 所示刚架为例说明。

该刚架在例 7-1 中用位移法求解时有三个基本未知量:结点 B、C 的角位移 φ_1、φ_2 及结点 B、C 和 D 的水平线位移 Δ_3。在第 8 章中又用无剪力分配法计算了该刚架,其关键点是杆 AB 为剪力静定杆,可以看成一端固定一端滑移支座的杆件(图 10-5b),其杆端抗弯劲度 $S_{BA}=i_{BA}$,传递系数 $C_{BA}=-1$。所以在位移法中如果杆 AB 也用图 10-5b 所示的基本构件来计算,则可以不将水平线位移 Δ_3 作为基本未知量。具体计算过程如下:

(1)取结点 B、C 的角位移 φ_1、φ_2 为基本未知量,基本体系如图 10-5c 所示。

(2)典型方程:

$$k_{11}\varphi_1+k_{12}\varphi_2+F_{R1F}=0$$

$$k_{21}\varphi_1+k_{22}\varphi_2+F_{R2F}=0$$

(3)作基本体系单位弯矩图和荷载弯矩图。

根据杆端约束情况,绘出单位弯矩图 $\overline{M}_1$、$\overline{M}_2$ 及荷载弯矩图 M_F,如图 10-5d~f 所示。

（4）求系数和自由项。

由图 10-5d~f 所示结点 B 和 C 的平衡,求出系数和自由项:

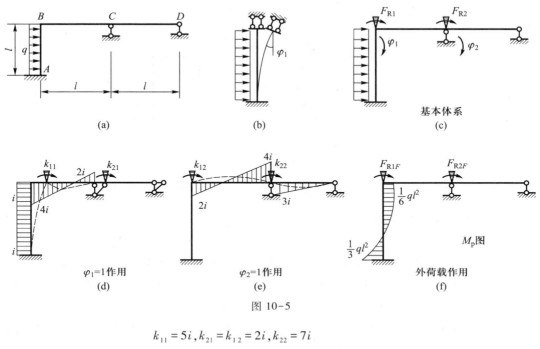

图 10-5

$$k_{11}=5i\,,k_{21}=k_{12}=2i\,,k_{22}=7i$$

$$F_{R1F}=-ql^{2}/6\,,F_{R2F}=0$$

（5）求结点位移。

将求得的系数和自由项代入典型方程,得

$$5i\varphi_{1}+2i\varphi_{2}-\frac{ql^{2}}{6}=0$$

$$2i\varphi_{1}+7i\varphi_{2}+0=0$$

解此方程组得

$$\varphi_{1}=0.037\,63ql^{2}/i\,,\quad \varphi_{2}=-0.010\,75ql^{2}/i$$

比较发现,所求位移 φ_{1}、φ_{2} 与例 7-1 中一致。

（6）用 $M=\overline{M}_{1}\varphi_{1}+\overline{M}_{2}\varphi_{2}+M_{F}$ 求最终弯矩,作弯矩图与图 7-7g 中完全相同,此处不再重复。

同样地,力法中通常采用静定的基本体系,但有时也可以采用超静定的基本体系,只要基本体系能方便地计算就行。采用超静定的基本体系可以减少基本未知量的数目,例如图 10-6a 和图 10-7a 所示结构均为四次超静定结构,若取图 10-6b 和图 10-7b 所示基本体系,则只有一个未知量。图 10-6b 中基本体系是单跨梁,可以方便地计算;图 10-7b 中基本体系超静定部分是无侧移刚架,可用力矩分配法求解。对于可从结构计算手册中查到结果的某些简单超静定刚架也可以作为力法基本体系。

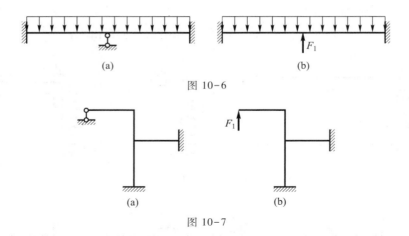

图 10-6

图 10-7

10.2.3 混合法

力法取多余力为未知量,适宜解多余约束力少的结构,比如低次超静定刚架、超静定拱、超静定组合结构。位移法取结点位移为未知量,适宜解结点位移少的超静定结构。力矩分配法适宜于连续梁、无侧移刚架。无剪力分配法适宜于柱子剪力静定的有侧移刚架。有时需要联合应用几种方法来解决一个问题才能最大限度地减少计算工作量,这种方法称为混合法。

1.力法与位移法的混合

当结构的某一部分多余力少、结点位移多,而另一部分则相反,这时,可以在前一部分取多余力为未知量,而在后一部分取结点位移为未知量,即取两种未知量进行求解更为合适,这是一类混合法(力法+位移法)。

图 10-8a 所示刚架,若用力法求解,则超静定次数左部为 1,右部为 3,共计为 4;若用位移法求解,结点角位移和线位移左部为 2,右部为 1,共计 3 个。现用混合法求解。左部取力 F_1、右部取结点角位移 φ_2 作为基本未知量,则得图 10-8b 所示的基本体系。

比较基本体系与原结构在解除约束处和附加约束处的位移和力,可得混合法的典型方程:

$$\left.\begin{array}{ll} \Delta_1=0, & \delta_{11}F_1+\delta'_{12}\varphi_2+\Delta_{1F}=0 \\ F_{R2}=0, & k'_{21}F_1+k_{22}\varphi_2+F_{R2F}=0 \end{array}\right\} \qquad (10\text{-}4)$$

它兼有力法的位移条件和位移法的平衡条件。

式(10-4)中,δ_{11} 为 $F_1=1$ 作用在基本体系上引起的 1 切口处的相对位移;k_{22} 为 $\varphi_2=1$ 作用在基本体系上引起的 2 处附加约束内的反力;δ'_{12} 为 $\varphi_2=1$ 作用在基本体系上引起的 1 切口处相对位移;k'_{21} 为 $F_1=1$ 作用在基本体系上引起的 2 处附加约束内的反力;Δ_{1F} 为外荷载作用在基本体系上引起的 1 切口处的相对位移;F_{R2F} 为外荷载作用在基本体系上引起的附加约束内的反力。

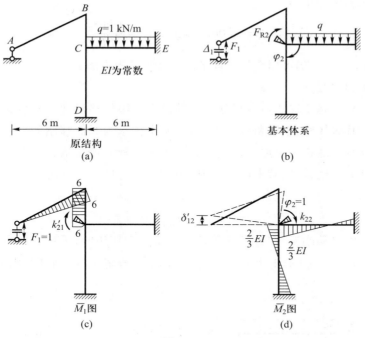

图 10-8

由反力位移互等定理可知

$$\delta'_{12} = -k'_{21}$$

系数 δ_{11} 可用 $\overline{M}_1$ 图自乘求得：

$$\delta_{11} = \frac{1}{3EI}6^2 \times \sqrt{45} + \frac{1}{EI}6^2 \times 3 = \frac{188.5}{EI}$$

k_{22} 可由 $\overline{M}_2$ 图中取结点 C 考虑力矩平衡条件求得：

$$k_{22} = \frac{2EI}{3} + \frac{2EI}{3} = \frac{4EI}{3}$$

k'_{21} 可由 $\overline{M}_1$ 图中取结点 C 考虑力矩平衡条件求得：

$$k'_{21} = -6$$

δ'_{12} 可由 $\overline{M}_2$ 图中的几何关系求得：

$$\delta'_{12} = -k'_{21} = -(-6) = 6$$

由 M_F 图（未画出）可求得自由项为

$$\Delta_{1F} = 0$$

$$F_{R2F} = -\frac{ql^2}{12} = -\frac{1 \times 6}{12} = -3$$

混合法典型方程为

$$\left. \begin{array}{l} \dfrac{188.5}{EI}F_1 + 6\varphi_2 = 0 \\[3mm] -6F_1 + \dfrac{4}{3}EI\varphi_2 - 3 = 0 \end{array} \right\}$$

解得基本未知量为

$$F_1 = -0.062\ 7\ \text{kN}, \qquad \varphi_2 = \frac{1.968}{EI}$$

求得 F_1、φ_2 后,仍可用叠加原理求内力并绘制内力图。

2. 附加连杆法

附加连杆法是位移法与力矩分配法的混合。用位移法计算有侧移刚架时,只取结点线位移未知量,不取角位移未知量,基本体系为无侧移刚架,可用力矩分配法计算。这种方法称为附加连杆法。以图 10-9a 所示刚架为例说明计算的原理。用位移法计算该结构,取基本体系如图 10-9b 所示,只有一个线位移未知量 Δ_1,位移法方程为

$$k_{11}\Delta_1 + F_{R1F} = 0$$

基本体系为无侧移刚架,在分别受到荷载及 $\Delta_1 = 1$ 作用时,可用力矩分配法计算,画出 $\overline{M}_1$ 和 M_F 图。进而求出 F_{R1F} 和 k_{11},由以上方程解出 Δ_1,按 $M = \overline{M}_1\Delta_1 + M_F$ 计算最终弯矩。

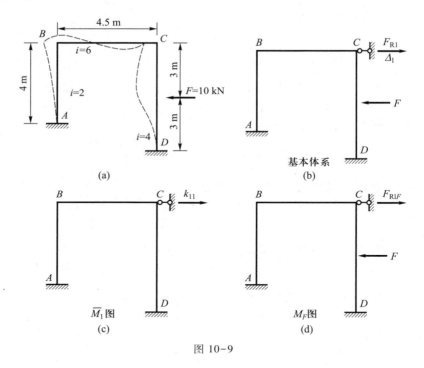

图 10-9

3. 无剪力分配法与力矩分配法的混合

下面是混合应用无剪力分配法与力矩分配法的一个算题。

例 10-2　求图 10-10a 所示超静定结构在支座 D 竖直下沉 1 cm 时的弯矩图。各杆 $EI = 2 \times 10^4\ \text{kN} \cdot \text{m}^2$。

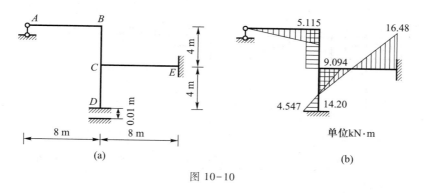

图 10-10

解: 本题采用不同计算方法的基本未知量个数如下:

计算方法	基本未知量个数
力法	4
位移法	3
混合法	2
力法与力矩分配法	1
附加连杆法	1
无剪力分配法与力矩分配法	0

下面采用无剪力分配法与力矩分配法联合求解该问题。因 B 点有侧移,但柱 BC 是剪力静定的,故柱 BC 为下端固定、上端滑移的构件,而柱 CD 则为两端固定的构件。各杆分配系数和传递系数为

$$\mu_{BA} = \frac{S_{BA}}{S_{BA}+S_{BC}} = \frac{3\times\dfrac{EI}{8}}{3\times\dfrac{EI}{8}+\dfrac{EI}{4}} = 0.6, \quad \mu_{BC} = 0.4$$

$$C_{BA} = 0, \quad C_{BC} = -1$$

$$\mu_{CB} = \frac{\dfrac{EI}{4}}{\dfrac{EI}{4}+\dfrac{4EI}{8}+\dfrac{4EI}{4}} = 0.143, \quad \mu_{CE} = 0.286, \quad \mu_{CD} = 0.571$$

$$C_{CB} = -1, \quad C_{CE} = 0.5, \quad C_{CD} = 0.5$$

固端弯矩为

$$M_{BA}^F = -\frac{3EI}{l_{AB}^2}\Delta = -3\times\frac{2\times10^4}{8^2}\times0.01 \text{ kN}\cdot\text{m} = -9.375 \text{ kN}\cdot\text{m}$$

$$M_{CE}^F = M_{EC}^F = \frac{6EI}{l_{CE}^2}\Delta = 6\times\frac{2\times10^4}{8^2}\times0.01 \text{ kN}\cdot\text{m} = 18.75 \text{ kN}\cdot\text{m}$$

具体计算过程如图 10-11 所示,弯矩图如图 10-10b 所示。

						$\frac{1}{2}$		$\frac{1}{2}$	
BA	BC	$\xleftarrow{-1}$	CA	CD	CE		EC		DC
0.6	0.4		0.143	0.571	0.286				
−9.375					18.75		18.75		
	2.68	←	−2.68	−10.71	−5.36	→	−2.68		−5.36
4.017	2.678	→	−2.678						
	−0.383	←	0.383	1.529	0.766		0.333		0.766
0.23	0.153	→	−0.153						
	−0.022	←	0.022	0.088	0.044	→	0.022		0.044
0.012	0.009								
−5.115	5.115		−5.106	−9.094	14.20		16.48		−4.547

(单位kN·m)

图 10-11

10.2.4　力矩分配法的代数背景

力矩分配法是以位移法为基础的渐近法。从代数学的角度来看,力矩分配法和位移法只是解线性方程组(位移法典型方程)时采用了不同方法。下面以两个角位移未知量问题为例说明力矩分配法的代数背景。这个问题的位移法典型方程为

$$k_{11}\varphi_1 + k_{12}\varphi_2 + F_{R1F} = 0 \tag{10-5}$$

$$k_{21}\varphi_1 + k_{22}\varphi_2 + F_{R2F} = 0 \tag{10-6}$$

改写成迭代形式为

$$\varphi_1 = -\frac{1}{k_{11}}(k_{12}\varphi_2 + F_{R1F}) \tag{10-7}$$

$$\varphi_2 = -\frac{1}{k_{22}}(k_{21}\varphi_1 + F_{R2F}) \tag{10-8}$$

迭代求解(并作力矩分配法说明)过程如下:

(1) 令 $\varphi_2 = 0$,由式(10-3)得 φ_1'(固定 2 结点,放松 1 结点)。

(2) 将 φ_1' 代入式(10-4)得 φ_2'(固定 1 结点,放松 2 节点,$k_{21}\varphi_1$ 为传递弯矩),经以上两步,F_{R1F},F_{R2F} 已被分配。方程被修改为

$$\varphi_1 = -\frac{1}{k_{11}}k_{12}\varphi_2 \tag{10-9}$$

$$\varphi_2 = -\frac{1}{k_{22}}k_{21}\varphi_1 \tag{10-10}$$

(3) 将 φ_2' 代入式(10-5)得 φ_1''(再次固定 2 结点,放松 1 结点)。

(4) 将 φ_1'' 代入式(10-6)得 φ_2''(再次固定 1 结点,放松 2 结点)。重复(3)、(4)

步骤直至收敛到精度要求为止。最后得

$$\varphi_1 = \varphi'_1 + \varphi''_1 + \cdots$$

$$\varphi_2 = \varphi'_2 + \varphi''_2 + \cdots$$

由上可见,力矩分配法实际上是用迭代渐近法求解线性方程组,以结点位移为基本未知量,不过改用杆端弯矩进行运算:相应的分配弯矩为 $S_{1i}\varphi'_1$, $S_{2j}\varphi'_2$, $\cdots$。S_{1i}、S_{2j} 表示杆 $1i$、$2j$ 的抗弯劲度,相应的传递弯矩为 $k_{21}\varphi'_1$, $k_{12}\varphi'_2$, $\cdots$。

10.2.5 求解超静定结构的三方面条件

求解超静定结构的内力和位移必须满足平衡条件、几何条件和物理条件。虽然求解静定结构的内力只要求满足平衡条件,但要求其位移仍然需要满足以上三方面条件。

实际工程结构通常处于静止平衡状态,整个结构或其中任意局部都应当满足平衡条件,即所受的荷载、反力和内力都满足平衡方程。例如对平面力系有 $\sum F_x = 0$, $\sum F_y = 0$, $\sum M = 0$ 三个平衡方程。为了研究变形体的需要(例如讨论虚功原理时),静力平衡条件可表示为杆件的平衡微分方程、杆端(包括支座)的静力边界条件和结点静力连接条件的形式。

结构要满足的几何条件,是指结构在发生变形和位移时仍保持完整连续,没有断开和重叠现象,在支座处仍保持原有约束状态。例如在受弯杆截开处两侧的三个方向相对位移均应为零($\Delta_1 = 0, \Delta_2 = 0, \Delta_3 = 0$),在解除链杆支座处沿链杆方向的位移应为零($\Delta_1 = 0$)等。这些条件称为位移协调条件。同样为了研究的需要,几何条件也表示为杆件的应变位移微分关系、杆端(包括支座)的几何边界条件和结点的几何连接条件的形式。

在结构静力学中,通常假设材料满足线弹性关系,所以力与变形的关系,即物理条件由胡克定律所描述。对杆件结构常以内力 F_N、F_Q、M 与广义应变 ε、γ、κ 之间的关系表示物理方程,在讨论荷载作用下结构位移计算公式时曾应用过。

超静定结构内力计算,无论是力法还是位移法,都是在满足上述三方面条件下进行的。在力法中,最终内力由叠加得到

$$M = \sum_i \overline{M}_i F_i + M_F$$

因为 $\overline{M}_i$ 和 M_F 已经满足平衡条件,无论 F_i 为何值,内力 M 都满足平衡条件,而多余力 F_i 则是由代表位移协调条件的力法典型方程求出的,因此满足几何条件。而力法方程中的系数和自由项则是在满足线弹性物理条件下计算的。因此,最终内力也就满足这三方面条件。在位移法中,各单跨超静定梁的计算基于力法的结果(即转角位移方程),故各种条件(包括物理条件)已经满足,只需考虑各单跨的结点处结合为整体时,必须满足结点的位移连接条件和力的连接条件。由于在确定位移法未知量时已经满足结点位移协调条件(例如,刚结点处各杆端转角相

同且等于该刚结点转角以及独立线位移的确定等),而确定结点位移的位移法典型
方程正是反映结点处力的连接条件的结点力矩平衡方程或截面剪力的平衡方程。
因此,位移法同样是根据这三方面条件来计算内力的。

　　以上所述解法都是直接应用平衡条件、几何条件和物理条件来求解结构的内
力和位移的,在结构静力分析中称为静力法。结构分析中还有一种解法,把平衡条
件和几何条件用相应的虚功或能量条件来代替,这种解法叫作虚功法或能量法。
在前面讨论变形体虚功原理的应用中,曾把虚位移方程当作平衡方程来用,把虚力
方程当作几何方程来用。后面将简单介绍弹性结构的两个能量原理及其相应的能
量法。

10.3　结构计算中的能量法

　　在结构分析中,求解条件有两种不同的表述形式,从而形成两种解法。第一种
解法,直接应用平衡条件、几何条件和物理条件来求解结构的内力和位移,在静力
分析中称为静力法。前面学习过的力法和位移法均属此类。第二种解法,把平衡
条件和几何条件用相应的虚功条件或能量条件来代替,这种解法叫作虚功法或能
量法。在讨论变形体虚功原理及其两种应用中,用虚位移方程代替平衡方程(如作
影响线的机动法),把虚力方程当作几何方程用(如求结构位移),即为此类解法。
本节简单介绍由虚功原理导出的弹性结构的两个能量原理及其解法:基于势能原
理的解法——势能法,实质上就是位移法;基于余能原理的解法——余能法,实质
就是力法。

10.3.1　杆件的应变能和应变余能

　　变形体因外力作用产生变形而储存于体内的能量(不计损失)称为应变能。
它可以用应变来计算,也可用外力作的功来计算。由材料力学可知,对线弹性材料
的杆件,应变能为

$$V_\varepsilon = \int_s \frac{1}{2}\left[EA\varepsilon^2 + \frac{GA}{\lambda}\gamma^2 + EI\left(\frac{1}{\rho}\right)^2\right]\mathrm{d}s \qquad (10\text{-}11)$$

用杆端力和杆端位移表示

$$V_\varepsilon = \frac{1}{2}(F_N\Delta l + M\theta + F_Q\Delta) \qquad (10\text{-}12)$$

式中,F_N、M、F_Q 为杆两端截面轴力、弯矩和剪力;Δl、θ、Δ 为杆两端截面相对伸缩、
相对转角和相对线位移(垂直杆轴方向)。

　　现在讨论图 10-12 所示线弹性等截面直杆,当处于从零逐渐变化到杆端位移
φ_1、φ_2、Δ 和杆端力 M_1、M_2、F_Q 的平衡状态时,求其弯曲应变能。

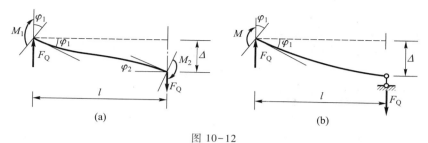

图 10-12

根据式(10-12),此时杆的应变能为

$$V_\varepsilon = \frac{1}{2}(M_1\varphi_1 + M_2\varphi_2 + F_Q\Delta) \tag{10-13}$$

将转角位移方程

$$\left.\begin{array}{l} M_1 = 4i\varphi_1 + 2i\varphi_2 - \dfrac{6i}{l}\Delta \\[2mm] M_2 = 2i\varphi_1 + 4i\varphi_2 - \dfrac{6i}{l}\Delta \\[2mm] F_Q = -\dfrac{6i}{l}\varphi_1 - \dfrac{6i}{l}\varphi_2 + \dfrac{12i}{l^2}\Delta \end{array}\right\} \tag{10-14}$$

代入后可得

$$V_\varepsilon = 2i\left[\varphi_1^2 + \varphi_1\varphi_2 + \varphi_2^2 - 3(\varphi_1+\varphi_2)\frac{\Delta}{l} + 3\left(\frac{\Delta}{l}\right)^2\right] \tag{10-15}$$

相似地可得图 10-12b 所示结构的应变能为

$$V_\varepsilon = \frac{3}{2}i\left[\varphi_1^2 - 2\varphi_1\frac{\Delta}{l} + \left(\frac{\Delta}{l}\right)^2\right] \tag{10-16}$$

可用结点位移通过式(10-15)、式(10-16)来计算结构的应变能。

线弹性杆件(无初应变时)的应变余能等于应变能,并由式(10-11)改用内力表示如下:

$$V_c = \int_s \frac{1}{2}\left[\frac{F_N^2}{EA} + \frac{\lambda F_Q^2}{GA} + \frac{M^2}{EI}\right]\mathrm{d}s \tag{10-17}$$

10.3.2 结构的势能和余能

杆件结构的势能定义为

$$E_p = V_\varepsilon - \sum F_i\Delta_i \tag{10-18}$$

式中,V_ε 为杆件结构的应变能,用位移表示,在刚架中通常只考虑弯曲应变能;忽略剪切和轴向应变能;右边第二项是结构的荷载势能,即荷载 F 在其相应的广义位移 Δ 上所作虚功总和的负值。这里假设支座位移不变。

杆件结构的余能定义为

$$\overline{V} = V_c - \sum F_{Rj} c_j \qquad\qquad (10-19)$$

式中，V_c 为结构应变余能，用内力表示；右边第二项是结构的支座位移余能，即在支座位移 c 上相应支座反力 F_R 所作虚功总和的负值。这里假定荷载是不变的。

10.3.3　势能原理及其解法

势能驻值原理是与位移法对应的能量原理。对于小位移、线弹性平衡问题，这个原理又称最小势能原理，简称势能原理。基于势能原理的解法（势能法）实质上就是以能量形式表示的位移法。

势能驻值原理可叙述为：荷载作用下的弹性结构，在满足位移边界条件的许多位移协调系中，同时又满足平衡条件的位移协调系使结构的势能为驻值；反之，如果某位移协调系又能使势能为驻值，则该位移协调系相应的内力必然满足静力平衡条件。

上述势能驻值条件可表示为

$$\frac{\partial E_p}{\partial \Delta_i} = 0 \, (i = 1, 2, \cdots) \quad 或 \quad \partial E_p = 0 \qquad\qquad (10-20)$$

利用势能原理求解问题时，首先选结点位移为基本未知量（这是与位移法一致的），然后计算结构势能，最后按势能驻值条件建立以结点位移为未知量的代数方程组解出结点位移，进而求出内力。

例 10-3　用势能原理求解图 7-8a 所示排架。

解： 取结点位移 Δ_1、Δ_2 为基本未知量。

（1）计算应变能，根据式（10-14）和式（10-15）有

$$
\begin{aligned}
V_\varepsilon &= V_{\varepsilon AB} + V_{\varepsilon CD} + V_{\varepsilon DE} + V_{\varepsilon FG} \\
&= 6 \times \frac{EI}{8} \times \frac{\Delta_1^2}{8^2} + 6 \times \frac{3EI}{8} \times \frac{\Delta_1^2}{8^2} + \frac{3}{2} \times \frac{3EI}{4} \times \frac{(\Delta_2 - \Delta_1)^2}{4^2} + \frac{3}{2} \times \frac{3EI}{12} \times \frac{\Delta_2^2}{12^2} \\
&= \left(\frac{60}{512} \Delta_1^2 - \frac{18}{128} \Delta_1 \Delta_2 + \frac{28}{384} \Delta_2^2 \right) EI
\end{aligned}
$$

（2）计算荷载势能为

$$-\sum_i F_i \Delta_i = -60\Delta_1 - 50\Delta_2$$

（3）结构势能为

$$E_p = V_\varepsilon - \sum_i F_i \Delta_i = \left(\frac{60}{512} \Delta_1^2 - \frac{18}{128} \Delta_1 \Delta_2 + \frac{28}{384} \Delta_2^2 \right) EI - 60\Delta_1 - 50\Delta_2$$

（4）势能驻值条件有

$$\frac{\partial E_p}{\partial \Delta_1} = 0, \quad \frac{15EI}{64} \Delta_1 - \frac{9EI}{64} \Delta_2 - 60 = 0$$

$$\frac{\partial E_p}{\partial \Delta_2} = 0, \quad -\frac{9EI}{64} \Delta_1 - \frac{7EI}{48} \Delta_2 - 50 = 0$$

该式与位移法所得方程相同。解出位移可进一步计算内力(略)。

由上可见,势能驻值条件就是以能量形式表示的位移法基本方程(平衡条件),基于势能原理的解法就是以能量形式表示的位移法。

如果讨论的范围限于小位移、线弹性的平衡问题,此时荷载作用下的结构的实际位移状态属于稳定平衡状态,不仅使势能为驻值,而且使势能为极小值,这就是最小势能原理。

为了简单起见,以线弹性情况下的受弯曲变形的结构为例加以论证,但所得结论不失其一般性。现在考虑两个位移协调系,一个是实际位移协调系,另一个是任意位移协调系。

对于实际位移协调系,相应的结构势能为

$$E_p = \int \frac{EI}{2}\left(\frac{1}{\rho}\right)^2 ds - \sum_i F_i \Delta_i \tag{a}$$

对于任意位移协调系,设相应的曲率为 $1/\rho + \delta(1/\rho)$,与荷载 F_i 相应的位移为 $\Delta_i + \delta\Delta_i$,而结构的势能为

$$
\begin{aligned}
E_p^* &= \int \frac{EI}{2}\left[\frac{1}{\rho} + \delta\left(\frac{1}{\rho}\right)\right]^2 ds - \sum_i F_i(\Delta_i + \delta\Delta_i) \\
&= \int \frac{EI}{2}\left\{\left(\frac{1}{\rho}\right)^2 + 2\frac{1}{\rho}\delta\left(\frac{1}{\rho}\right) + \left[\delta\left(\frac{1}{\rho}\right)\right]^2\right\} ds - \sum_i F_i\Delta_i - \sum_i F_i\delta\Delta_i \\
&= \left[\int \frac{EI}{2}\left(\frac{1}{\rho}\right)^2 ds - \sum_i F_i\Delta_i\right] + \left[\int EI\left(\frac{1}{\rho}\right)\delta\left(\frac{1}{\rho}\right) ds - \sum_i F_i\delta\Delta_i\right] + \\
&\quad \left\{\int \frac{EI}{2}\left[\delta\left(\frac{1}{\rho}\right)\right]^2 ds\right\} = E_p + \delta E_p + \delta^2 E_p
\end{aligned}
\tag{b}
$$

式中第一个方括号为式(a)表示的结构势能;第二个方括号为势能的一阶变分;第三个大括号称为势能的二阶变分,即

$$\partial^2 E_p = \int \frac{EI}{2}\left[\delta\left(\frac{1}{\rho}\right)\right]^2 ds \tag{c}$$

如果曲率变分不恒为零,则 $\delta^2 E_p > 0$,即势能的二阶变分恒为正值。

将式 $\partial E_p = 0$ 及 $\delta^2 E_p > 0$ 代入式(a)、(b)便得到

$$E_p^* - E_p \geqslant 0 \tag{d}$$

这就表明,结构处于实际位移协调系的稳定平衡状态则其势能为最小值。

10.3.4 余能原理及其解法

余能驻值原理是与力法对应的能量原理。对于小位移、线弹性平衡问题,这个原理又称最小余能原理,简称余能原理。基于余能原理的解法(余能法)实质上就是以能量形式表示的力法。

余能驻值原理可叙述为:荷载作用下的弹性超静定结构,在满足平衡条件的许

多静力平衡系中,同时又满足位移协调条件的静力平衡系使结构的余能为驻值;反之,如果某静力平衡系又能使余能为驻值,则该静力平衡系相应的应变、位移必然满足位移协调条件。

上述余能驻值条件可表示为

$$\frac{\partial \overline{V}}{\partial F_i} = 0 \quad (i = 1, 2, \cdots) \quad \text{或} \quad \partial \overline{V} = 0 \tag{10-21}$$

利用余能原理求解问题时,首先以多余约束力为基本未知量(这是与力法一致的),然后计算结构余能,最后按余能驻值条件建立以多余力为未知量的代数方程组,解出多余力,进而求出内力。

例 10-4   用余能原理求解图 6-8a 所示结构。

解:取多余约束力 F_1、F_2 为基本未知量。

(1)计算结构余能。列出各杆端的弯矩表达式,根据式(10-17)计算应变余能(只计弯曲变形,并设 EI 为常数),该问题支座位移余能为零。

$$\overline{V} = V_c = \frac{1}{2EI}\int_0^l x^2 F_2^2 \mathrm{d}x + \frac{1}{2EI}\int_0^l \left[(l+x)F_2 + xF_1\right]^2 \mathrm{d}x +$$
$$\frac{1}{2EI}\int_0^l \left(lF_1 + 2lF_2 - \frac{q}{2}x^2\right)^2 \mathrm{d}x$$

(2)余能驻值条件

$$\frac{\partial \overline{V}}{\partial F_1} = 0, \quad \frac{1}{EI}\int_0^l \left[(l+x)F_2 + xF_1\right]x\mathrm{d}x + \frac{1}{EI}\int_0^l \left(lF_1 + 2lF_2 - \frac{q}{2}x^2\right)l\mathrm{d}x = 0$$

得

$$\frac{4}{3}l^3 F_1 + \frac{17l^3}{6}F_2 - \frac{2l^4}{6} = 0$$

$$\frac{\partial \overline{V}}{\partial F_2} = 0, \quad \frac{1}{EI}\int_0^l x^2 F_2 \mathrm{d}x + \frac{1}{EI}\left[(l+x)F_2 + xF_1\right](l+x)\mathrm{d}x +$$
$$\frac{1}{EI}\int_0^l \left(lF_1 + 2lF_2 - \frac{q}{2}x^2\right)2l\mathrm{d}x = 0$$

得

$$\frac{17}{6}l^3 F_1 + \frac{20l^3}{3}F_2 - \frac{1}{3}ql^4 = 0$$

经简化后得

$$8F_1 + 17F_2 - ql = 0$$
$$17F_1 + 40F_2 - 2ql = 0$$

此式与力法基本方程相同,解出多余力可进一步计算内力(略)。

由上可见,余能驻值条件就是以能量形式表示的力法基本方程(几何条件),基于余能原理的解法就是以能量形式表示的力法。

对于小位移、线弹性超静定结构的平衡问题,此时荷载作用下结构的实际内力状态属于稳定平衡状态,不仅使余能为驻值,而且使余能为极小值,这就是余能最小原理。

仿照最小势能原理类似的证明,以线弹性情况下的受弯曲变形的结构为例给予论证,所得结论不失其一般性。考虑两个静力平衡系,一个是实际的,另一个是任意的。

对于实际的稳定静力平衡系,相应的余能为

$$\overline{V} = V_c - \sum_j F_{Rj}c_j = \int \frac{M^2}{2EI}ds - \sum_j F_{Rj}c_j \tag{a}$$

对于任意静力平衡系,设相应的弯矩为 $(M+\delta M)$,j 支座相应的反力为 $(F_{Rj}+\delta F_{Rj})$,而结构的余能为

$$\overline{V}^* = \int \frac{(M+\delta M)^2}{2EI}ds - \sum_j c_j(F_{Rj}+\delta F_{Rj})$$

$$= \left[\int \frac{M^2}{2EI}ds - \sum_j c_j F_{Rj}\right] + \left[\int \frac{M\delta M}{EI}ds - \sum_j c_j \delta F_{Rj}\right] + \left[\int \frac{(\delta M)^2}{2EI}ds\right]$$

$$= \overline{V} + \delta\overline{V} + \delta^2\overline{V} \tag{b}$$

考虑到 $\partial\overline{V}=0$ 和

$$\delta^2\overline{V} = \int \frac{(\delta M)^2}{2EI}ds > 0 \tag{c}$$

故得

$$\overline{V}^* - \overline{V} \geqslant 0 \tag{d}$$

式(d)说明,结构处于满足位移条件的实际稳定平衡状态,则余能为最小值。

最后指出,在求精确解时,静力法和能量法所得结果完全相同,因此力法与余能法是等价的,位移法与势能法也是等价的。但是在求近似解时,能量法则优于静力法,这是因为在能量法中把问题归结为极小值问题或驻值问题,最便于求近似解。在结构的稳定和动力计算中,将会看到能量法的这一优点,在结构现代分析方法——矩阵位移法的推导中也体现出它的优点。10.3.5 将用能量法推导矩阵位移法公式。

10.3.5　用能量法推导矩阵位移法公式

第9章用位移法的思路推导了用于静力分析、适合编写计算程序的矩阵位移法公式。但是在结构动力分析和稳定分析中,单元杆端力和单元位移的关系复杂。比如,结构动力问题中,一般质量是连续分布的,其产生的惯性力既与质量有关又与位移的二阶导数(加速度)有关,再加上阻尼力的作用,其位移函数复杂,很难推导杆件的杆端力与杆端位移的精确关系。采用和块体有限元一样的思路,将一根杆件离散成若干个小单元,然后对每个单元假设一个近似的位移函数,在单元分析和整体分析中,用虚功原理或能量原理等方法建立有关方程。这种推导方法更具一般性,它不仅实现了矩阵位移法与杆件有限元法的统一,还是一般块体有限元的

分析方法。因此学习该方法也为读者后续学习杆件、块体有限元法和结构有限元通用分析程序奠定了基础。下面以连续梁为例,分别用虚位移原理和势能原理建立杆件结构静力分析的矩阵位移公式。

1. 单元分析

设有一两端固定的梁单元,如图10-13 所示。单元局部坐标及结点编号如图中所示,设梁单元 j、k 端的结点位移分别为 Δ_1、φ_2、Δ_3、φ_4,设杆轴线的横向位移 $v(x)$ 如下:

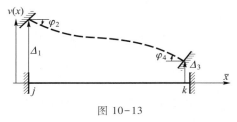

图 10-13

$$v(x) = \alpha_1 + \alpha_2 x + \alpha_3 x^2 + \alpha_4 x^3 \tag{10-22}$$

j、k 两杆端的位移边界条件为

$$v(0) = \Delta_1, \quad v'(0) = -\varphi_2, \quad v(l) = \Delta_3, \quad v'(l) = -\varphi_4$$

将上述位移边界条件代入式(10-22),求出系数 α_1、α_2、α_3 和 α_4,用式(a)表示。

$$\begin{bmatrix} \alpha_1 \\ \alpha_2 \\ \alpha_3 \\ \alpha_4 \end{bmatrix} = \begin{bmatrix} 1 & 0 & 0 & 0 \\ 0 & -1 & 0 & 0 \\ \dfrac{-3}{l^2} & \dfrac{2}{l} & \dfrac{3}{l^2} & \dfrac{1}{l} \\ \dfrac{2}{l^3} & \dfrac{-1}{l^2} & \dfrac{-2}{l^3} & \dfrac{-1}{l^2} \end{bmatrix} \begin{bmatrix} \Delta_1 \\ \varphi_2 \\ \Delta_3 \\ \varphi_4 \end{bmatrix} \tag{a}$$

再将式(a)代入式(10-22)得

$$v(x) = N_1 \Delta_1 + N_2 \varphi_2 + N_3 \Delta_3 + N_4 \varphi_4 = \boldsymbol{N} \boldsymbol{\delta}^e \tag{10-23}$$

其中,$\boldsymbol{N} = \begin{bmatrix} N_1(x) & N_2(x) & N_3(x) & N_4(x) \end{bmatrix}$

$$\left. \begin{aligned} N_1(x) &= 1 - 3\left(\frac{x}{l}\right)^2 + 2\left(\frac{x}{l}\right)^3 \\ N_2(x) &= -l\left[\left(\frac{x}{l}\right) - 2\left(\frac{x}{l}\right)^2 + \left(\frac{x}{l}\right)^3\right] \\ N_3(x) &= 3\left(\frac{x}{l}\right)^2 - 2\left(\frac{x}{l}\right)^3 \\ N_4(x) &= l\left[\left(\frac{x}{l}\right)^2 - \left(\frac{x}{l}\right)^3\right] \end{aligned} \right\} \tag{10-24}$$

式(10-22)称为梁单元的位移模式。式(10-23)表明,$v(x)$ 可用结点位移插值表示,而 $N_i(x)$ 就是插值函数,它表示由单位结点位移引起的梁单元位移函数,反映了它对单元位移形态的影响或贡献。因此,$N_i(x)$ 也称为位移函数的形态函数,简称形函数。矩阵 $\boldsymbol{N}$ 则称为形函数矩阵。

2. 用虚位移原理推导杆件有限元公式

(1) 单元劲度矩阵

在第9章中,已用转角挠度方程推导了仅由单元杆端位移引起的杆端力公式

$$F^e = k\delta^e \tag{b}$$

及单元劲度矩阵 k 的元素,下面用虚位移原理推导此式。

对于图 10-13 所示的梁单元,假设在单元中发生的虚位移为 δ^{*e},曲率半径为 ρ^*,如只考虑弯曲变形的影响,则可以得虚功方程式:

$$W_{ex} = \int_l \frac{M_F}{\rho^*} \mathrm{d}s \tag{c}$$

由于单元此时只有杆端力,所以

$$W_{ex} = (\delta^{*e})^{\mathrm{T}} F^e \tag{d}$$

而

$$\frac{1}{\rho^*} = \frac{\mathrm{d}^2 v(x)}{\mathrm{d}x^2} = B\delta^{*e} \tag{e}$$

$$M_F = \frac{EI}{\rho} = EIB\delta^e \tag{f}$$

$$B = \frac{\mathrm{d}^2}{\mathrm{d}x^2}N = \begin{bmatrix} \dfrac{-6}{l^2}+\dfrac{12x}{l^3} \\[2mm] \dfrac{4}{l}-\dfrac{6x}{l^2} \\[2mm] \dfrac{6}{l^2}-\dfrac{12x}{l^3} \\[2mm] \dfrac{2}{l}-\dfrac{6x}{l^2} \end{bmatrix}^{\mathrm{T}} \tag{g}$$

将式(d)、(e)、(f)代入式(c)得

$$(\delta^{*e})^{\mathrm{T}} F^e = \int_l (\delta^{*e})^{\mathrm{T}} B^{\mathrm{T}} EIB\delta^e \mathrm{d}s = (\delta^{*e})^{\mathrm{T}} \int_l B^{\mathrm{T}} EIB \mathrm{d}s \delta^e$$

由于虚位移可以是任意的,从而 δ^{*e} 也是任意的,所以

$$F^e = \int_l B^{\mathrm{T}} EIB \mathrm{d}s \delta^e$$

即

$$k = \int_l B^{\mathrm{T}} EIB \mathrm{d}s \tag{10-25}$$

将式(g)代入到式(10-25),可得与式(9-1)一样的单元劲度矩阵。

(2) 单元固端力列阵

下面用虚位移原理推导单元固端力列阵 F^e_G。设单元受均布荷载 $q(x)$、集中力 F_a 及集中力偶 M_b 作用,如图 10-14 所示。假设单元发生了虚位移,相应的结点虚位移为 δ^{*e},由式(10-23)得 F_a 作用点、M_b 作用点处沿荷载作用方向的虚位移分别为

$$v(a) = N_a\delta^{*e}, \quad v'(b) = N'_b\delta^{*e}$$

按虚功相等原则,结点荷载与原单元荷载在上述虚位移上作的虚功相等,则有

$$(\delta^{*e})^{\mathrm{T}} F^e_G = -\left[\int_l (N\delta^{*e})^{\mathrm{T}} q \mathrm{d}s + (N_a\delta^{*e})^{\mathrm{T}} F_a + (N'_b\delta^{*e})^{\mathrm{T}} M_b \right]$$

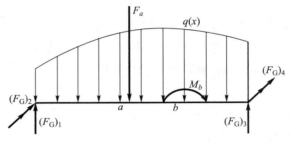

图 10-14

即
$$(\boldsymbol{\delta}^{*e})^{\mathrm{T}}\boldsymbol{F}_{G}^{e} = -(\boldsymbol{\delta}^{*e})^{\mathrm{T}}\left(\int_{l}\boldsymbol{N}^{\mathrm{T}}q\mathrm{d}s + \boldsymbol{N}_{a}^{\mathrm{T}}F_{a} + \boldsymbol{N}_{b}'^{\mathrm{T}}M_{b}\right)$$

由于虚位移的任意性,$\boldsymbol{\delta}^{*e}$也是任意的,因此比较等式两边得

$$\boldsymbol{F}_{G}^{e} = -\left(\int\boldsymbol{N}^{\mathrm{T}}q\mathrm{d}s + \boldsymbol{N}_{a}^{\mathrm{T}}F_{a} + \boldsymbol{N}_{b}'^{\mathrm{T}}M_{b}\right) \qquad (10\text{-}26)$$

将式(10-24)中的形函数代入式(10-26),可得与载常数表中相同的结果。例如,单元上仅沿坐标负方向作用均布荷载 q 时,得

$$\boldsymbol{F}_{G}^{e} = \int_{l}\boldsymbol{N}^{\mathrm{T}}q\mathrm{d}s$$

将式(10-24)代入上式得

$$\boldsymbol{F}_{G}^{e} = \left[\frac{ql}{2}\ \frac{-ql^{2}}{12}\ \frac{ql}{2}\ \frac{ql^{2}}{12}\right]^{\mathrm{T}}$$

(3)整体平衡方程的建立

设梁有 n 个单元,只考虑弯曲变形时,杆件结构的虚功方程为

$$W_{ex} = \sum_{e}\int\frac{M_{F}}{\rho^{*}}\mathrm{d}s \qquad (\mathrm{h})$$

式中,$\sum_{e}$ 表示对 n 个单元求和。

由前面的讨论可得

$$W_{ex} = \sum_{e}\left[(\boldsymbol{\delta}^{*e})^{\mathrm{T}}\int_{l}\boldsymbol{N}^{\mathrm{T}}\mathrm{d}s + (\boldsymbol{\delta}^{*e})^{\mathrm{T}}\boldsymbol{N}_{a}^{\mathrm{T}}F_{a} + (\boldsymbol{\delta}^{*e})^{\mathrm{T}}\boldsymbol{N}'M_{b}\right]$$
$$= (\boldsymbol{\delta}^{*})^{\mathrm{T}}\sum_{e}(\boldsymbol{C}^{e})^{\mathrm{T}}\left[\int_{l}\boldsymbol{N}^{\mathrm{T}}q\mathrm{d}s + \boldsymbol{N}_{a}^{\mathrm{T}}F_{a} + \boldsymbol{N}_{b}'^{\mathrm{T}}M_{b}\right] \qquad (\mathrm{i})$$

$$\sum_{e}\int\frac{M_{F}}{\rho^{*}}\mathrm{d}s = \sum_{e}(\boldsymbol{\delta}^{*e})^{\mathrm{T}}\int_{l}\boldsymbol{B}^{\mathrm{T}}EI\boldsymbol{B}\mathrm{d}s\boldsymbol{\delta}^{e}$$
$$= \sum_{e}(\boldsymbol{\delta}^{*e})^{\mathrm{T}}\boldsymbol{k}\boldsymbol{\delta}^{e}$$
$$= (\boldsymbol{\delta}^{*})^{\mathrm{T}}\left[\sum_{e}(\boldsymbol{C}^{e})^{\mathrm{T}}\boldsymbol{k}\boldsymbol{C}^{e}\right]\boldsymbol{\delta} \qquad (\mathrm{j})$$

将式(i)、(j)代入式(h)得

$$(\boldsymbol{\delta}^{*})^{\mathrm{T}}\left[\sum_{e}(\boldsymbol{C}^{e})^{\mathrm{T}}\boldsymbol{k}\boldsymbol{C}^{e}\right]\boldsymbol{\delta}$$
$$= (\boldsymbol{\delta}^{*})^{\mathrm{T}}\sum_{e}(\boldsymbol{C}^{e})^{\mathrm{T}}\left[\int_{l}\boldsymbol{N}^{\mathrm{T}}q\mathrm{d}s + \boldsymbol{N}_{a}^{\mathrm{T}}F_{a} + \boldsymbol{N}_{b}'^{\mathrm{T}}M_{b}\right]$$

式中，$\pmb{\delta}^e$ 和 $\pmb{\delta}$ 为所有结点的虚位移列阵和位移列阵；$\pmb{C}^e$ 为单元选择矩阵，它是结点位移列阵与单元杆端位移的联系矩阵，即有

$$\pmb{\delta}^e = \pmb{C}^e \pmb{\delta} \tag{k}$$

例如，对于自由度为 N_p 的梁，$\pmb{C}^e$ 是 $4 \times N_p$ 的矩阵，每行只有一个元素为 1，其余均为 0。而"1"所在的列对应于该梁单元四个杆端位移在结点位移列阵中的序号。这样的表达方式适合于编程，只要事先生成各个单元的选择矩阵 $\pmb{C}^e$，就能将各单元杆端位移（或者力）与整体的结点位移（或者力）之间形成"对号入座"的关系。

由于 $\pmb{\delta}^*$ 的任意性，有

$$\left(\sum_e (\pmb{C}^e)^{\mathrm{T}} \pmb{k} \pmb{C}^e \right) \pmb{\delta} = \sum_e (\pmb{C}^e)^{\mathrm{T}} \left[\int \pmb{N}^{\mathrm{T}} q \mathrm{d}s + \pmb{N}_a^{\mathrm{T}} F_a + \pmb{N}_b^{\mathrm{T}} M_b \right]$$

或简写成

$$\pmb{K}_{\delta\delta} \pmb{\delta} = \pmb{F}_{\mathrm{E}\delta} \tag{10-27}$$

整体劲度矩阵为

$$\pmb{K}_{\delta\delta} = \sum_e (\pmb{C}^e)^{\mathrm{T}} \pmb{k} \pmb{C}^e \tag{10-28}$$

整体等效结点荷载列阵为

$$\pmb{F}_{\mathrm{E}\delta} = \sum_e (\pmb{C}^e)^{\mathrm{T}} \left[\int_l \pmb{N}^{\mathrm{T}} q \mathrm{d}s + \pmb{N}_a^{\mathrm{T}} F_a + \pmb{N'}_b^{\mathrm{T}} M_b \right]$$
$$= - \sum_e (\pmb{C}^e)^{\mathrm{T}} \pmb{F}_{\mathrm{G}}^e \tag{10-29}$$

3. 用最小势能原理推导矩阵位移法公式

与位移法对应的能量原理有势能原理。因此矩阵位移法的主要公式也可以从势能原理导出。

（1）单元的应变能与结构的势能

对图 10-13 所示梁单元，略去梁的剪切变形，梁的正应变为

$$\varepsilon = -y \left(\frac{1}{\rho} \right) = -y \frac{\mathrm{d}^2 v(x)}{\mathrm{d}x^2} \tag{a}$$

$$\frac{1}{\rho} = \frac{\mathrm{d}^2 v(x)}{\mathrm{d}x^2} \tag{b}$$

将式（10-23）代入式（b）后得

$$\frac{1}{\rho} = \pmb{B} \pmb{\delta} \tag{c}$$

式中，$\pmb{B} = \dfrac{\mathrm{d}^2}{\mathrm{d}x^2} \pmb{N} = \dfrac{\mathrm{d}^2}{\mathrm{d}x^2} [N_1 \quad N_2 \quad N_3 \quad N_4] = \begin{bmatrix} \dfrac{-6}{l^2} + \dfrac{12x}{l^3} \\ \dfrac{4}{l} - \dfrac{6x}{l^2} \\ \dfrac{6}{l^2} - \dfrac{12x}{l^3} \\ \dfrac{2}{l} - \dfrac{6x}{l^2} \end{bmatrix}^{\mathrm{T}}$，与虚位移原理中式（g）

相同。

再设材料为线弹性,则单元的应变能为

$$V_\varepsilon^e = \int_l \left[\int_A \left(\int_0^\varepsilon \sigma \, d\varepsilon \right) dA \right] ds = \int_l \frac{EI}{2} \left(\frac{1}{\rho} \right)^2 ds$$

$$= \frac{1}{2} (\boldsymbol{\delta}^e)^{\mathrm{T}} \int_l \boldsymbol{B}^{\mathrm{T}} EI \boldsymbol{B} \, ds \boldsymbol{\delta}^e$$

式中, $I = \int_A y^2 dA$ 。

设单元有图 10-14 所示荷载 $q(x)$ 、F_a 和 M_b 作用,则以结点位移为参变量的结构势能为

$$E_{\mathrm{p}} = \sum_e E_{\mathrm{p}}^e = \sum_e \int_l \frac{1}{2} (\boldsymbol{\delta}^e)^{\mathrm{T}} \boldsymbol{B}^{\mathrm{T}} EI \boldsymbol{B} \boldsymbol{\delta}^e ds - \int_l (\boldsymbol{\delta}^e)^{\mathrm{T}} \boldsymbol{N}^{\mathrm{T}} q \, ds - (\boldsymbol{\delta}^e)^{\mathrm{T}} \boldsymbol{N}_a^{\mathrm{T}} F_a -$$

$$(\boldsymbol{\delta}^e)^{\mathrm{T}} \boldsymbol{N}_b'^{\mathrm{T}} M_b$$

$$= \boldsymbol{\delta}^{\mathrm{T}} \sum_e \frac{1}{2} (\boldsymbol{C}^e)^{\mathrm{T}} \boldsymbol{B}^{\mathrm{T}} EI \boldsymbol{B} ds \boldsymbol{C}^e \boldsymbol{\delta} - \boldsymbol{\delta}^{\mathrm{T}} \boldsymbol{C}^e \int_l \boldsymbol{N}^{\mathrm{T}} - \boldsymbol{\delta}^{\mathrm{T}} (\boldsymbol{C}^e)^{\mathrm{T}} \boldsymbol{N}_a^{\mathrm{T}} F_a -$$

$$\boldsymbol{\delta}^{\mathrm{T}} (\boldsymbol{C}^e)^{\mathrm{T}} \boldsymbol{N}_b'^{\mathrm{T}} M_b$$

（2）矩阵位移法基本公式

由势能原理 $\delta E_{\mathrm{p}} = 0$ 得

$$\sum_e (\boldsymbol{C}^e)^{\mathrm{T}} \int_l \boldsymbol{B}^{\mathrm{T}} EI \boldsymbol{B} ds \boldsymbol{C}^e \boldsymbol{\delta} = \sum_e (\boldsymbol{C}^e)^{\mathrm{T}} \left(\int_l \boldsymbol{N}^{\mathrm{T}} q ds + \boldsymbol{N}_a^{\mathrm{T}} F_a + \boldsymbol{N}_b'^{\mathrm{T}} M_b \right)$$

即

$$\sum_e (\boldsymbol{C}^e)^{\mathrm{T}} k \boldsymbol{C}^e \boldsymbol{\delta} = \sum_e (\boldsymbol{C}^e)^{\mathrm{T}} \boldsymbol{F}_{\mathrm{G}}^e \qquad (10\text{-}30)$$

$$\boldsymbol{K}_{\delta\delta} \boldsymbol{\delta} = \boldsymbol{F}_{E\delta} \qquad (10\text{-}31)$$

式（10-30）中,单元劲度矩阵 $\qquad k = \int_l \boldsymbol{B}^{\mathrm{T}} EI \boldsymbol{B} ds \qquad (10\text{-}32)$

单元固端力列阵

$$\boldsymbol{F}_{\mathrm{G}}^e = - \left(\int \boldsymbol{N}^{\mathrm{T}} q ds + \boldsymbol{N}_a^{\mathrm{T}} F_a + \boldsymbol{N}_b^{\mathrm{T}} M_b \right) \qquad (10\text{-}33)$$

式（10-31）中,整体劲度矩阵

$$\boldsymbol{K}_{\delta\delta} = \sum_e (\boldsymbol{C}^e)^{\mathrm{T}} k \boldsymbol{C}^e \qquad (10\text{-}34)$$

整体等效结点荷载列阵

$$\boldsymbol{F}_{E\delta} = - \sum_e (\boldsymbol{C}^e)^{\mathrm{T}} \boldsymbol{F}_{\mathrm{G}}^e \qquad (10\text{-}35)$$

式（10-31）、（10-33）、（10-34）和（10-35）分别与式（10-27）、（10-26）、（10-28）和（10-29）相同。

由于图 10-13 所示等截面梁单元的横向位移为三次函数,式（10-22）单元位移函数就是它的精确函数,所以推导的单元劲度矩阵与矩阵位移法中结果一致。如果原问题的位移函数复杂,不是三次函数,再用式（10-22）作为它的近似函数,所得结果就有误差。为了减少误差,一般要将原来的一根杆件离散成若干个杆单

元来近似计算,这就是杆件有限元法。

10.4 连续梁的影响线

在第 5 章中介绍了静定结构的影响线问题,其中的基本方法和原理同样适用于超静定结构,只是超静定结构计算的复杂性使得移动荷载下分析超静定结构的计算工作量增加很多。因为承受移动荷载的超静定结构主要是连续梁,所以本节就以连续梁为例。

10.4.1 连续梁的影响线

1. 静力法

连续梁是土木工程中常用的超静定结构形式,在工程实际中经常需要用静力法作出其影响线。作连续内力或反力梁影响线时,为了建立影响线方程,不仅需要用静力平衡条件,还要用到位移协调条件,须用到求解超静定结构内力的力法、位移法等方法。

以求图 10-15a 所示连续梁 i 支座弯矩 M_i 的影响线为例加以说明。现采用力法求解这个问题。取各支座弯矩 M 为基本未知量,选 $n+1$ 跨简支梁为基本体系,如图 10-15b 所示,基本方程为

$$\delta_{i1}M_1+\delta_{i2}M_2+\cdots+\delta_{ii-1}M_{i-1}+\delta_{ii}M_i+\delta_{ii+1}M_{i+1}+\ldots+\delta_{in}M_n+\Delta_{iF}=0 \quad (i=1,2,\cdots,n)$$

$$(10-36)$$

由单位弯矩图可知,系数中只有下面三个不为零,其余均为零:

$$\left.\begin{aligned}
\delta_{ii-1} &= \frac{l_i}{6EI_i} \\
\delta_{ii-1} &= \frac{l_i}{3EI_i}+\frac{l_{i+1}}{3EI_{i+1}} \\
\delta_{ii+1} &= \frac{l_{i+1}}{6EI_{i+1}}
\end{aligned}\right\} \qquad (10-37)$$

自由项为

$$\Delta_{iF}=\begin{cases}
\dfrac{\Omega_{Fi}y_{ci}}{EI_i}, & F=1 \text{ 作用于第 } i \text{ 跨,如图 10-16a 所示} \\[2mm]
\dfrac{\Omega_{Fi+1}y_{ci+1}}{EI_{i+1}}, & F=1 \text{ 作用于第 } i+1 \text{ 跨,如图 10-16b 所示} \\[2mm]
0, & F=1 \text{ 作用于其余跨,如图 10-15f 所示}
\end{cases} \qquad (10-38)$$

于是式(10-35)可简化为

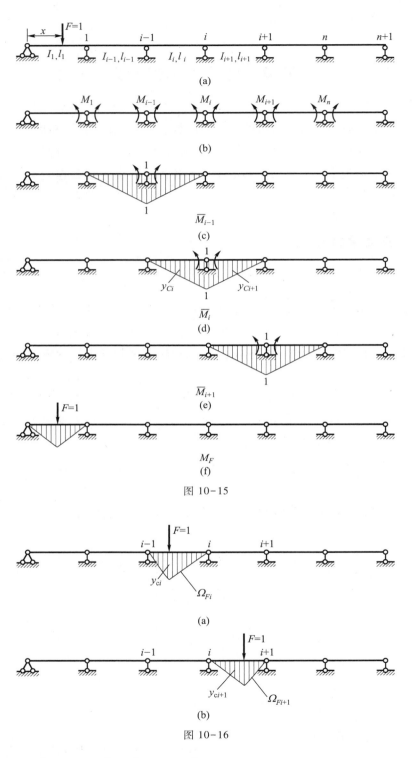

图 10-15

图 10-16

$$\frac{l_i}{EI_i}M_{i-1}+2\left(\frac{l_i}{EI_i}+\frac{l_{i+1}}{EI_{i+1}}\right)M_i+\frac{l_{i+1}}{EI_{i+1}}M_{i+1}=-\Delta_{iF}\quad(i=1,2,\dots,n)\qquad(10-39)$$

上述力法基本方程中,因每个方程的未知量只涉及相邻三个支座弯矩,故称为三弯矩方程。由此方程可解得各支座弯矩。不断改变 $F=1$ 的作用位置,借助以上方程可求得一系列 M_i,便可绘制出 M_i 的影响线。有了各支座弯矩就可由简支梁的平衡条件求出任一截面的弯矩、剪力及支座反力,也就能绘制出这些量值的影响线。等跨等截面连续梁的影响线也可以从有关计算手册中查得。

2. 机动法

用机动法作连续梁影响线的原理和方法与静定结构完全相同,仍然是首先解除和需求量值所对应的约束,代以约束力,然后沿约束力正向给以单位虚位移,由此得到的虚位移图即为所求量值的影响线,但它们之间也有区别。静定结构的虚位移图形是几何可变体系(一个自由度机构)运动得到的折线图形,而连续梁在解除一个约束后仍属几何不变体系,虚位移图是通过强迫弹性变形而得到的曲线图形,这里按习惯仍称此法为机动法,也称为挠度图比拟法。

下面以图 10-17a 所示的三跨连续梁,作中间截面 n 的弯矩影响线为例进行说明。

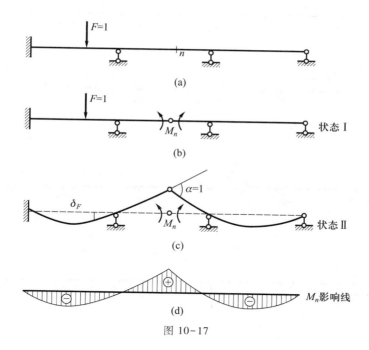

图 10-17

(1)解除截面 n 的弯矩约束代以约束力 M_n,如图 10-17b 所示,此时称为状态 I 。

(2)沿约束力 M_n 正向给予单位虚位移 $\alpha=1$,由此产生的虚位移图称为状态 II ,如图 10-17c 所示。

(3)根据反力位移互等定理,在状态 I 中,结构某位置作用单位力 $F=1$,而在 n 处引起的约束力 M_n 等于状态 II 中 n 处有一单位位移 $\alpha=1$ 在 $F=1$ 的位置引起的位移,但符号相反。即

$$M_n = -\delta_F$$

式中,正号的 δ_F(与 $F=1$ 同向)、M_n 为负,负号的 δ_F、M_n 为正,符合影响线在梁轴以上为正、梁轴以下为负的规定。由此可知,状态 II 的虚位移图形即为所求 M_n 的影响线,如图 10-17d 所示。

图 10-18 是用机动法作连续梁各种量值影响线形状(轮廓)的例子。用机动法作连续梁影响线时,可迅速草绘出影响线的大致形状。工程设计中有些问题需确定最大影响量的荷载布局,就需要草绘相应影响线的大致形状,对于这类问题,用机动法就显示出优越性了。

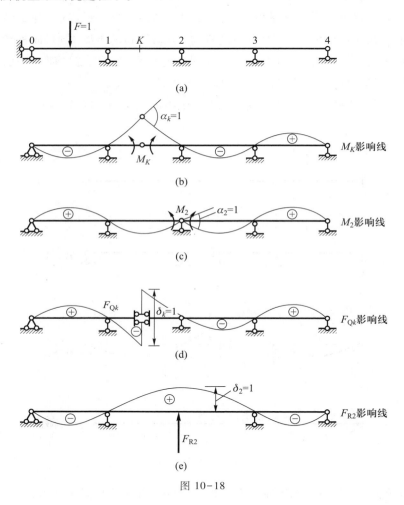

图 10-18

10.4.2 连续梁的最不利荷载布置及包络图

1. 任意布置的均布活荷载的最不利位置

在工程实际问题中,对于客运码头或桥梁上的人群、仓库中的堆物等荷载一般可看成均布荷载,而且可以任意布置。在结构设计中,必须考虑这类荷载作用下可能出现的最不利情况。

　　由于这类荷载可以任意布置,故其最不利位置易于确定。当均布活荷载布满影响线正号面积部分时产生最大影响量 Z_{max};反之,当均布活荷载布满影响线负号面积部分时产生最小影响量 Z_{min}。对应产生最大、最小影响量时的荷载位置即为最不利的荷载位置。

　　图 10-19 所示为一五跨连续梁,欲求支座截面 2 的弯矩、截面 B 的弯矩、支座 2 左右截面的剪力、截面 B 的剪力及支座 2 的反力最大、最小值,其相应的最不利荷载布置,如图 10-19b~k 所示。读者可据此自行总结出各种量值的最不利荷载位置的布置规律。

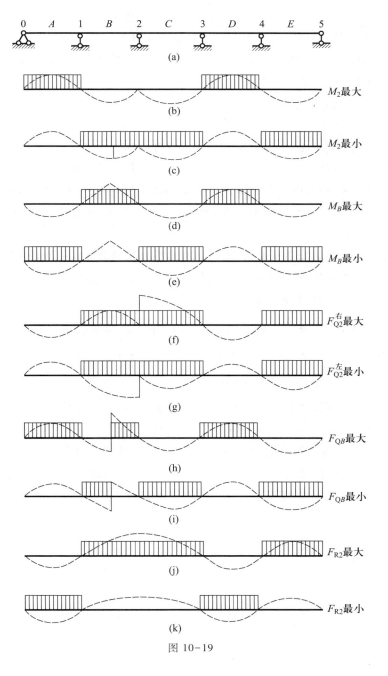

图 10-19

2. 内力包络图

房屋建筑中的梁板式楼面,水利工程中的梁板式码头以及公路桥梁等肋形楼盖体系中,其主梁、次梁均按连续梁计算,面板通常也近似当作连续梁计算。

连续梁所受荷载分为恒荷载和活荷载,而活荷载又分为移动集中荷载系和移动均布荷载系。作弯矩包络图时,必须以求出任意截面在活荷载作用下可能产生的最大弯矩和最小弯矩,再叠加恒荷载作用下产生的弯矩。由于后者是固定不变的,所以关键在于确定前者。因连续梁的内力影响线都是曲线,比较复杂,常将它制成表格供查用。求一般移动集中荷载系作用下的弯矩最大值和最小值较困难,为简单起见,这里只介绍可动均布荷载作用下弯矩包络图的作法。

例 10-5　图 10-20a 所示为一楼盖系统中的纵梁,为三等跨连续梁,跨长均等于 4 m,恒荷载 $q = 20$ kN/m,均匀布满全梁,均布活荷载 $F = 37.5$ kN/m,可以作用在任意组合的几个整跨梁上。试绘制弯矩包络图。

解:首先沿梁轴线按精度要求分为若干等份段,例如 12 等份,13 个控制截面,如图 10-20a 所示。

在恒荷载 q 的作用下,用力矩分配法计算并作 M 图,如图 10-20b 所示。

在均布活荷载作用下,可以不用影响线而直接作出各种情况下的弯矩图,然后按包络图的意义叠加,得出各截面的最大最小弯矩值,再点绘作图,这样比较简捷。如将均布活荷载 F 分别布满第一跨、第二跨、第三跨并作出相应的弯矩图,如图 10-20c～e 所示。

将每一截面在均布活荷载作用下产生的所有正弯矩(或负弯矩)和恒荷载作用下产生的弯矩叠加,即得各截面弯矩的最大值(或最小值)。

例如,第一跨跨中截面 2 的最大(最小)弯矩为

$$M_{2max} = M_{2max}^F + M_{2max}^q = 55.0 \text{ kN} \cdot \text{m} + 5.0 \text{ kN} \cdot \text{m} + 24.0 \text{ kN} \cdot \text{m} = 84.0 \text{ kN} \cdot \text{m}$$

$$M_{2min} = M_{2min}^F + M_{2min}^q = -15.0 \text{ kN} \cdot \text{m} + 24.0 \text{ kN} \cdot \text{m} = 9.0 \text{ kN} \cdot \text{m}$$

其他截面弯矩的最大(最小)值可同理求得。

在求得所有各控制截面弯矩的最大、最小值后,可绘出连续梁的弯矩包络图如图 10-20f 所示。剪力包络图可用同样方法绘制。

在图 10-20f 所示包络图中,不但可以找出该连续梁在恒荷载与均布活荷载作用下各个截面弯矩的最大、最小值的变化范围,而且还可以找出各跨及整个梁的绝对最大弯矩及其所对应截面的位置,因此把绝对最大弯矩所在截面称为最危险截面。

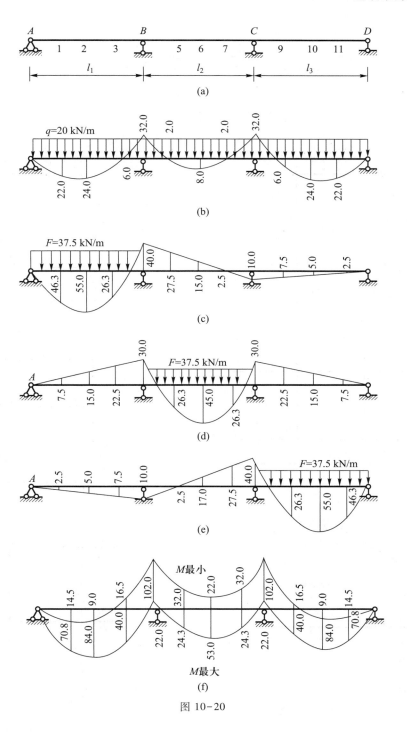

图 10-20

习　题

10-1　选择图示各结构的计算方法并计算内力。

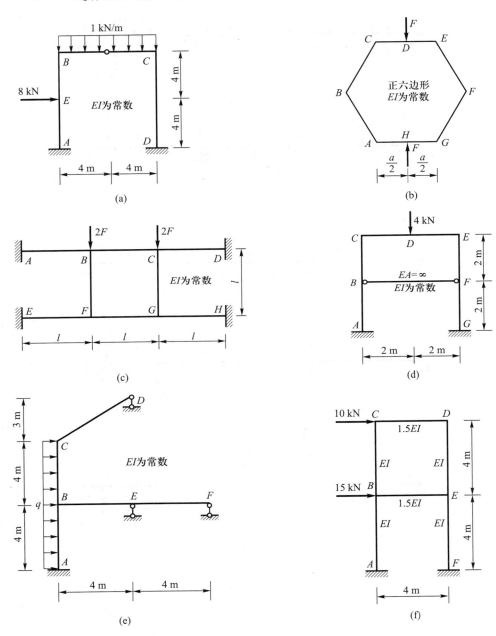

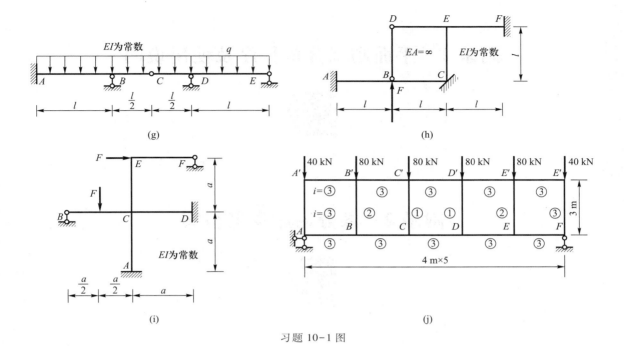

(g)

(h)

(i)

(j)

习题 10-1 图

附录 1　平面刚架分析程序及使用说明

附录 2　部分习题参考答案

参 考 文 献

[1] 杨仲侯,胡维俊,吕泰仁.结构力学[M].北京:高等教育出版社,1992.

[2] 蔡新,孙文俊.结构力学[M].南京:河海大学出版社,2004.

[3] 杨海霞,章青,邵国建.计算力学基础[M].南京:河海大学出版社,2004.

[4] 孙文俊,杨海霞.结构力学[M].南京:河海大学出版社,1999.

[5] 张宗尧,于德顺,王德言.结构力学[M].南京:河海大学出版社,1995.

[6] 龙驭球,包世华,袁驷.结构力学 I——基础教程[M].4 版.北京:高等教育出版社,2019.

[7] 杨弗康,李家宝.结构力学[M].北京:高等教育出版社,1958.

[8] 李廉锟.结构力学[M].北京:高等教育出版社,1979.

[9] 王焕定,章梓茂,景瑞.结构力学[M].3 版.北京:高等教育出版社,2010.

[10] 朱慈勉.结构力学:上册[M].北京:高等教育出版社,2004.

[11] 朱慈勉.结构力学:下册[M].北京:高等教育出版社,2004.

[12] 杜正国.结构分析[M].北京:高等教育出版社,2003.